U0260341

中国南繁

国家南繁工作领导小组办公室

60年

中国农业出版社
北京

编委会

编写组

组　长　张延秋　许　云

副组长　周云龙　吴晓玲　谢　焱　王宏良

　　　　　寇建平　刘　信　周燕华

成　员　林景山　储玉军　彭　钊　陈应志

　　　　　周泽雄　黄启星　张　林　王　辉

　　　　　柯用春　陈冠铭　吕　青　林兴祖

　　　　　郭　涛　周文豪　张萱蓉　廖忠海

　　　　　李靓靓　李　琳　周海波　方世凯

　　　　　冯建敏　黄春平　梁　正　蒙永辉

　　　　　黄春平　黎灵玥　钏秀娟　王贵花

　　　　　张巧荟　黄月燕　邓之雄　王文勇

　　　　　谢小彬　陈德清　杨小峰　何庆学

　　　　　马志强　吴立峰　冯晓东　郭安平

　　　　　何志军　戴　扬　范庆君　吴一江

　　　　　蔡尧亲　曲　环　万学闪　孙鸿蕊

序言一

　　2018年4月，习近平总书记在海南调研时强调，"要下决心把我国种业搞上去，抓紧培育具有自主知识产权的优良品种，从源头上保障国家粮食安全；国家南繁科研育种基地是国家宝贵的农业科研平台，一定要建成集科研、生产、销售、科技交流、成果转化为一体的，服务全国的'南繁硅谷'。"这充分体现了总书记对我国种业发展和南繁工作的高度重视，为加强南繁基地建设明确了目标、指明了方向。

　　我国南繁育种始于20世纪50年代，至今已走过60多年风雨历程。现在每年有来自全国29个省份、700多家单位的近7000名科研人员从事南繁工作，先后培养了袁隆平、李登海等一大批享誉国内外的育种专家，育成的新品种占全国新品种数的70%以上，孕育了"艰苦卓绝、拼搏进取、创新创业、求真务实"的南繁精神。60多年来，南繁为保障国家粮食安全、推动农业科技创新做出了重要贡献，已成为我国新品种选育的"加速器"、农业科技创新的"孵化器"，被喻为中国种业的"硅谷"。

　　南繁基地是国家独一无二的战略资源，南繁基地建设是国家重大基础性战略性工程。农业农村部始终高度重视南繁工作，认真贯彻落实习近平总书记重要指示精神，按照中央决策部署，会同国务院有关部门和海南省政府，先后制定印发《关于加强海南南繁基地建设和管理备忘录》《国家南繁科研育种基地（海南）建设规划（2015—2025年）》，不断加大支持力度，以更大力度、更高标准推进"南繁硅谷"建设，推动南繁工作不断取得新成效。

　　前行路上，不忘初心。南繁的60年，是众志成城、砥砺奋进的60年。60年的南繁发展史，承载着党中央国务院以及各级各部门对南繁工作的高度重视和亲切关怀，承载着众多种业科研单位和企业对南繁工作的深情厚爱。作为宝贵的历史资料，《中国南繁60年》系统回顾了南繁60年来从无到有、波澜壮阔的历史进程，通过讲述一个个生动的南繁故事，书写了一代又一代育种专家的艰苦付出和辛勤劳动，描绘了未来"南繁硅谷"发展壮大的伟大远景，充分体现了"艰苦卓绝、拼搏进取、创新创业、求真务实"的南繁精神，必将激励一代又一代南繁人不断奋发努力、奋勇向前。

新时代，需要新成就；新形势，助力新发展。我们坚信，在以习近平同志为核心的党中央坚强领导下，在各级各部门的大力支持下，在一代又一代南繁人的共同努力下，南繁事业必将蒸蒸日上、再攀高峰，为建设种业强国、保障国家粮食安全、实施乡村振兴战略做出新的更大贡献。

2019年2月10日

序言二

　　南繁因海南而兴，海南因南繁而荣。得天独厚的自然条件，让海南成为南繁的最佳选择；南繁繁荣发展，回报了海南的馈赠。南繁基地作为国家稀缺的、不可替代的战略资源，是国家科研育种公共服务的重要平台，同时也是现代种业科技创新的前沿阵地。南繁是海南发展的独特优势之一，是海南"海陆空"三大高精尖产业领域之一。南繁，为海南带来发展红利；加强南繁基地建设是党中央国务院部署的国家重大战略，是海南必须扛起的责任担当。

　　2018年4月，习近平总书记在海南调研时强调，"国家南繁科研育种基地是国家宝贵的农业科研平台，一定要建成集科研、生产、销售、科技交流、成果转化为一体的，服务全国的'南繁硅谷'。"大力推进《国家南繁科研育种基地（海南）建设规划（2015—2025年）》落实，高标准建设国家南繁基地，是贯彻落实习近平总书记南繁指示的具体体现，是贯彻落实《中共中央　国务院关于支持海南全面深化改革开放的指导意见》的重要举措，是建设海南自由贸易试验区和中国特色自由贸易港的重要内容。

　　新时代、新起点、新征程，南繁基地承载着更多中国现代种业发展、国家粮食安全的历史使命。创新南繁体制机制，着眼产业化、市场化、专业化、集约化、国际化，按照"一城两区"（即南繁科技城和乐东、陵水南繁核心区）布局，齐心协力将南繁基地打造成为服务全国的科技创新、人才集聚、产业发展和成果转化高地，努力开拓南繁工作新局面，加快种业科技创新、种业产业孵化和种业国际合作与对外开放步伐，更好地服务于国家南繁战略、服务于"一带一路"倡议，这是海南必须扛起的责任担当，是国家赋予我们的历史使命。

　　《中国南繁60年》回顾了一甲子南繁的光辉历程，记录了一大批优秀南繁人"偏爱南繁勇闯千里关，不畏难烦敢行万里路"的南繁情怀和他们所取得的丰硕成果，描绘了未来南繁发展的宏伟蓝图。我们要不忘初心、牢记使命，以"功成不必在我"的精神境界和"功成必定有我"的历史担当，发扬钉钉子精神，一张蓝图绘到底，大力推进高标准南繁基地建设，高质量打造"南繁硅谷"，为我国现代种业的发展、确保国家粮食安全做出无愧于新时代的新业绩。

2019年3月12日

前言

　　《中国南繁60年》是为回顾南繁60年的发展历程而撰写的。该书自2015年始，由农业部种子管理局和国家南繁工作领导小组办公室共同编写，目的是认真总结南繁成绩，传承发扬南繁精神。

　　该书编写之始由农业部办公厅发文至全国各省（自治区、直辖市）南繁单位征稿，在编写过程中通过不断收集、整理、校对、核稿等，于2017年完成初稿，为了保证内容的真实完整，多次广泛征求各有关单位和专家意见，对书稿进行完善。本书内容主要分为五章，第一章为中国南繁60年回顾，对南繁60年来的发展历史进行梳理总结，肯定成绩，总结经验，展望未来；第二章为南繁感怀，邀请袁隆平、李登海等长期从事南繁育种、对种业有突出贡献的专家，以个人名义撰写从事南繁育种的回忆录；第三章为各省（自治区、直辖市）南繁历史；第四章为南繁大事记，记述南繁60年来的重大事件；第五章为南繁展望，描绘了高质量打造"南繁硅谷"的愿景。

　　本书在编写和出版过程中，得到了许多专家和领导的热情帮助和支持，尤其是袁隆平、李登海等多位南繁专家不辞辛苦，亲笔写稿，还有大批已退休但仍对南繁怀有深厚感情的老南繁人，多次帮助我们核稿。本书编写还得到了三亚市南繁科学技术研究院和《南方农村报》（农财网种业宝典）的大力支持。在此，对为本书编写及出版提供帮助和支持的所有同志表示衷心感谢！

　　由于本书记载的南繁历史，时间跨度长、涉及专家多、档案资料缺，在资料征集和整理过程中，可能会出现遗漏和错误，恳请广大读者提出宝贵意见。

目录

序言一

序言二

前言

🌱第一章　中国南繁60年回顾 / (1)

第一节　南繁的重大意义 / (4)

第二节　南繁60年发展历程 / (13)

第三节　南繁科技成果 / (33)

第四节　海南与南繁 / (50)

🌱第二章　南繁感怀 / (59)

南繁让我的梦想落地生根 / 袁隆平 (61)

我守候在椰乡南繁的40年 / 吴明珠 (65)

水稻、南繁——人生的关键词 / 周开达 (68)

南繁助力华农水稻团队结出累累硕果 / 张启发 (73)

南繁，我这一生的不解之缘 / 戴景瑞 (77)

南繁，让红莲水稻花开全球 / 朱英国 (83)

育良种也育精神，南繁刻进我的生命年轮 / 颜龙安 (88)

南繁岁月，难以忘却 / 谢华安 (96)

南繁助我科研 / 万建民 (102)

南繁，推动我国棉花产业可持续发展 / 喻树迅 (106)

我国开创北种南育学者之一 / 徐天锡 (109)

在南繁基地度过52个春节，这是我的黄金时代 / 程相文 (111)

中国抗虫棉研究及产业化 / 郭三堆 (117)

海南——紧凑型杂交玉米高产育种的摇篮，我的第二故乡　　　／李登海（123）

南繁育种60年，但愿良种满天下，农民尽开颜　　　／杨振玉（129）

南繁往事今难忘　　　／汪若海（133）

南繁为玉米品种换代提效增速　　　／吴景锋（138）

大豆南繁25载，育成品种推广超亿亩　　　／王连铮（143）

我国作物异地培育的创始与发展——纪念南育南繁60周年　　　／陈伟程（146）

逐梦南繁——莫道桑榆晚，为霞尚满天　　　／堵纯信（154）

我与南繁的点滴追忆　　　／欧阳本廉（158）

我的南繁经历与感怀　　　／杜鸣銮（163）

南繁生活，生命中无法抹去的记忆　　　／裘志新（166）

南繁北育　梦想成真　　　／张瑞祥（171）

萍乡人在南繁，一路风雨一路歌　　　／张理高（177）

天涯觅芳草——只为寻得最美"野败"　　　／冯克珊（184）

为南繁排"难"解"烦"　　　／张延秋　储玉军（187）

南繁管理的核心是服务　　　／马志强　蔡尧亲（192）

🌱第三章　各省（自治区、直辖市）南繁历史　　　／（199）

北京市南繁历史　　　／（201）

天津市南繁历史　　　／（205）

河北省南繁历史　　　／（208）

山西省南繁历史　　　／（211）

内蒙古自治区南繁历史　　　／（214）

辽宁省南繁历史　　　／（217）

吉林省南繁历史　　　／（222）

黑龙江省南繁历史　　　／（225）

上海市南繁历史　　　／（228）

江苏省南繁历史 / (231)

浙江省南繁历史 / (234)

安徽省南繁历史 / (237)

福建省南繁历史 / (240)

江西省南繁历史 / (244)

山东省南繁历史 / (249)

河南省南繁历史 / (252)

湖北省南繁历史 / (254)

湖南省南繁历史 / (258)

广东省南繁历史 / (262)

广西壮族自治区南繁历史 / (266)

重庆市南繁历史 / (269)

四川省南繁历史 / (273)

贵州省南繁历史 / (276)

云南省南繁历史 / (279)

陕西省南繁历史 / (282)

甘肃省南繁历史 / (285)

宁夏回族自治区南繁历史 / (288)

新疆维吾尔自治区南繁历史 / (290)

新疆生产建设兵团南繁历史 / (292)

附：中国农业科学院南繁历史 / (294)

第四章　南繁大事记 / (299)

第五章　南繁展望 / (313)

把握发展新机遇　开创南繁新时代 / (315)

第一章
中国南繁60年回顾

▶

椰风海韵，物华天宝。这是一片让人向往的土地，山青海碧，日暖风轻；这是一片光热圣地，全国唯一的热带省份赐予了她"天然大温室"的美誉；这是一片令人艳羡的黄金宝地、育种天堂，无数农业科研成果源源不断地从这里孕育而出。这里，是海南，是中国南繁所在地。

海南省三亚、陵水、乐东三市县沿海岸线的部分区域常年平均气温24～25℃，≥10℃积温达到9 000℃以上，即使是在气温最低的1月，月平均气温也在20℃以上。每年9月至翌年5月，这里都会迎来一批来自全国各地的农业科研工作者，他们利用这里冬春季节气候温暖的优越条件和丰富的热带种质资源，开展作物种子繁育、制种、加代、鉴定等科研生产活动。因为11月至翌年5月为旱季，热带气旋、台风等自然灾害较少，特别适宜开展南繁科研育种工作。

始于20世纪50年代的南繁至今已走过60年的风雨历程。南繁为解决中国人的"吃饭难"问题做出了巨大贡献，南繁值得被敬畏，值得被感恩。

积土而为山，积水而为海。这些年来，许多农业科研工作者像候鸟般不约而同地飞向海南，在这片热土上绘就一幅幅拼搏却又美丽的画卷。60年春风化雨，60年艰苦奋斗，数十万人的坚守，他们创造了丰功伟绩，中华人民共和国成立后育成的28 500多个农作物新品种中，超过70%的品种经历过南繁的洗礼。

伴随南繁事业的发展，南繁承载的功能也不断增加。由起初的种子扩繁增量、鉴定提纯、选育加代、组合配制等环节逐步发展到室内外试验的结合。不少单位把实验室的部分功能逐步迁到海南，由单纯的表型鉴定拓展到基因型鉴定，由群体和个体水平的杂交育种发展到分子水平的精准育种。

我国杂交水稻、紧凑型玉米、转基因抗虫棉等在生产上得以快速应用，南繁基地功不可没，南繁基地已成为国家农业科研的战略基地。目前，南繁作物主要有水稻、玉米、大豆、高粱等粮食作物，油菜、棉花、麻类、瓜菜、烟草、向日葵、木薯、牧草、林木、花卉、中草药等经济作物30多种。南繁育制种面积保持在20万亩*以上，其中科研育种面积近4万亩。

"海南热带农业资源十分丰富、十分宝贵。国家南繁科研育种基地是国家宝贵的农业科研平台，一定要建成集科研、生产、销售、科技交流、成果转化为一体的服务全国的'南繁硅谷'。"2018年4月12日下午，习近平总书记来到国家南繁科研育种基地考察，对奋战在一线的农业科研工作者留下了殷殷嘱托与期许。

新时代新征程，南繁事业任重道远。加快推进南繁基地建设，是中共中央、国务院的重要战略部署，事关国家粮食安全和农业发展大局。朝着习近平总书记的指引方向，"南繁硅谷"定将扛起重担，砥砺前行。

---

* 亩为非法定计量单位，15亩=1公顷。全书同。——编者注

第一节
南繁的重大意义

一、南繁是"中国饭碗"最坚实的底座

国以农为本，农以种为先。民以食为天，食以粮为先。手中有粮，心中不慌。古往今来，粮食安全都是治国安邦的首要之务，是维系社会稳定的"压舱石"，是国家安全的重要基础。

党的十八大以来，以习近平同志为核心的党中央始终把粮食安全作为治国理政的头等大事。党的十九大报告更是旗帜鲜明地指出，"确保国家粮食安全，把中国人的饭碗牢牢端在自己手中。""实施食品安全战略，让人民吃得放心。"2013年，习近平总书记在中央农村工作会议上首次对新时期粮食安全战略进行了系统阐述，他强调粮食安全的极端重要性，"我国13亿多张嘴要吃饭，不吃饭就不能生存，悠悠万事，吃饭为大。"2018年4月，习近平总书记在海南调研时再次强调："十几亿人口要吃饭，这是我国最大的国情。良种在促进粮食增产方面具有十分关键的作用。要下决心把我国种业搞上去，抓紧培育具有自主知识产权的优良品种，从源头上保障国家粮食安全。"

南繁事业维系国家粮食安全和农业可持续发展。培育良种的重任，落在了南繁肩上。一批批良种，结出沉甸甸的粮食，凝结的不仅仅是阳光、雨露和土壤的精华，也凝聚着无数育种家的辛劳与汗水。在数十万科研人员的努力下，优良的水稻、玉米等品种诞生在南繁这片热土上，为"中国饭碗"铸造了最坚实的底座，创造了用不足世界10%的耕地养活了世界近20%的人口的奇迹！

回顾60年南繁发展，一些重要时刻被历史铭记。1970年11月23日，水稻野败不育株的发现，为杂交水稻研究带来突破性进展，开启了中国杂交水稻育种的新篇章。中国也因此成为世界第一个在生产上成功利用水稻杂种优势的国家。1976年，杂交水

稻开始大面积推广，水稻产量得到大幅度提高。半个多世纪里，中国水稻平均产量从亩产50千克提高到335千克以上，"吃饭难"成为了历史。目前，我国杂交水稻年增产约250万吨，每年可多养活7 000万人口，杂交水稻的推广为解决中国粮食安全问题做出了突出贡献。

所贵唯贤，所宝唯谷。"稻"是生存之道、发展之道，一米一饭关系国家安危、社会安康、人民幸福。据不完全统计，南繁杂交水稻累计种植面积超过3亿公顷，占全国水稻种植面积的60%以上，累计增收稻谷4.5亿吨，相当于增加收入1.08万亿元；我国杂交水稻种子年出口约4.7万吨，占全国种子出口量的95%以上，而杂交稻育种研究，100%经过南繁。

"杂交水稻的成功，一半功劳应该归功于南繁。杂交水稻已经遍植大江南北，但很少有人注意，几乎所有的水稻优良品种都是从海南繁育出来的。是海南培育了我，也培育了中国的杂交水稻"，中国工程院院士、"杂交水稻之父"袁隆平如是说。

2018年4月14日，韩长赋部长考察国家南繁基地

目前，海南水稻制种田面积约20.6万亩，每年生产超过4 500万千克种子，可种植水稻4 500多万亩，约占全国杂交水稻种植面积的20%。

玉米良种在全国大面积推广，产生了巨大的经济效益。自从我国全面推广玉米单交种以来，优良品种大体可算更新换代6次了，每次品种的更新都离不开南繁的贡献，南繁年玉米制种面积达3万亩。

二、南繁是农业科研育种的"加速器"

海南南繁基地是国家的重要战略资源，世界罕有，不可替代。南繁基地承载着我国农业最新品种、材料、技术等科研成果，是农业科研成果的孵化器。种业是国家基础性、战略性核心产业，南繁对发展民族种业、建设种业强国具有不可替代的作用。

受自然条件限制，在中国广大地区农作物每年只能种植一代，新品种的选育周期长，选育一个新品种短则 8 ~ 10 年，长则十几年。海南是我国唯一的热带省份，长夏无冬，地处北纬 15° ~ 18° 的海南省三亚、陵水、乐东三市县沿海岸线是黄金育种带。这里是滨海冲积平原，受海洋气候影响，寒暑变化不大，年平均气温 24 ~ 25℃，1 月平均气温超过 20℃，冬季如春，皆为喜温作物的活跃生长期，雨季旱季明显，阳光充足，热量丰富，光能利用率高，被誉为"天然大温室"。

南繁基地核心功能是育种加代，虽然只是一个环节，但起到了加速器的关键作用。南繁加代繁殖，育种年限可缩短三四年，育种周期缩短 1/3 至一半。

时间就是效率。南繁基地缩短育种周期，大大加快了品种选育进程，对促进我国种业发展有着不可替代的作用。通过南繁，我国主要农作物完成了 6 ~ 7 次更新换代，每次品种更新的增产幅度都在 10% 以上。中国超级稻计划 1996 年开始启动，前三期亩产 700 千克、800 千克、900 千克分别在 2000 年、2004 年、2011 年取得成功；中国紧凑型玉米品种的选育推广，使玉米平均单产由 350 千克提升到 400 千克左右，很多玉米产区单产突破 1 000 千克。这些成绩的取得主要是由于利用南繁将育种周期缩短 50%，将时间至少提前 1/3 至一半。

近年来，通过南繁加速品种选育进程的优势更加突出，空间聚集效应日益显著，作物种类已扩展到 30 多种。数据显示，最近 10 年，主要农作物中，国家审定的品种有 1 345 个出自南繁，占总数的 86%；省级审定的 12 599 个品种，育自南繁的占 91%。南繁已成为我国农作物育种应用研究与基础研究的重要基地。

三、南繁是农业生产用种的"储备库"

南繁作为国家种子调剂、备荒、应急、缺口生产基地，为各地农业抵御洪涝、干旱、冰雪等自然灾害，发挥了重要的作用。

2002 年长江流域遭受高温热害，内地杂交稻制种大幅减产，湖南、湖北等省到海南进行南繁制种 8 万亩，产种近 2 000 万千克，占当年全国用种量的 7%，保证了生产用种需要；2004 年湖北省在杂交水稻制种因灾减产的情况下，省政府安排专项资金补贴南繁制种，当年冬季在海南落实制种面积超过3.3万亩，制种超过480万千克，占全省杂交水稻种子用种量的1/4，为大灾之后满足全省农民用种起到了至关重要的保障作用。此外，一些新选育的品种，往往由于亲本数量不足而制约了种子生产，通过南繁基地扩繁亲本种子，扩大种子生产面积，可以加快新品种的推广速度。

南繁基地常年水稻制种面积超过20万亩，年生产种子约4 500万千克，相当于全国杂交水稻需种量的20%以上，发挥着无可替代的种子供应调节作用。

四、南繁是种子质量天然的"鉴定室"

种子质量关系农业生产健康发展和农民的切身利益。确保种子质量的一个重要指标是种子纯度，田间种植鉴定是检验种子纯度是否达标的最准确、最有效的方法。海南岛独特的气候资源条件，在冬季可对当年收获的水稻、玉米、棉花、瓜菜等作物种子进行田间纯度种植鉴定，提前监控种子质量状况，减少和防范劣质种子流入市场，为维护市场秩序、保障农业用种安全和生产安全、规避风险起到了"保驾护航"的作用。各级种子管理部门和生产经营企业，每年都将南繁鉴定作为监控种子质量的重要措施，实践证明，这一措施同时还增强了种子企业的质量意识，促进了种子质量的提高。

每年冬季开展的种子田间纯度鉴定，确保了合格种子进入市场。自1995年以来，农业部每年都将监督抽查的杂交水稻、杂交玉米和杂交棉花种子送至海南进行田间鉴定，其种子纯度合格率分别由1995年的68.1%、47.9%和60.5%提高到2016年的99.5%、99.5%和97.9%。

五、南繁是科研人才培养的"摇篮"

南繁不仅是农业创新的高地，也是培育种业人才的摇篮，为全国培养了一大批农业科技工作者和农村实用技术人才。海南将南繁科研人员作为人才资源库，搭建平台，为当地农民提供咨询服务，为本地培养农业人才。目前，来自全国29个省份，近700家科研单位和种子企业，7 000多名科研人员到海南从事南繁工作。在60年的南繁历史中，全国各地来海南从事南繁的人数累计近60万人次。南繁人在南繁基地这块热土上辛勤耕耘，走出了一批知名的育种家，"杂交水稻之父"袁隆平、"矮秆水稻之父"黄耀祥、北方杂交粳稻奠基人杨振玉、"西北瓜王"吴明珠、玉米专家李登海和程相文、抗虫棉发明家郭三堆；培养了周开达、谢华安、颜龙安、戴景瑞、陈温福等多名院士……这些为我国农业发展做出突出贡献的育种家们，在南繁度过了艰苦岁月，创造出一个个农业"奇迹"。

六、南繁是海南经济发展的"助推器"

南繁基地为全国农业发展做出了巨大贡献，在发挥成果转化的"示范区"作用时，也为当地农业发展注入了源源活水。南繁能够很好地发挥海南独特的资源禀赋优势，因地制宜，合理调整海南农业产业结构，优化产业布局，促进海南本地农业经济发展，提升海南农业产业竞争力。

每到秋冬季节，全国各地的育种专家和农技人员从四面八方齐聚南繁基地，给海南当地带来了品种、技术、资金、人才和先进的管理方法，有力地促进了当地农业和社会经济的发展。南繁每年租地为当地带来的直接经济效益上亿元；相关的旅游、交通运输、就业、服务等间接经济效益也达到数亿元。

30年前，谁也不会想到出产在祖国北方的哈密瓜，可以种植到祖国的南方。哈密瓜进入海南并发展成为一大产业，得益于20世纪90年代中国工程院院士吴明珠在海南从事哈密瓜南繁育种时，选育出适合海南种植的品种，并且研究出了配套的栽培技术，让哈密瓜"南移"，发展成为海南冬季瓜菜的代表性产品。

南繁为海南带来发展红利，可借助南繁加强自身品种的更新换代，促进良种培育，并可通过挖掘南繁周边资源，如开展稻种种权交易、信息交流、发展循环农业等，打造种业创新高地。

七、南繁是国际交流合作的"大舞台"

南繁为国内外农业科技人员提供了信息交流平台，成为科研大会战、大攻关、大协作的基地。2017年、2018年中国（三亚）国际水稻论坛连续举办两届，累计邀请来自国内外包括中国、美国、印度、菲律宾、越南、孟加拉国、印度尼西亚、伊朗、日本、马来西亚等10多个国家的1 300多名水稻行业的行政管理人员、专家学者、企业代表，共商水稻育种研发、共推水稻应用技术、共享水稻发展成果。国际水稻论坛的召开，进一步提升水稻产学研的有效结合，助推水稻全球化的进一步发展，为全球粮食安全和产业经济腾飞提供有力支撑。从2015年起，中国（陵水）南繁论坛已在海南陵水连续举办了4年，为促进农业人才交流、科技创新启发、企业间的联通合作搭建了很好的平台，使海南成为国家种业响应"一带一路"倡议的"窗口"，为国家种业走出去服务。海南省政府与科技部联合举办2010年、2012年中国（博鳌）农业科技创新论坛等，搭建南繁交流合作平台，促进南繁事业健康发展。

1980年，杂交水稻作为我国出口的第一项农业专利技术转让给美国，自此负有"水稻外交"使命的中国杂交水稻开启了国际化之路。联合国粮食及农业组织将杂交

2018年第二届中国（三亚）国际水稻论坛　　　　2018年中国（陵水）南繁论坛

水稻列为解决发展中国家粮食短缺问题的首选战略措施，在印度、越南等发展中国家进行近乎无偿的推广，带有浓厚的人道主义色彩。据公开资料显示，至2010年，近40年来亚洲、非洲和美洲等地已有40多个国家引种、研究和推广杂交水稻，杂交水稻在国外推广面积达到300多万公顷。

南亚五国杂交水稻培训班在三亚进行田间实习

　　南繁的优势条件也吸引了国际种业公司建立选育基地。据悉，国际种业排名前十强公司基本都在三亚、乐东、陵水等地开展种子繁育，比如拜耳（孟山都）、陶氏杜邦、利马格兰等，它们充分利用南繁条件，选育更多农作物良种，满足中国和国际市场需求。

八、南繁是"一带一路"的桥梁

　　习近平总书记在庆祝海南建省办经济特区30周年大会上指出："要加强国家南繁科研育种基地（海南）建设，打造国家热带农业科学中心，支持海南建设全球动植物种质资源引进中转基地。"

"一带一路"沿线地区总人口约44亿，特别是拥有6亿人口的东盟，随着其经济，特别是农业的发展，对种子和农业技术、农业设备的需求增强。南繁成为中国对接世界农业的一扇窗口、一个平台、一个示范区，成为实施"一带一路"倡议的桥梁。

目前，在"一带一路"倡议的推动下，海南把握住"海上丝绸之路"支点城市机遇，以颗颗"金稻米"为契机，积极推动与澜湄地区在农业、科研、教育、经贸方面的合作，为东盟国家6亿人口提供前沿农业良种和技术。

以南繁良种为媒介的对外合作交流日益频繁，旨在推动南繁成果走出去，在"一带一路"更有作为。以南繁为抓手的隆平（印度）种子研发公司、天津天隆种业科技有限公司相继在东南亚国家成立，种业市场进一步拓宽；三亚与缅甸、印度明确了长期稳定的农业合作关系，为当地输送前沿农业技术，促进农产品贸易发展，其中，缅甸建立的3 000亩杂交水稻制种基地，还刷新了该国平均单产和最高单产纪录。

根据三亚市南繁科学技术研究院与梭罗大学合作备忘录，连续接纳了两批累计11名来自梭罗大学的农学专业学生进院学习，为双方科研合作奠定了基础，培养热带农业人才，把实用先进的技术带回去，加快南繁成果在外转化。

海南三亚国家农业科技园区吸引隆平高科、西科种业等10余家高科技种业公司落户，目标主要是面向东南亚市场，在海南打造外向型农业发展的新名片，共同建设具有全球影响力的种业科技创新高地。

九、南繁精神代代相传

"艰苦卓绝、拼搏进取、创新创业、求真务实"，这就是南繁精神。在南繁人看来，海南是他们为之贡献毕生精力的第二故乡。南繁，牵动着南繁人的情怀。

海南虽然有着美丽的海岛风光和魅力无穷的天涯海角，但在南繁育种早期，经济十分落后，生活条件十分艰苦。对南繁人来说，环境的艰辛是他们的共同回忆。甘于吃苦，几乎是每一个参与南繁的农业科研工作者的真实写照。

翻山越岭，历经颠簸，只为那一颗萌动的种子。他们，搭火车、汽车、轮船，甚至牛车，千辛万苦，长途跋涉，来到海南。

袁隆平院士从湖南安江到海南，要到桂林改乘火车到湛江，从湛江到廉江，换乘渡船到海口，然后再转客车到三亚，单程就要一周的时间。袁隆平院士仍然记得，一路上，凌晨买票是经常的事情，票紧张的时候买不到坐票，连续站几天，腿都站肿胀了，好几天缓不过劲来。

每次去海南，旅程的艰辛都让棉花育种家欧阳本廉记忆犹新。从新疆石河子出发，坐马车和拖拉机到石河子汽车站，颠簸3小时到乌鲁木齐，挤上火车，三天两夜到郑州，排队买票去广州，等1～3天再上火车，一天一夜到广州，再去汽车站买票到海口，到海口搭汽车7～8小时到三亚，坐摩托车到南繁基地。行程近万里，耗时近半月！

1974年夏天，小麦育种家裘志新为了早日繁育出优良小麦品种，和同伴奔波于银川—云南—海南岛—银川，路途近万千米，乘车乘船150多个小时。他们没有睡过卧铺，常常一站就是十几个小时，双脚都浮肿得迈不开步，实在困了就在硬座底下眯一觉。在一次乘船渡海时，裘志新因晕船而呕吐不止，昏迷了17个小时。

从萍乡到三亚，颜龙安辗转火车、轮船、汽车，行程最快要6天，慢的时候要8～9天；从河南到海南，程相文转车7次，奔波15天……

那时交通条件差，火车很挤，一票难求，上下车不得不爬窗户，车上厕所里都挤满了人无法使用，汽车颠簸，轮船摇晃。每一次南繁行，就是一次自我"折磨"的过程。

这里，没水、没电、没饭，几捧井水解渴，几个馍馍管一天，他们自带干粮，顽强地扛过来了。

吴明珠院士日常生活用的油、米、菜等，都是不远万里从新疆背过来的。朱英国院士还记得，初到海南，住在陵水县椰林公社桃万村民家里，没有自来水，没有电，没有像样的厕所，自己种菜、打柴，因供应关系不在当地，粮油等生活必需品无法买到，经常几个月尝不到一点荤腥。

吃不惯当地的海鱼，颜龙安院士就把从萍乡带来的黄豆当菜下饭。"当时的生活叫作三子，吃的是豆子饭、走的是沙子路、睡的是棍子床。"一个月难得买次肉打牙祭，没有菜刀切，就两个人扯住肉的两头用镰刀割。

这里，没房、没床，他们租用当地农户房，睡木板床。

颜龙安院士回忆，没地方睡觉，他们就住在当地生产队堆放农具农药的仓库里，每人分三四片厚厚的椰子板或者干脆从山上砍几根木棍架在砖头上当床，这一睡就是半年。睡觉时还得时时提防蚊虫叮咬以及老鼠和蛇出没。

1972年，谢华安院士第一次到海南借住生产队仓库，第二年借住农民家。当时农民生活皆清贫，能有一口铁锅、一张饭桌的家庭，就是较体面的家庭。借住农家床板床架是没有的，生产队派人上山砍柴，钉成床架，再用竹子钉成床，这样的床不仅狭窄，而且还是高低不平、坑坑洼洼的，睡在上面的滋味可想而知，令人难以入眠。

周开达院士到海南，行李、锅碗瓢盆都是自己带，住的是农民家简陋的房子，头上蚊虫飞，地上老鼠叫，床板下面长出了长长的霉。当时条件极差，没有经费，一切都得靠自己做，犁田、挑粪、栽种、观察、收割，没有一样可以省略，可以说是一边搞科研，一边当农民。

李登海到海南，住进生产队稻谷仓库的茅草棚里。没有床，就用树棍架起来铺上稻草；没有锅灶，就用稻草或泥巴垒起来；没有门，用椰子树叶编。

　　他们，为了"大家"而舍弃了"小家"。

　　为了杂交水稻，为了南繁育种，袁隆平院士在二儿子出生第四天就去了海南，一去就是100多天；为了坚持科研，父母病重，袁隆平院士都无法床前尽孝。

　　"游子吟——梦断关山外，别亲百日余，惊醒音容在，痛碎游子心。"1963年，戴景瑞院士出发去葵潭，临行之前，他收到远在东北哥哥的电报，父亲因突发脑溢血而住院抢救。由于时间紧迫，他匆匆赶回家乡探视父亲，两天后便踏上南繁之路。在葵潭执行任务期间，他日夜思念重病的父亲，有一天突然在梦中惊醒，梦中的父亲面容憔悴，在病榻上呻吟。惊醒的他久久不能入睡，含着热泪在日记中写下思念之情。

　　在李登海至今39年的南繁育种岁月里，有38个春节是在海南育种基地度过的，母亲在世时，有25个春节没有与母亲和家人在一起过，没有给祖辈在春节期间磕头拜年。

　　还有一些南繁人将自己的生命永远地留在了这片他们一生挚爱的热土。

　　2006年3月21日，福建农林大学教授、水稻育种专家杨仁崔，由于长时间连续工作，在南繁基地突发脑溢血，永远地离开了他最钟爱的事业。杨仁崔教授先后在水稻遗传育种研究方面取得多项成果，其中有6项居国际领先水平。

　　"工作不干完不能歇！"这是吉林农业大学南繁育种专家陈学求教授生前说得最多的一句话。2004年2月，陈学求教授带病坚持南繁工作，因病永远"睡"在了这里。陈学求教授是马来西亚归国华侨，1970年开始到三亚从事南繁工作，在国内首次创造了高粱胞质雄性不育系，选育的高粱品种吉农101获吉林省重大科技成果奖。根据陈学求教授生前的愿望，他的一半骨灰撒在了三亚附近的大海，另一半埋在了他为之奋斗一生的三亚南繁基地上。

　　难舍育种梦，难释南繁情。见证了南繁发展的育种家们，仍在一线坚持。

　　"我不在家，就在试验田；不在试验田，就在去试验田的路上。"耄耋之年的袁隆平院士，依然坚持在一线，他仍在为实现"禾下乘凉梦"和"杂交水稻覆盖全球梦"奋斗着。

　　"虽然我现在将近80岁了，还是'像候鸟一样迁徙'，仍然无怨无悔，只想做一个南繁精神的传递人。年轻人一代更比一代强，我要做的就是把南繁的精神传递给他们。有了可贵的南繁精神，我们有理由相信，未来南繁人一定会培育出更多更好的优良品种，为农民增产增收谱写新的篇章。"颜龙安院士说。

　　"莫道桑榆晚，为霞尚满天。在我寻梦、追梦和圆梦的过程中，玉米不但种在我深爱的这片热土当中，我也勤勉地在心田里耕耘；我身边聚集了多位中青年玉米育种者，我的玉米梦和玉米南繁情怀也影响着他们；玉米育种研究有师承，玉米种质创新有累积。"堵纯信研究员说。

　　精神在传承。一批又一批农业科技工作者来到南繁基地，一心扑在育种上，用自己的聪明才智和辛勤汗水书写农业发展的新成就、新篇章和新希望。

第二节
南繁60年发展历程

60年，岁月悠悠而过，于人类历史发展而言，不过是弹指一挥间。

60年前是物资匮乏时代，凭粮票换取粮食，粮食少，吃不饱，那一代人都有挨饿的难忘记忆。

中国人吃饭问题的解决，南繁功不可没。从昔日天天盼吃饱到如今天天可吃好，与每一个奋斗的南繁人密不可分。

中华人民共和国成立后，我国的农业科研人员开始了选育水稻和玉米等农作物优良品种的漫漫征程，从云南昆明、西双版纳到海南海口，再到三亚，南繁不断地往南移，专家们终于发现这块海南岛的南部地区是作物育种繁种的天堂——种子最温暖的"摇篮"。

1956年，河南农学院院长吴绍骙教授与广西柳州农业试验站程剑萍、河南省农业科学院陈汉芝共同主持"异地培育玉米自交系"课题。1957年春，吴绍骙等人在广西柳州沙塘培育玉米自交系，以探讨是否可以利用南方生长季节长的条件来为北方培育玉米自交系，以缩短玉米自交系培育时间。由此，拉开了我国南繁理论研究和实践探索的序幕，成为南繁的拓荒者。

1958年10月，沈阳农学院、辽宁省农业科学院徐天锡等人赴广州开展玉米、高粱北种南育研究。至1961年，他们先后在湛江、南宁、海口等地开展玉米、高粱北种南育研究。

1959年10月，中国农业科学院棉花研究所汪若海、李振河到海南东方县抱板乡，进行繁殖亲本和杂交制种。同年，由河南省新乡地区农科所张庆吉主持，经海南南繁选育出优良玉米双交种新双1号。

从那时起，一代代南繁人翻过高山，越过大河，渡过海峡，忍受着长途奔波的疲惫，扛住艰难的育种环境，熬过无数日夜的思念，扎根在广袤的田间地头，在海南度过了艰难却又幸福的岁月，留下了一段段难忘的记忆。

艰难困苦何所惧，身怀壮志育良种。正是在这种艰苦的环境下，南繁人秉承着"艰苦卓绝、拼搏进取、创新创业、求真务实"的南繁精神，源源不断地创造出农业科技成果。他们，是推动中国农业发展的重要力量；他们，在南繁这片土地上，创造着一个个奇迹。

这是一段不平凡的岁月。时间见证南繁在成长。

1966年，农业部在海南岛召开玉米亲本繁殖会议后，到海南南繁的单位迅速增加。

1970年，在三亚市南红农场发现的野生稻花粉败育型雄性不育株（简称"野败"），经全国大协作，实现了杂交稻三系配套，突破了世界杂交稻育种难关，激发了广大农业科技人员开展南繁工作的积极性。

1970年11月三亚发现"野败"现场

1972年10月，国务院专门发布72号文件，批转农林部《关于当前种子工作的报告》，确定农作物南繁的重点放在科学研究和新品种的加代繁殖上。

1983年，农牧渔业部颁布了《南繁工作试行条例》，对南繁范围、组织领导、南繁计划、基地选择、经济政策、专用化肥、农药管理、种子检疫、运输等都做了具体的规定。

1995年，农业部和海南省人民政府联合成立国家南繁工作领导小组，负责统一协调、指导和管理南繁工作，下设办公室负责南繁管理日常事务。

1995—2000年，在南繁季节，农业部派干部任国家南繁工作领导小组办公室主任，与海南省共同进行南繁管理。

2013年4月8日，习近平总书记在海南考察时强调："南繁科研育种基地是国家宝贵的农业科研平台，一定要建成集科研、生产、销售、科技交流、成果转化为一体的服务全国的重要基地。"

……

温故知新，鉴往知来。回顾历史是为了更好地前行。从无到有，从小到大，从无序到规范，南繁已走过了60年。如今，南繁已进入新时代，开启新征程。站在新起点上，梳理南繁60年，总结历史经验，把握发展规律，正视存在问题，从60年的光辉岁月汲取前进力量。

一、生根发芽：20世纪50年代末至60年代，从理论提出到实践探索

（一）提出异地培育理论

一项理论的提出，可以改变育种方向，从而改变农业的发展。南繁事业，正是在异地培育理论下兴起的。这项理论的创造者，就是中国玉米杂交育种奠基人之一、农业教育家和作物育种家吴绍骙。

长期从事玉米研究的吴绍骙提出了异地培育设想：北方的玉米种子到南方可以正常生长，南方培育的玉米种子到北方还是能正常生长。

异地育种，是冒险。而实践证明，这项理论创新是值得冒险的。为了验证这一设想，20世纪50年代，吴绍骙依据获得性状不能遗传、基本株的配合力基本稳定等遗传育种学原理，并根据50年代初河南与广西相互引种自交系和杂交种的实践经验，提出玉米自交系异地培育方法，利用我国南方冬季气候温暖，适于玉米生长的有利条件进行加代选育。1956年，这项实验立项，1957年开始，他与广西柳州沙塘农业试验站、河南省农业科学院等单位合作，将北方玉米育种材料送到南方进行选育，一年种植两代。

1960年，经过3年实验，吴绍骙等人的科研成果《异地培育对玉米自交系的影响及在生产上利用可能性的研究》在《河南农学院学报》创刊号上发表了。论文用数据论证了这一方法是可行的，可以普遍应用于育种实践，异地培育可以缩短北方育种年限，而且通过相互交换，丰富了双方的育种材料，玉米自交系的配合力并不因培育地点改变而发生变化。

时任中国农业科学院院长丁颖充分认可异地培育。1961年2月，发表在《中国农业科学》杂志的文章《关于一九六〇年农业科学研究的情况和一九六一年试验研究的意见》指出，异地培育成为各地探索缩短育种年限，加速良种选育的重要方法。

1961年12月，吴绍骙在中国作物学会第一次全国代表大会上提出进行异地培育的建议。

异地培育的研究结果，开辟了我国南北穿梭育种的先河，改变了在固定地点进行新品种选育的传统方法，促成了我国农业科研生产新模式"南繁育种"的形成，奠定

了南繁的理论基础。

异地培育理论在海南落地，只待阳光雨露土壤的滋润，生根发芽。我国全面推广异地培育工作拉开了序幕。

（二）走进海南开展南繁

50年代后期，河南、辽宁、山东等省份在南方进行玉米、高粱、小麦、大豆、谷子、陆稻等新品种的繁殖和选育。1959年，中国农业科学院棉花研究所汪若海、李振河到海南东方县抱板乡，进行繁殖亲本和杂交制种；1959年，辽宁省农业科学院、丹东农业科学院在广西南宁、广东湛江开展玉米和小麦新品种南繁育种工作；1959年，山东省农业科学院等单位利用南方冬季温暖的气候条件，在广东湛江、海南、广西北海、云南等地进行加代选育农作物新品种、杂交亲本种子及杂交一代种子的育种。

60年代，在异地培育理论的支持下，浙江、上海、甘肃、陕西、湖南、湖北、黑龙江、吉林、北京等21个省份农业科研单位和农业院校组团来到南方开展南繁科研实践。在广东广州、广西南宁以南、云南元江和西双版纳、海南都可以看到科研人员的身影。特别在崖县（现三亚市，下同）、陵水、乐东等县，繁殖的玉米材料都获得了预期的效果。

60年代初，山西在海南开展"二矮型"杂交高粱育种模式的创新，为我国后来高粱杂交育种优势利用的研究奠定了基础。

1962年，四川省农业科学院在崖县良种场冬繁玉米获得了超预期的成果，引起了农业科学工作者的兴趣和国家农业部门的重视，此后更多的农业科研及教学单位纷纷涌入海南岛南部地区开展南繁工作。

1962年，浙江省农业科学院派员赴海南岛进行新品种繁殖，繁殖面积2亩。

1963年，新疆生产建设兵团在海南开展玉米育种。

1964年，上海市农业科学院在三亚市羊栏镇租用土地开展南繁育种工作。

1964年冬，甘肃省农业科学院粮作所成县玉米育种试验站的吴光泰在崖城良种场开展玉米自交系加代、扩繁以及组合配置等工作。

1965年开始，在陕西省农林科学院著名玉米育种家林季周的带领下，一批育种人员开启了陕西南繁加代的先河，主要在广东湛江一带进行玉米双交种的选育。

1965年9月，湖北省原荆州地区农科所和恩施地区农科所的科研人员远赴海南崖城、陵水开展棉花和玉米育种材料的加代繁殖。

1965年冬，吉林省农业科学院在海南岛崖县三亚镇租用1亩地，进行高粱品种杂吉26亲本繁育，获得成功，带动吉林省科研院校和企业开始农作物南繁育种工作。

1966年，北京市接受农业部委托，与其他省份和科研单位合作，在海南陵水县良种场对国外引进的95份玉米自交系，种植0.13公顷进行鉴定和观察。

1969年，黑龙江率先成立了南繁指挥部，加强指导南繁工作。

1969年冬，湖南省组建南繁育种队，队伍由各省各地区派员组成，随后，一行200多人浩浩荡荡奔赴海南，驻扎在当时的师部农场，这是当时最大的一支南繁队伍。

……

20世纪60年代科研人员在海南岛生活和工作的场所　　科研人员在开展南繁玉米育种田间试验

随着农业院校和科研单位南繁工作的开展，一些育种家也首次踏上了海南，成为南繁的开拓者，他们，可谓是南繁"战士"。

1963年，刚刚完成研究生论文答辩的戴景瑞接到了南繁的任务，他先在广东汕头葵潭农场开展玉米自交系的加代选育、新组合的组配和玉米雄性不育系的转育加代。1965年，到海南陵水繁殖一批新引进的育种材料。

袁隆平院士在三亚为课题组成员讲课

1964年，28岁的程相文穿着棉袄棉裤、方口布鞋，腰间系着一条棉布裤腰带，背着装有50多斤 *新双1号4个玉米自交系的种子布袋，从河南浚县搭火车、汽车、轮船，辗转奔波15天，来到了三亚荔枝沟公社罗蓬大队，开展玉米育种。

1968年，为加速"三系法"育种进程，袁隆平和其助手来到三亚进行不育系培育，其试验田就在三亚的南红农场。

......

还有很多默默投入到南繁育种的科研人员。这些南繁人，书写了南繁事业的篇章。

（三）南繁基地初具规模

1964年，农业部召开全国"二杂"（杂交玉米、杂交高粱）推广会议，当年南繁繁种面积就超过1.1万公顷。

1966年9月，农业部在海南岛召开玉米亲本繁殖会议，并在当时的崖县、陵水、乐东3个县21个公社和6个国营农场兴建良种繁育场，以便开展科研育种和玉米杂交种的亲本加代繁殖。之后，北方的农业科研院所到海南开展高粱、玉米育种和自交系加代的越来越多。

到60年代末，在农业部和各省农业科研机构的推动下，南繁事业得到了重视和发展，全国到海南的有21个省（自治区、直辖市）和两个科学院3 500余人，育种、繁种面积达5 466.67公顷，农业南繁工作逐步确立，南繁作物品种已涵盖水稻等粮食作物、棉花等纺织作物、花生等油料作物、烟草等经济作物和豇豆等蔬菜作物。

（四）科研成果陆续推出

这一时期，在科研人员的努力下，科研成果陆续推出。

1959年，中国农业科学院棉花研究所所长汪若海到海南东方县（现东方市）开展棉花育种，利用当地"四季棉"与海岛棉进行杂交组合。翌年，试验成功。这是我国棉花首次在海南进行冬季南繁。

1963年，由河南省新乡地区农科所张庆吉主持，经海南南繁选育出我国第一个玉米单交种新单1号，与美国几乎同时育成，带动全国玉米种植由使用双交种走上了高产单交种的道路。1966—1970年，推广面积达67万公顷。

1964年，高粱育种家牛天堂提出"二矮型"育种模式，经海南南繁培育出第一个杂交高粱组合晋杂5号，开创了利用矮秆中国高粱做恢复系配置杂交种的先例。

同年，程相文到海南，先后培育出浚单系列玉米新品种。

---

* 斤为非法定计量单位，1斤=0.5千克。全书同。——编者注

1965年11月，农业部种子管理局委托中国农业科学院组织中国农业科学院作物育种栽培研究所、北京农业大学和北京、河北、山西三省市种子部门，在海南岛陵水县良种场对从国外引进的95份（其中罗马尼亚16份）玉米自交系，种植0.13公顷进行鉴定和观察，其中表现好的几个罗马尼亚自交系随即在海南大面积繁殖。

（五）零星分散缺乏管理

南繁育种艰苦得难以想象。"三只老鼠一麻袋，十只蚊子一盘菜，三条蚂蟥做条裤腰带，毒蛇蹿到身上来"，道路坑坑洼洼，生产工具靠人拉。

早期的南繁育种，农业院所和科研单位是主要力量，未有前人经验，到海南一切都要重新开始，"摸着石头过河"。这里没有建设完善的育种场地，育种缺乏基础设施建设，租用当地农户的土地成为最主要的方式。程相文到海南后，在村里租8亩荒地，开垦出来的4片试验田都在山沟里。直到1965年，农业部首次投资建设南繁基地，投资35万元在崖县南红农场建设种子仓库、宿舍、晒场及配套农田排灌系统。

南繁实践探索阶段，加代、组配、鉴定、评价等南繁工作内容已经确立，试验地点基本转移到崖县崖城、陵水县和乐东县。这一时期多为"游击式"南繁，一般是临时租用农户土地，各个作物分散不稳定，没有形成统筹管理，不同单位之间缺乏交流与沟通。

1965年，农业部和广东省人民政府要求广东省有关部门和南繁基地县做好南繁工作的接待安排、粮食划拨、种子运输等工作，这才出现南繁管理的雏形。

二、枝繁叶茂：20世纪70年代至80年代，从快速扩张到管理加强

（一）南繁事业快速扩张

经过十余年的探索和积累，到70年代，南繁育种呈现快速扩张趋势，育种人员大幅增加，育种面积扩大，育种成果硕果累累。

1. 育种人员大幅增加

70年代的海南，迎来了一大批农业科技工作者，"西瓜大王"吴明珠、中国工程院院士朱英国、中国工程院院士颜龙安、中国科学院院士谢华安……他们在这里，挥洒汗水，培育了一批批良种。据统计，这一时期，人员最多达到6万余人。

各省南繁队伍也在不断壮大。

70年代初，新疆每年从兵团组织200多人各族科技人员到海南开展南繁工作。

1971—1972年，北京市有13个区（县）、7个国营农场、市农科所、市农业服务站共22个单位、239人参加南繁工作。

1971—1972年，山东组织农业技术人员到海南岛进行大规模杂交高粱南繁制种，南繁人员近万人，面积达3万亩。

1975年，福建南繁人数达到800人。

1975年，江苏省各市、县及部分乡镇种子站、种子公司到海南开展大规模杂交水稻制种与繁种。1976年江苏省农业科学院在海南设立联络组，组织6 000余人在崖县、陵水及湛江从事杂交水稻繁制种，面积达2.4万亩。

1977年，浙江成立南繁指挥部，统一协调全省制繁种工作，南繁人员达300人，80年代有30多家单位参加南繁。

1977年冬到1978年春，湖北科研大军南下，南繁人员超过2万人。

1975年，湖南南繁人员达8 000人，1978年，南繁人员达到18 900人。

70年代末到80年代，广东到海南开展杂交水稻研究和繁制种工作人数近1 000人，制种面积最高达5万多亩。

……

2. 南繁育制种面积扩大

70年代初期，随着杂交高粱推广和杂交水稻研究应用，以及提倡杂交玉米快出品种采用异地育种的号召，助推南繁扩张，1971年海南岛南繁和玉米、高粱等作物制种面积超过25万亩，创历史新高。

1975年，数以万计的制种大军云集海南，发动人海战术大规模南繁制种，仅杂交水稻制种面积就达3.3万亩。

1977年，南繁育制种面积超24万亩，其中水稻就超过17万亩。

以北京为例，1971—1972年，北京南繁面积3 812.23亩（玉米2 739.23亩，高粱1 054亩，其他作物19亩），其中制种1 220亩，分布在崖城公社、天涯公社、田独公社、6848部队农场、马岭公社等多个大队；实际收获种子33.14万千克，达到整个70年代的最高峰。

1971年，河北繁育制种已落实面积44 229.4亩，约占全国南繁面积的1/6。1969—1988年，河北累计南繁面积94 354亩，约计产种492万千克。

3. 育种成果硕果累累

1970年11月23日，这是值得被载入水稻发展史册的一天。

20世纪70～80年代为南繁工作建的小平房

袁隆平的助手李必湖和南红农场技术员冯克珊在崖县南红农场的水沟边发现了一株野败不育株（普通野生稻）。这株"野败"为我国杂交水稻的三系配套打开了突破口，经过杂交选育出野败型籼稻不育系（二九南、二九矮），为我国杂交水稻研究奠定了基础。1971年春天，袁隆平及其团队又在南红农场进行第二次试验，培育出生产上需要的不育系和保持系。此后，国内涌现出了南优、矮优、威优、汕优等系列籼型杂交水稻组合品种，水稻产量得到大幅度提高，"吃饱饭"不再遥不可及。

1973年，全国杂交水稻研究协作组终于从东南亚一些品种中找到了具有较强恢复力和较强优势的恢复系。至此，籼型杂交水稻三系配套取得圆满成功。1974年攻克了杂交水稻的优势关，杂交稻种子试验田最高亩产超过了800千克，大面积亩产一般都在500千克以上，高的超过600千克，比当地双季早稻和中稻的当家品种增产20%～30%。

1975年，南繁杂交水稻种子绿遍神州，在全国推广杂交水稻208万亩，比矮秆水稻产量增产幅度普遍在20%以上，中国的粮食产量实现了一次飞跃。

1976年冬，谢华安到海南育种，培育出了明恢63。1981年，明恢63和珍汕97A组配，选育出了杂交水稻良种汕优63。1983年，汕优63破格参加全国生产试验后，好评如潮。汕优63先后通过了福建、四川、湖北等多个省份和全国品种审定委员会审定，迅速在全国16个省份大面积推广。据农业部统计，汕优63是1986年至2001年连续16年中国种植面积最大的水稻良种，累计种植近10亿亩，其中1990年种植面积超亿亩，达1.02亿亩，占全国杂交稻面积的42%。

1978年，朱英国的红莲型研究取得重要突破，在不育系和相应保持系的基础上，找到意广、红晓后代、英美稻、古选、龙紫1号等大批恢复系，成功实现三系配套。经专家鉴定，红莲华矮15雄性不育系与意广等恢复系培育出来的杂交早稻，生长期短、抗病、抗寒性强，穗大粒多，籽实饱满，产量较常规早稻高出二成以上。同时认定该细胞质型的雄性不育系，是适宜在长江流域大面积种植的早稻品种。

1980年，杂交水稻作为我国出口的第一项农业专利技术转让给美国，其中就包括用珍汕97A选育的两个品种汕优2号和汕优6号。

在玉米新品种选育方面，1978年，到海南崖县加代育种的玉米育种专家、农民发明家李登海，培育出紧凑型玉米杂交种掖单2号，创下当时中国夏玉米单产776.9千克的最高纪录，在全国第一次突破亩产750千克大关。

吉林省农业科学院在20世纪70年代经南繁选育出的吉单101，在吉林省各地、黑龙江省南部、辽宁省北部以及内蒙古东部各盟的不同地区和栽培条件下推广普及，一般均比相同熟期的双交种增产10%或更多。

在高粱方面，山西省育成晋杂1号、晋杂4号、晋杂5号、同杂2号等高粱杂交种在我国大面积推广，这些杂交种当时几乎覆盖全国高粱主产区，累计推广面积约2 400万公顷，使全国高粱单产由1965年的1 155千克/公顷提高到1977年的2 260.5千克/公顷。

70年代，中国农业科学院棉花研究所已在崖州北3千米处的县良种场旁初步建立了棉花南繁基地，有了固定的土地和几间住房等设施，建立野生棉园已具备基本条件。1986年，约3亩地的野生棉园建成并开园运行。这个野生棉园是亚洲独一、世界第二（另一个在美洲）。

海南崖州古城

70年代初，南繁作物已由水稻、玉米、小麦、棉花等作物扩展到了瓜菜类等其他作物。1972年，中国农业科学院郑州果树研究所王坚等人来到三亚荔枝沟师部农场开展西瓜育种试验；1973年10月，新疆及东北地区西甜瓜育种技术人员来到海南；1973年以后，瓜类南繁从原来单一的育种加代和制种发展到与海南反季节瓜菜商品生产紧密结合。海南农垦南滨农场在南繁的带动下，在1986年冬率先生产反季节黄瓜，此后反季节瓜菜迅速发展，并辐射到了周边地区，促使海南冬种北运瓜菜成为海南农业的支柱之一。

经过瓜类作物南繁，我国的西瓜新育成品种前进了一大步，从20世纪70年代以前的农家品种及常规品种为主，更新1～2代，短短的十多年时间迅速在全国范围内实现了杂种优势化。

（二）南繁问题日益突出

随着南繁事业的快速发展，南繁问题日益显现。随着南繁人员的增加、育制种面积的迅速扩张，开始出现争地、隔离纠纷、物资供应以及南繁种子运输等问题。

1974年3月，全国南繁经验交流会在崖县举行。会上，参会人员较关心的问题是各育种队之间隔离区无序设置、育种队员的人身安全和育种材料被盗等问题。

此外，由于南繁种子交流频繁，有些省份的危险性病虫害也带到海南，并通过海南传播到其他省份。1974年，海南岛出现了水稻凋萎型枯心病，1977年蔓延到浙江、江苏、江西、广东、广西、湖北、湖南等南方稻区，面积达2 000多万亩。

在物资匮乏、基础设施落后的时代，南繁面积迅猛扩张和南繁人员骤增，造成海南岛粮食和物资供应紧张，甚至引发其他社会问题。

（三）南繁管理逐步规范

为加强南繁管理，解决南繁出现的问题，促进南繁事业发展，相关部门采取了一系列措施，并取得了积极成效。南繁管理日益制度化，发展趋于稳定，管理趋于常态。

1974年全国南繁经验交流会全体代表留影

1. 出台规范条例

为遏制用地肆意扩张，1972年10月，国务院批转农林部《关于当前种子工作的报告》，明确"南繁种子原则上只限于科研项目""需要到海南岛繁育少量贵重种子，应由省统一办理"，南繁工作被纳入规范化管理轨道。

1976年，农林部种子局印发（76）农林（种经）字第12号文《关于搞好海南岛南繁工作的意见》，强调南繁种子原则上只限于科研项目和少量珍贵种子的加速繁殖，把各省（自治区、直辖市）的南繁任务以省为单位分别固定在5个片上：即吉林、云南、安徽、四川、广东、西藏、北京和中国农业科学院在崖城公社片；山西、河北、贵州、天津和海南行署在羊栏片；湖南、黑龙江、陕西、新疆、辽宁、广西、江苏、上海、中国农林科学院在荔枝沟片；江西、福建、青海、宁夏、内蒙古在藤桥片；浙江、湖北、山东、河南、甘肃在椰林片。

1983年3月，农牧渔业部颁布《南繁工作试行条例》，对南繁范围、组织领导、南繁计划、基地选择、经济政策、专用化肥、农药管理、种子检疫、运输等都做出具体规定。同期，农牧渔业部在崖县召开南繁工作座谈会，南繁面积较大的15个省（自治区、直辖市）种子公司、中国农业科学院、3个南繁基地县和6个国营农场等单位的同志参加，会议提出"利用好、保护好、建设好海南南繁基地"，并列入国家"六五"计划建设项目。

2. 成立专门机构

1978年，农林部批准成立中国种子公司海南分公司，具体负责南繁组织、管理工作。与此同时，海南省成立海口、三亚植物检疫站，对进出海南的农作物种子开展检疫工作。

1984年，农牧渔业部、商业部、水电部、国家计划委员会和地方联合投资，在海南岛建成种子、水利、技术体系，建立了12个南繁服务站。

1987年，黑龙江省在三亚市建立了黑龙江省南繁指挥部。1991年，江苏省和北京市在三亚市新建了江苏南繁中心和北京市南繁指挥部。

1988年，经农业部批准，中国种子公司海南分公司变更为中国种子海南公司，受中国种子公司和海南省农业厅双重领导，由原来的事业单位改为自负盈亏的企业性质，继续赋予公司分配南繁种子专用肥、办理《南繁种子准运证》等南繁管理职能。

3. 加强基地建设

1983年3月，农牧渔业部林乎加部长检查南繁基地，提出将南繁基地建设列入开发海南的项目之一。农林部在崖县召开南繁工作座谈会，讨论通过1980年开始起草的《南繁工作试行条例》。

1984年，国家在商品粮基地的资金中投入1000万元，在三亚、乐东、陵水建设南繁服务站、种子仓库、晒场和旱涝保收农田，改善南繁条件，开展代繁、代制、代鉴定等种子服务业务。

各省（自治区、直辖市）开始纷纷加大对南繁基础设施的投入，积极改善科研人员的生活条件和工作条件。

1984年3月，农牧渔业部在海南岛崖县召开"三杂"制种推广会议，与各省（自治区、直辖市）协商，以省（自治区、直辖市）为单位分别固定在崖县、陵水、乐东3个县指定的公社，科研单位尽量安排在国营农场，适当集中，相对稳定，以便加强领导和管理。

在农牧渔业部和地方政府的共同努力下，从南繁种子入岛开始，到用地安排、物资供应、产地检疫、治安管理、种子出岛等一系列工作实行有序管理。由于加强管理，采取有保有控的措施，1982年冬，全国28个省（自治区、直辖市），440多家单位南繁面积为4 933.3公顷，南繁人员7 885人，比1981年面积减少1/3，人员减少2/3。

三、修剪枝叶：20世纪90年代，从问题凸显到管理升级

随着市场经济发展，南繁从政府计划管理逐步向南繁单位市场化自主经营转变。

（一）育种成果突出

进入90年代，南繁基地建设进一步加强。1990年4月，全国有87个南繁单位在南繁基地投资建设，总建筑面积26 949米^2。5月，国家农业综合开发领导小组批复同意拨款1 000万元，用于建设南繁基地。1995年，农业部在三亚投资兴建了国家南繁科研中心南滨基地，为南繁工作创造良好的生产生活环境。部分科研机构的南繁工作时段由每年10月至翌年5月发展到全年性试验，南繁日益被公众所认识。

生物技术育种丰富了南繁内容。现代农业生物技术为农作物品种基础研究、选育改良及生产应用开辟了新途径。利用生物技术，筛选、表达、克隆和导入一些有重要价值的目的基因，如抗旱、抗病、耐盐碱和优质、高产基因，培育优良品种。

1993年，中国农业科学院生物技术研究所郭三堆研究员育成拥有中国自主知识产权的转Bt基因抗虫棉。1993年年底，转基因植株培育成功，1994年，进入田间试验，并通过了中国农业科学院植物保护研究所的鉴定，1995年申请了国家专利。1994年，拥有我国自主知识产权的单价抗虫棉培育成功，使中国成为世界上第二个成功培育抗虫棉的国家，打破了美国抗虫棉对我国市场的垄断格局，更为1997年后国产抗虫棉的迅速发展奠定了坚实基础。1999年，郭三堆在南繁基地成功培育双价抗虫棉，国产抗虫棉的市场份额每年以10%左右的速度递增。

1995年，袁隆平主持的两系法杂交水稻研究再获成功，杂交水稻平均亩产再增10%。

此外，转基因番茄、转基因玉米、转基因水稻等试验开始进入南繁领域，自此南繁进入分子育种与传统育种结合的时代。

在瓜类方面，中国工程院院士吴明珠经南繁培育出9818黄皮甜瓜，在美国加利福尼亚州试种成功，这是国产甜瓜第一次在国外种植成功。

（二）转轨时期南繁出现新问题

这一时期，我国正处于计划经济向市场经济转轨阶段，中国种子公司海南分公司变更为中国种子海南公司后，公司性质由原来的事业单位改为自负盈亏的企业，虽然继续赋予公司分配南繁种子专用肥、办理《南繁种子准运证》等南繁管理职能，但由

于这一时期的农资价格由双轨制逐步向市场过渡，计划经济体制下对南繁的扶持政策作用迅速衰减甚至消失，中国种子海南公司已没有管理南繁的手段，加之公司还需要在市场竞争中谋求自身的生存，因此这一时期，南繁管理机构处于实质空缺状态，导致出现很多问题：

一是南繁手续繁杂。南繁的3～4个月时间，南繁人员要先后到十几个单位办理南繁报到、治安管理、植物检疫、种子外运等证明和手续，由于交通不便，信息不畅，1个证明可能多次办理才能办成，浪费了开展科研的宝贵时间。

二是南繁收费"多、乱、杂"。主要表现在收费部门多，几乎与南繁沾边的部门，从县到乡再到村，都向南繁单位收费；收费标准乱，有标准不执行，如办理暂住证每人30～140元不等，还自定辣椒育种"特产税"、管理费等收费标准；收费项目杂，有各种证件办理手续费、土地安排费、治安劳务费等近10种项目。

三是南繁基地治安混乱。南繁种子被抢购或套购，珍贵的育种材料丢失，甚至南繁人员被殴打、财物被偷抢的事件也时有发生。著名玉米育种专家李登海反映，1994年南繁的种子有2/3被不法分子偷盗、哄抢或套购。

四是南繁种子运输难。交通部门停办铁路和水路联运的零担货物（即每件重量不得低于30吨），南繁种子基本属零担货物，南繁种子外运受阻。

五是南繁纠纷多。南繁用地缺乏统筹安排，隔离区矛盾频发，有些不得不销毁，造成珍贵育种材料损失。

"偏爱南繁勇闯千里关，不畏难烦敢行万里路"。福建省三亚南繁指挥部大门两边的一副春联，反映了南繁人能吃苦、敢开拓的伟大精神，但"难烦"二字也表达了南繁人对改进南繁突出问题的迫切愿望。

（三）省部共建机构管理南繁

1995年9月26日，农业部和海南省在海口召开南繁工作座谈会，成立国家南繁工作领导小组，统一规划、协调、管理南繁工作。同时，设立国家南繁工作领导小组办公室（简称南繁办），负责具体工作，办公地点设在三亚。1995年10月，农业部转发国家南繁工作领导小组《关于南繁工作管理的暂行办法》，明确国家南繁工作领导小组及其办公室职责。

自此，南繁工作有了省部共建的管理机构。1995—2000年，农业部和海南省有关部门共同派人到南繁办从事南繁管理工作。主要职责包括：一是调研了解南繁存在的问题，搜集对南繁管理的建议；二是及时向国家南繁工作领导小组反映情况；三是积极协调处理南繁出现的矛盾和问题。

省部共管机制的建立和《关于南繁工作管理的暂行办法》的出台，使南繁存在的主要问题得到解决，南繁基地社会秩序明显好转。实践也证明，部省共管模式符合南繁实情。

1996年，海南省人民政府发布了《关于禁止扰乱南繁育种基地生产秩序的通告》，三亚市、乐东县、陵水县政府专门成立了南繁治安领导小组，南繁基地社会治安明显好转。

1997年9月，农业部、海南省政府印发《农作物种子南繁工作管理办法（试行）》，对南繁范围、繁育计划、组织领导、具体职责、用地安排、隔离设置、地租价格、收费项目、政策法规、治安管理、奖惩制度等做出明确规定。全国有20个省（自治区、直辖市）也相应成立了农作物南繁工作领导小组，并有28个省（自治区、直辖市）在海南省南繁基地设立了南繁指挥部。

这期间企业化管理也迈出重要一步。1995年，海南省农垦总公司、海南神龙股份有限公司、中国种子海南公司、海南省种子公司联合组建海南南繁种子基地有限公司，首期注册资本为3000万元人民币，负责海南国家南繁种子基地项目的建设和经营。

1997年4月5～7日，"863"计划两系法杂交水稻专题九七海南年会在三亚召开

四、焕发生机：2000—2012年，从开放市场到需求升级

21世纪首年，袁隆平院士主持研究的亩产700千克超级杂交稻攻关计划获得成功。这十年，成果喜人：2004年，袁隆平院士主持研究的攻关亩产800千克超级杂交稻科研计划获得成功；2006年，郭三堆研究员成功实现了棉花制种三系配套，此项技术大大促进我国棉花生产的发展……

（一）这一时期，南繁出现新特点

一是市场化使种子企业身影活跃。 2000年，《中华人民共和国种子法》颁布实施，为打破国有种子公司垄断经营、推动多元市场主体发育提供了法律保障，种业进入从计划体制向市场经济体制转型发展阶段。种子企业在市场竞争中逐步成长。企业的创新能力快速提升，研发投入不断加大。越来越多的种子企业也加入了南繁的队伍中，市场为南繁发展注入新动力。

登海种业是最早开展南繁的企业代表之一。李登海从1978年开始在海南省三亚荔枝沟公社红花大队引合生产队进行品种选育，直到2003年在农业部南繁领导小组的帮助下，通过和南滨农场协商，在农业部确定的国家南繁育种基地——南滨农场，建设登海种业南繁育种基地，从此育种状况得到了很大改善，使南繁育种加代的时间越来越长，确保了在海南一年二代的育种工作；通过种质资源创新和高新技术的利用，登海种业育成了亩产超过1 100千克的新紧凑型杂交玉米高产品种登海661、登海662、登海605、登海618等，先后7次创造我国夏玉米单产最高纪录，两次世界夏玉米单产最高纪录。

隆平高科常年在海南开展多种作物的科研活动，为国内外种业发展提供全方位支撑；常年在海南的杂交水稻制种面积达10万亩；建有海外研发总部，大力发展海外市场；以海南为科研中心，在全球建立了多个研发、生产基地和市场推广主体；在全球多国开展公益性援助及援外培训。

2005年开展南繁育种的天津天隆科技股份有限公司，基地位于海南省三亚市吉阳镇，拥有育种田35亩。公司利用高柱头外露率高的亲本材料，选出多个隆优、隆粳系列品种，具有高产、稳产和综合抗性好的特点，目前已有14个品种通过省级审定。

2009年、2010年合肥丰乐种业公司分别在三亚吉阳镇罗蓬村和海南乐东县建立208亩水稻、旱作科研南繁基地。2008年和2011年安徽荃银高科种业股份有限公司分别建立了槟榔、南丁及九所水稻、旱作育种基地123亩。

作为商业化育种主体，全国各地种子企业陆续到南繁安营扎寨，加快商业化育种步伐。比如创世纪种业有限公司、广东华农大种业有限公司、广东天弘种业有限公司、甘肃五谷种业股份有限公司、甘肃金源种业股份有限公司、北京奥瑞金种业股份有限公司、山西大丰种业有限公司、辽宁东亚种业有限公司、内蒙古丰垦种业有限责任公司等数百家企业在南繁有基地，选育作物包括水稻、玉米、瓜菜等多种作物。

二是海南支持力度加大。 海南当地对南繁支持力度加大，这为南繁发展提供了强大的地方保障。

2000年8月21日，科技部批复三亚市农业生物技术研究发展中心等单位利用国家"863"计划建设杂交水稻与转基因植物海南研究与开发基地，标志着国家开始重视地方科研机构建设南繁科研平台，服务于全国南繁生物育种。

2002年11月8日，在海南省有关部门支持下，科技部批准，国家新闻出版总署核准海南省出版《分子植物育种》，该期刊是由海南省科学技术协会主管，海南省生物工程协会主办，期刊创办得到了众多南繁育种科学家的支持。

2005年3月28日，三亚市人民政府在三亚市农业生物技术研究发展中心、三亚市科学技术服务中心、三亚市热带瓜果研究中心和三亚市科学技术情报研究所等4家科研单位的基础上组建了三亚市南繁科学技术研究院，标志着地方政府和科技力量融入并全面支持南繁事业的发展。

三是南繁属地化管理加强。对于南繁过程中遇到的用地难、育种材料被盗等问题，农业部和海南当地积极采取措施，为南繁提供强大的后勤保障。

2006年4月，为加强种子南繁管理工作，促进南繁事业持续、健康、有序发展，保障农业生产安全，农业部和海南省政府修订了《农作物种子南繁工作管理办法》。同年6月，为加强南繁管理机构建设，协调解决南繁基地建设中的有关问题，经海南省政府同意，成立海南省南繁管理办公室筹备领导小组。

2008年3月，海南省南繁管理办公室作为正处级事业单位在三亚市挂牌成立，标志着延续了近13年的南繁管理体制由长期临时管理机构向常设管理机构逐步转变。

2012年2月16～23日，海南省委组织省直有关单位负责人深入陵水、三亚和乐东等市县开展南繁育种基地建设专题调研，直接推动了南繁保护区规划。

2012年12月13日，海南省为了支持南繁制种产业，在中国（海南）国际热带农产品冬季交易会上宣布从2013年开始在农业保险中专门增加南繁制种保险。

（二）这一时期，南繁出现新困难

随着生物技术与南繁融合，以及海南省城镇化进程加快、冬季瓜菜迅猛发展，除南繁基地防护设施差、育种材料易丢失，农田水利设施差、科研生产易受旱涝影响，科研人员生活无保障等老问题以外，南繁出现了新问题、新困难。

一是落实南繁用地难。适宜南繁的基地处于温光条件、土壤肥力俱佳的区块，与冬季瓜菜等种植争地。比如浙江省农业科学院南繁基地已被迫迁移了4次，一次比一次远，土地一次比一次差。

二是保障生物安全难。隔离与检疫设施差，超过1/3的南繁材料未经检疫自由出入南繁基地。无专用的转基因材料试验用地，违规种植转基因材料的现象时有发生。南繁种子"来自全国，又走向全国"，生物安全风险大。

三是配套设施合规难。由于南繁基地分布散、位于农区，不属于规划用地，加之建设用地指标很难拿到，90%以上南繁单位建设的科研和生活用房属于违规建筑，面临被拆迁的危险。

因此，需要通过南繁基地建设，把南繁用地切实保护起来，将南繁各方面条件切实改善好，让科技人员不再难，使他们安心科研工作。

（三）这一时期，国家高度重视南繁基地建设

南繁事关国家粮食安全，这里是我国农作物品种的主要来源地。这一时期，国家高度重视南繁基地建设。

2009年11月3日，国家发展和改革委员会发布《全国新增1 000亿斤粮食生产能力规划（2009—2020年）》，提出建设海南南繁科研制种基地。

2009年12月31日，《国务院关于推进海南国际旅游岛建设发展的若干意见》（国发〔2009〕44号）指出，要充分发挥海南热带农业资源优势，使海南成为全国南繁育制种基地，南繁基地建设上升为国家战略。

2011年4月10日，《国务院关于加快推进现代农作物种业发展的意见》（国发〔2011〕8号）提出，加强海南优势种子繁育基地的规划建设与用地保护。

2011年5月6日，海南省政府出台《关于加快培育和发展战略性新兴产业的实施意见》，重点提出依托南繁优势，通过生物技术改造传统育种，打造金种子工程。

2012年2月1日，中共中央和国务院印发中央一号文件《关于加快推进农业科技创新持续增强农产品供给保障能力的若干意见》，明确提出"加强海南优势种子繁育基地建设"。

2012年5月3日，农业部与海南省政府在海口签署《关于加强海南南繁基地建设和管理备忘录》，旨在共同规划好、建设好、利用好、保护好南繁育制种基地，促进南繁事业发展，为我国农业发展提供有力支撑和保障。

2012年5月3日，农业部与海南省政府在海口签署《关于加强海南南繁基地建设和管理备忘录》

2012年12月26日，国务院办公厅正式印发《全国现代农作物种业发展规划（2012—2020年）》（国办发〔2012〕59号），确定以西北、西南、海南为重点，初步建成国家级主要粮食作物种子生产基地，主要农作物良种覆盖率稳定在96%以上。

五、蒸蒸日上：2013年至今，从国家战略到南繁硅谷

建设好南繁基地是几代人的夙愿。以袁隆平、吴明珠院士等为代表的老一代科学家和广大科技工作者一再呼吁，政府要把南繁育种基地列为国家重点项目予以建设，同时设立南繁基地专项经费，促进南繁事业稳定发展，为保障国家粮食安全提供支撑。

2013年4月8日，习近平总书记在海南考察时强调："南繁科研育种基地是国家宝贵的农业科研平台，一定要建成集科研、生产、销售、科技交流、成果转化为一体的服务全国的重要基地。"

2013年4月9日，韩长赋部长与袁隆平院士在海南三亚共同宣布启动第四期超级稻攻关项目

2013年12月20日，《国务院办公厅关于深化种业体制改革 提高创新能力的意见》（国办发〔2013〕109号）提出，在海南三亚、陵水、乐东等区域划定南繁科研育种保护区，实行用途管制，纳入基本农田范围予以永久保护。

2014年8月29日，海南省机构编制委员会批复整合海南省南繁管理办公室和海南省南繁植物检疫站，设立全额事业单位海南省南繁管理局，并在农业部的支持下，具体管理和服务南繁。同年12月19日，海南省人民政府颁布了《关于深化种业体制

改革推进现代农作物种业发展的实施意见》（琼府〔2014〕68号），专门提出了要规划建设好国家南繁育种科研基地，并指定各厅、局以及三亚、乐东、陵水等地方政府配合南繁保护区规划。

2015年10月28日，经国务院同意，农业部、国家发展和改革委员会、财政部、国土资源部和海南省人民政府联合印发《国家南繁科研育种基地（海南）建设规划（2015—2025年）》，对南繁基地建设与管理做出全面部署。2015年11月25日，全国南繁工作会议暨现代种业发展工作会议在三亚召开，强调要根据《国家南繁科研育种基地（海南）建设规划（2015—2025年）》，力争用5到10年时间，把南繁基地打造成为服务全国、用地稳定、运行顺畅、监管有力、服务高效的公共科研育种平台。《规划》正式从国家层面将南繁基地定位为农业科技平台，农业科技平台主要服务于农业科技创新、科技合作、科技示范和科技服务等科技活动。

2018年4月13日，习近平总书记在庆祝海南建省办特区30周年大会上发表重要讲话，强调要加强国家南繁科研育种基地（海南）建设，打造国家热带农业科学中心，支持海南建设全球动植物种质资源引进中转基地，打造南繁硅谷。同年颁布《中共中央 国务院关于支持海南全面深化改革开放的指导意见》（中央12号文件）。

2018年11月17日，张桃林副部长调研南繁工作

第三节
南繁科技成果

　　袁隆平说，杂交水稻的成功一半功劳应该归功于南繁。

　　郭三堆说，没有南繁基地，就没有我国抗虫棉转化和产业化现今的发展速度。

　　在我国已育成的28 500多个农作物品种中，70%以上经过了南繁基地的培育，特别是具有自主知识产权的杂交水稻、国产转基因抗虫棉等品种都经过了南繁。通过南繁，我国主要农作物完成了6～7次更新换代，每次品种更新的增产幅度都在10%以上。

　　自1956年开始南繁至今，目前共有来自全国各地的314家科研单位、种子机构和461家企业，累计有近60万人次汇聚海南进行南繁育制种。他们在海南这片热土上，从杂交水稻、高产玉米到抗虫棉，从主要农作物到非主要农作物，完成了一批又一批科研成果，创造了一个又一个农业奇迹。

一、水稻南繁科技成果

　　水稻雄性不育株"野败"在三亚的发现，为杂交水稻的成功研制打开了一扇窗。提起南繁，袁隆平院士常感慨地说：杂交水稻已经遍植大江南北，但很少有人注意，几乎所有的水稻优良品种都是从海南繁育出来的。是海南培育了我，也培育了中国的杂交水稻。

　　相对于其他南繁作物，杂交水稻发展至今，海南提供了"野败"和海南红芒野生稻等重要的种质资源。据初步统计，海南的水稻种质资源有529份，其中籼亚种233份，粳亚种296份，其中不少资源具有抗逆性强、耐热、品质好的优良性状。

（一）南繁水稻育种材料新突破

　　中国著名的水稻专家、"中国稻作科学之父"丁颖早在1932—1937年就开始利用南方气候条件对水稻进行周年播植生育观察。1961年左右北方有些省开始利用南繁进行水稻、陆稻等新品种的繁殖和选育。

1968年冬季，袁隆平院士开始在三亚地区开展水稻南繁育种工作。1970年11月23日，袁隆平助手李必湖和南红农场职工冯克珊在崖县南红农场的水沟边发现一株野生稻花粉败育型雄性不育株，袁隆平给它定名为"野败"，"野败"的发现是三系法杂交水稻研究的重要突破口。

中国稻作科学之父丁颖

1. 三系法杂交水稻技术研究

袁隆平团队利用在海南三亚发现的"野败"，仅仅用了5年，先后解决了三系配套、制种产量低等问题，从而快速将三系法杂交水稻投入生产应用。

1972年，颜龙安带领课题组选育出野败籼型不育系珍汕97A，是我国应用时间最长、选配组合最多、推广面积最大、适应性最广的不育系。在1982—2003年，利用珍汕97A配组的杂交稻累计推广种植18.744亿亩，占全国杂交稻种植总面积的47.59%。

明恢63是谢华安于1981年春育成的，它是我国人工制恢研究中第一个取得突破的优良恢复系。其恢复力强、恢复谱广、配合力好、综合农艺性状优良、抗稻瘟病、制种产量高。全国各育种单位利用明恢63作为恢复系选育的骨干亲本，先后至少育成了617个新恢复系。1990—2009年，这些恢复系配组的组合累计推广面积12.2亿亩。其中汕优63（珍汕97A×明恢63）累计推广面积超过10亿亩。

朱英国团队利用海南红芒野生稻与常规稻杂交选育出红莲型不育系，其中红莲型与袁隆平的野败型、日本的包台型，被国际公认为三大细胞质雄性不育类型。

周开达、朱英国等先后选育出其他细胞质雄性不育系：D型、冈型、马协型、包台型等不育系，丰富了我国不育细胞质，为杂交水稻在全国范围内推广打下了坚实基础。

2. 两系法杂交水稻技术研究

1987—1995年，由湖南杂交水稻中心牵头，联合全国16家单位进行协作攻关两系法杂交水稻研究，历经9年，两系法杂交水稻技术研究获得成功。

培矮64S是罗孝和等人利用培矮64为轮回亲本，与农垦58S杂交，其杂种后代经长沙、海南多代双向选择育成的籼型水稻低温敏雄性不育系。培矮64S是我国推广面积最大的光温敏核不育系，由其配组的品种两优培九累计推广面积超过1.2亿亩。

Y58S是邓启云利用安农S-1、培矮64S等品种杂交，其杂种后代经长沙、海南多代双向选择育成的广适性水稻光温敏不育系。Y58S已成为我国两系杂交稻骨干亲本，国内100多家科研单位和种业公司引进配组，选配的Y两优系列强优势组合通过省级以上审定的41个。

（二）南繁水稻新品种结硕果

1.实施超级稻工程

为满足全国人民对粮食的需求，农业部于1996年立项超级杂交稻育种计划。截至2018年，经农业部确认可冠名超级稻的水稻品种已达到131个。

四期超级稻工程育种目标及完成时间

	目标产量（千克/亩）	完成时间	代表品种	年推广达到1 000万亩时间
第一期	700	2000年	两优培九	2002年
第二期	800	2004年	Y两优1号	2015年
第三期	900	2012年	Y两优900	—
第四期	1 000	2014年	湘两优900	—

注：其中目标产量指在同一生态区两个百亩示范片，连续两年的平均产量。

2.强优势粳稻优质品种显成效

以国家粳稻工程技术研究中心、黑龙江省农业科学院、辽宁省农业科学院、吉林省农业科学院等科研院所为主体，南繁育种在强优势粳稻优质品种的选育方面，同样取得了显著成效。

辽粳454在辽宁推广种植面积达20万公顷，创造了辽宁省内品种年种植面积的历史新高；辽粳294既高产又优质，是辽宁省水稻生产上应用面积最大的优质米品种。

隆平高科菲律宾研发站

吉粳88亩产740千克以上，2006年在吉林省种植面积已达30万公顷，占水田面积的40%，打破了吉林省自20世纪80年代以来单一品种推广面积的纪录，创造了巨大的经济效益和社会效益。

国家粳稻工程技术研究中心选育的隆优、隆粳系列水稻品种近年来在东北和黄淮海稻区大面积推广种植，部分品种已成为当地的主栽品种。隆优619于2013年在国际水稻研究所世界水稻生态适应性试验印度试验点中产量居第一位。

3. 走出去贡献中国力量

从全球水稻主产区来看，主要是东亚、东南亚和南亚。东南亚与南亚水稻面积是中国的3.36倍，因而东南亚杂交水稻未来的市场空间巨大。海南是我国唯一的典型热带海洋性季风气候区，与东南亚国家的生态类型相似。利用南繁基地整合科研资源，培育适合东南亚、南亚地区推广的优质多抗高产广适性杂交水稻新组合，然后通过国外的育种站、测试站进行品种测试、区域试验，并获得市场准入资格，能够有效推动杂交水稻在东南亚、南亚等"一带一路"沿线地区的大面积推广。

为开发东南亚杂交水稻市场，我国大型种业公司相继在国外设立育种站、种子生产基地等。据统计，现在世界上已有20多个国家和地区引进了我国的杂交水稻，特别是东南亚国家，国外每年约有600万公顷面积应用杂交水稻。

4. 典型水稻南繁育种成果展示

典型水稻南繁育种成果表

序号	品种名称	亲本组合	选育单位	南繁概况
1	汕优63	珍汕97A/明恢63	福建省三明市农业科学所	1977—1980年连续4年到海南崖城进行加代扩繁，至F_7定名为汕优63
2	D优63	D汕A/明恢63	四川农业大学	以D汕A为母本，明恢63为父本，经四川、海南两地往返选育而成
3	特优63	龙特甫A/明恢63	福建省漳州市农业科学所	以龙特甫A为母本，明恢63为父本，经福建、海南两地往返选育而成
4	两优363	360S/明恢63	贵州省农业科学院水稻研究所	1997年用360S与明恢63配组，同年冬季在海南进行水稻所F_1的观察，结果该组合表现优良，增产显著。于2000年通过贵州省审定
5	培矮64S	农垦58S/培矮64	国家杂交水稻工程技术研究中心	F_2与培矮64回交，其杂种后代经长沙、海南多代双向选择育成
6	广占63S	N422S/广占63	北方杂交粳稻研究中心、合肥丰乐种业	以N422S为母本，与广占63杂交，采取南北不同生态鉴定汰选相结合及"籼粳架桥"的方法，经过11代的选育，培育了广占63S

（续）

序号	品种名称	亲本组合	选育单位	南繁概况
7	辽粳294	79-227/辽粳326	辽宁省稻作研究所	1987年，人工杂交后经7代系选而成，多次在海南加代繁育
8	辽粳454	辽粳326/84-240	辽宁省稻作研究所	1985—1989年经过6代系统选育，多次在海南加代繁殖选育而成
9	辽星9号	辽粳294/辽粳454	辽宁省稻作研究所	经辽宁、海南两地多次往返选育而成，2005年通过国审
10	吉粳88	奥羽346/长白9号	吉林省农业科学院水稻研究所	1999—2011年多次送海南加代扩繁、进行抗稻瘟病、性状稳定性鉴定

二、玉米南繁科技成果

最早进行南繁育种的作物是玉米。我国杂交玉米的主要开拓者和奠基人之一，原河南农学院院长吴绍骙教授从1956年开始，利用4年的时间，研究了"异地培育玉米自交系"课题。通过南北穿梭育种（南繁），我国玉米进行了6次更新换代，每次品种更新的增产幅度都在10%以上，极大地促进了我国玉米产量的提高。

南繁的普及和开展，大大加速了我国玉米自交系和杂交种的选育与推广。例如，到70年代，我国在生产上推广面积较大的44个杂交种的亲本自交系，我国自选系已经占到76.4%，外引系只占23.6%。同时，创造了我国第一大玉米品种郑单958，该品种在全国累计推广面积已超过7.5亿亩，增产玉米440.5亿千克，增收423亿元。

玉米育种学家吴绍骙

（一）南繁理论从玉米开始形成

提到南繁，就不得不提及吴绍骙教授，他不仅是我国杂交玉米的主要开拓者和奠基人，还是南繁理论的提出者和推动者。

从1956年开始，他及他早年的学生广西柳州农业试验站的程剑平站长等利用4年的时间，研究了"异地培育玉米自交系"课题。1961年12月，在中国作物学会第一次全国代表大会上，吴绍骙教授正式提出：利用南方生长期长，一年可以种两代，甚至三代的有利条件，把北方在生产上利用的自交系，拿到南方繁殖，可以加大繁殖系数，是一个值得重视的办法。

玉米异地培育成功的实践，启迪了我国玉米

育种科技人员，到夏长冬短的广东省南方地区（包括跨海到海南岛南部县），云南省西双版纳、沅江、元谋等县和广西南宁等地，进行了冬种的探索。实践证明，现在的海南省三亚市、乐东县和陵水县，适宜冬季种植玉米的土地面积大，常年在旱季里自然条件比较稳定，适于玉米南繁。

在南繁理论的指导下，全国各地农业科研教学等单位，陆续到海南岛三亚等地区开展南繁育种。1970年冬，到海南岛南繁出现了前所未有的高潮。异军突起的是辽宁省，为了"粮食上《纲要》，大搞杂交玉米和杂交高粱"。

1971年2月，农业部军代表决定，委托中国农业科学院和广东省农业科学院，在三亚鹿回头国家招待所，召开《第一次全国两杂（杂交玉米和杂交高粱）育种座谈会》，提出了"今后我国玉米杂交种的选育和应用要以单交种为主"。

（二）南繁促使玉米6次更新换代

一般认为玉米新的优良品种应用于生产，在诸多增产因素中，南繁发挥的效能占30%～35%。从我国全面推广玉米单交种以来，优良品种大体可算更新换代6次了，每次品种的更新都离不开南繁的贡献。

第一代玉米单交种，以新单1号、白单4号、丰收105、吉单101等为代表；选育的优良自交系并且应用于优良杂交种组配的有：矮金525、混517、塘四平头、吉63等；引入的优良自交系有C103、埃及205和M14等。

第二代玉米单交种，以中单2号、丹玉6号、郑单2号、豫农704、京杂6号、龙单11、京早7号、黄417、郧单1号、鲁玉3号、嫩单1号等为代表；选育的优良自交系有：自330、黄早四、旅28、获白、二南24等；引入的美国优良自交系Mo17得以充分利用。

第三代玉米单交种，以丹玉13、掖单2号、四单8号、鲁单8号、鲁单3号和陕单9号等为代表；选育的优良自交系有：E28、掖107、原武02、武109、系14等。

第四代玉米单交种，以沈单7号、掖单13、掖单4号、农大60、铁单4号、吉单131、本育9号、四单19、川单9号、东农248等为代表；选育的优良自交系有：5003、U8112、丹340、掖478、综3、综31、吉118、吉446、7884-7、东46、东48-2等。

第五代玉米单交种，以农大108、豫玉22、农大3138、鲁单50、郑单14、登海1号、雅玉2号、西玉3号、沈单10号、屯玉2号、中单321、东单7号、唐杭5号、川单13、四密25、吉单180、龙单16、中单306等为代表；选育的优良自交系有：P138、P178、黄C、齐319、C8605、87-1、掖5237、金黄96、中自01、中451、中74-106、吉853、黄野四、昌7-2、S37、18-599、郑22等。

第六代玉米单交种当前生产上正在应用，最为优良的代表是郑单958和浚单20；选育的优良自交系有：郑58、9058和浚92-8等。生产上已大面积应用的先玉335，是美国先锋公司铁岭育种站选育的单交种，而其亲本PH6WC和PH4CV未获得我国品种保护权，因此已被公开利用。

1974年春节，北京市农林科学院党委委员马恩惠（左起第三人）在崖城水南二队三村南繁制种玉米基地去雄（左起第二人为南繁带队队长吴景锋）

据不完全统计，仅更新换代的玉米主要代表品种至少有50多个，直接用于生产上的玉米杂交种的自交系，前后交错数量难以统计。六次更新换代的玉米主要代表品种，因其应用于生产的面积较大，增产效益显著，大部分都获得了国家或省部级奖励。一些自交系因参与组配优良杂交种的数量较多，直接成为良种增产的基本要素，还单独获得了国家或省部级奖励。

（三）获得国家科技大奖的玉米自交系和品种代表

1982年，由辽宁省丹东农科所景奉文为第一完成人选育的自330是第一个获得国家技术发明一等奖的玉米自交系。

1984年，由中国农业科学院李竞雄院士选育的中单2号是第一个获得国家技术发明一等奖的杂交玉米品种。

1989年，由辽宁省丹东农科院吴继昌选育的丹玉13获得国家科技进步一等奖。

1992年，由辽宁省沈阳市农业科学所郭日跻选育的沈丹7号获得国家科技进步一等奖。

2000年，由北京市农林科学院、中国农业科学院主持选育的玉米自交系黄早四获得国家科技进步一等奖。

2002年，由中国农业大学许启凤教授选育的玉米新品种农大108获得国家科技进步一等奖。

2003年，由莱州市农业科学院李登海先生选育的玉米新品种掖单13获得国家科技进步一等奖。

2007年，由河南省农业科学院作物所堵纯信研究员选育的玉米新品种郑单958获得国家科技进步一等奖。

2011年，由浚县农业科学研究所程相文研究员选育的玉米新品种浚单20获得国家科技进步一等奖。

这些玉米优良自交系和杂交种的育成，以及优良杂交种的复制和优良自交系的扩繁，即使不是全部程序的一半，也总有其中的部分选育环节，是经过南繁工作完成的。事实证明，南繁保证了玉米优良品种选育进程的加快，促进了良种的更新换代提速完成。

以获得国家科技进步一等奖的玉米自交系黄早四为例，选系工作是20世纪70年代初，在崖城水南二队三村完成的。通过在三亚对黄早四种子的加代繁殖，无偿地供给全国玉米育种单位使用，仅以黄早四为亲本之一的杂交种，到20世纪末累计种植面积已超过7亿亩，成为我国玉米核心种质塘四平头类群的最优良的代表系。

三、高粱南繁科技成果

高粱是我国最早开展南繁育种科研的作物之一。20世纪60年代，全国"两杂（杂交玉米、杂交高粱）热"时期，高粱就大规模开始了海南育种和繁种，极大促进了我国高粱科研和杂交种的选育及高粱生产的发展。据不完全统计，截至2016年，全国共选育出食用、酿酒用、饲用、能源用高粱杂交种305个，其中经南繁育种繁育的杂交种229个，占75.1%。例如，60年代末至70年代初全国推广的晋杂5号，80年代的辽杂1号等。

（一）南繁加快了品种更新换代

南繁北育使育种进度加快，一年可以繁育2个世代，大大提高了高粱的育种效率，使高粱"三系"选育加快，并不断组配出新的杂交种，从而加快了高粱杂交种的更新换代。

最初生产上应用的高粱杂交种是利用国外引进的雄性不育系TX3197A与中国高粱地方品种作恢复系组配而成，如遗杂1号等遗杂号、原杂2号、晋杂5号、忻杂7号等。

第一次更新换代。南繁育种加快了高粱不育系的转育和恢复系的选育，如山西省农业科学院选育的恢复系晋辐1号，吉林省农业科学院选育的恢复系7384，锦州市农业科学研究所选育的锦恢75，黑龙江省农业科学院转育的不育系黑龙11A等，一大批杂交种在生产上推广应用，如晋杂1号、同杂2号、吉杂26、晋杂75、原杂10号等。

第二次更新换代。通过南繁加快了新外引雄性不育系的鉴定利用，大大改善了高粱的品质，增强了抗丝黑穗病能力，提高了产量，促进了我国高粱品种的再次更新换代。辽宁省农业科学院引进的不育系TX622A、TX623A、TX624A以及421A等，通过南繁迅速发放全国使用，很快组配出一批杂交种。例如，辽杂1号、辽杂4号、辽杂5号、熊杂3号、铁杂8号、沈杂5号、桥杂2号等。

第三次更新换代。新的雄性不育系创造和恢复系选育与南繁，加快了杂交种的组配和更新，使抗性和产量取得了突飞猛进的提高。例如，辽宁省农业科学院高粱研究所育成的不育系7050A组配的杂交种辽杂10号、辽杂11、辽杂12等9个杂交种，其中辽杂10号最高亩产达到1 023千克，2008年，"高粱雄性不育系7050A创造与应用"获得辽宁省科技进步一等奖。

第四次更新换代。随着我国市场经济的发展，高粱向多用途方向发展变化。因此，南繁选育加快了优质食用、酿酒用、饲草用、青贮用、能源用等各类杂交种的育种进度。如辽杂18、辽杂19、辽粘3号、晋杂23、吉杂118、四杂25、凤杂4号、龙609、四杂31、铁杂11、皖草2号、辽草1号、晋草1号、辽甜1号、辽甜3号等。

第五次更新换代。随着高粱向规模化、集约化生产发展，机械化成为降低劳动强度、减少用工成本、提高生产效率的必经之路，因此，急需适宜机械化生产的高粱品种。由于在海南增加了一代甚至两代，大大加快了育成进程，一批适宜机械化的高粱品种很快投入生产，如晋杂34、汾酒粱1号、辽杂35、辽杂37、龙杂17、龙杂18等。这些品种的使用，促进了高粱生产机械化，使高粱生产方式发生重大变革。

（二）加快高粱育种的理论研究

在南繁北育的基础上，对我国高粱杂交种的系谱进行了分析。

1. 不育系的遗传基础宽度

我国高粱不育系的细胞核主要源于康拜因卡佛尔60、马丁迈罗和库班红三个品种。这样的狭窄状况需要迅速改变，避免遗传单一造成的毁灭性灾害。新引进TX不育系所以在自身产量、抗病性能及配合力表现上明显优于TX3197A，就是因为它们的细胞核含有丰产、抗病、质优的ZeraZera族种质。因此，发现和利用新的保持型种质，扩大细胞核的多样性，才能改变我国高粱雄性不育系更替速度缓慢的状况。

2. 恢复系的遗传基础宽度

我国高粱杂交种的恢复系，最初以直接利用中国高粱地方品种为主，进而用中外高粱杂交种后代为主，现已发展到用多类型复合杂交后代为主。这一历史沿革表明，恢复系的遗传基础正在不断扩大。但是，所用杂交亲本的类型和数量并不多。这与我国拥有不同类型（族）资源较少，通过杂交实现基因重组的历史较短有关。

就不育系和恢复系自身而言，细胞质和细胞核的遗传基础都有进一步扩大的必要，增加不育系和恢复系的遗传多样性可育出优势更强的新杂交种。

（三）获得科技奖励的高粱亲本系和杂交种

高粱杂交种选育在海南这个育种平台的支撑下，走过了 60 年的风雨历程，一大批亲本系和杂交种获得科技奖励，有代表性的包括：

1978 年，山西省农业科学院完成的"高粱杂交种晋杂 5 号、4 号、1 号"，获全国科学大会奖。

1996 年，山西省农业科学院完成的"高粱无融合生殖系的发现和创制"，获山西省科技进步一等奖。

2000 年，辽宁省铁岭市农业科学研究所完成的"高粱 169 系列雄性不育系选育及利用"，获辽宁省科技进步二等奖。

2002 年，吉林省四平市农业科学研究所完成的"多抗性高粱杂交种四杂 25 的选育与推广"，获吉林省科技进步二等奖。

2002 年，山西省农业科学院完成的"早熟酿酒专用新品种晋杂 15、16"，获山西省科技进步一等奖。

2005 年，山西省农业科学院完成的"新型 A3 细胞质雄性不育系 SX-1A 的创制及饲草高粱晋草 1 号的选育"，获山西省科技进步二等奖。

2008 年，辽宁省农业科学院完成的"高粱雄性不育系 7050A 的创造与应用"，获辽宁省科技进步一等奖。

2011 年，辽宁省农业科学院高粱研究所完成的"生物质能源甜高粱品种选育技术创新与应用"，获辽宁省科技进步二等奖。

2013 年，吉林省农业科学院完成的"高粱新型恢复系吉 R105 和吉 R107 的创制与应用"，获吉林省科技进步二等奖。

2015 年，吉林省农业科学院完成的"高粱雄性不育系吉 2055A 的创制与应用"，获吉林省科技进步一等奖。

四、棉花南繁科技成果

我国棉花首次在海南进行冬季南繁是在 1959 年秋，中国农业科学院棉花研究所所长汪若海到海南岛的海南黎族苗族自治州东方县（今东方市）的抱板乡，进行棉花冬季南繁育种的科研探索。但直到 20 世纪 80 年代初，我国开始连续的棉花南繁工作后，开展棉花南繁的单位才越来越多，并逐渐形成了规模。

1959年，汪若海（左一）和助手首次开始棉花南繁试验

海南南繁对于我国抗虫棉研制和大规模产业化的成功，做出的贡献是巨大的。著名棉花专家郭三堆说：没有南繁基地，就没有我国抗虫棉转化和产业化现今的发展速度。

（一）南繁是培育中国抗虫棉的加速器

20世纪90年代，棉花南繁再度出现高潮。这个时期，我国北方棉产区棉铃虫大发生，国内棉花产量急剧下降，美国的转Bt基因抗虫棉趁势而入，在个别省份推广面积占到绝对优势，对国内棉花育种构成严重威胁。为了加速国内抗虫棉的育种进度，财政部直接投资建设"抗虫棉南繁基地"，国内许多育种单位也加强了棉花南繁工作，从而使南繁棉花的育种规模迅速扩大。至1998年冬季，国家品种审定委员会棉花专业组在三亚市开会审定了中棉所29、中棉所30、中棉所31和中棉所32等4个品种，成为我国最早的一批国审抗虫棉品种。中国农业科学院生物技术研究所专家创新抗棉铃虫的Bt基因，随后创新了另一种杀虫基因——胰蛋白酶抑制剂基因（$CpTI$），结合南繁加代，促使全国育成了一批拥有自主知识产权的抗虫棉。其中，中棉所系列、鲁棉研系列、湘杂棉系列、冀棉系列等抗虫棉或抗虫杂交棉品种较突出，在生产上大量推广应用，在我国抗虫棉面积中的比例从1999年的5%上升到2009年的98%以上。到2010年，美国孟山都公司的抗虫棉基本全部退出了我国棉种市场和棉花产区。

（二）棉花南繁成效显著

自1982年以来，中国农业科学院棉花研究所通过南繁育成棉花新品种（系）共68个，其中品种51个，品系17个；全国其他单位总共育成219个，合计育成品种287

个，其中年推广面积5万亩以上的191个，分别占同期全国推广品种总数和总面积的30.76%和51.12%。新增社会经济效益达264.32亿元。

由中国农业科学院棉花研究所选育的中棉所12是1984年育成的丰产、抗病、优质棉花品种，1989年通过全国农作物品种审定委员会审定，全国已累计种植1.6亿亩，覆盖了我国黄河流域、长江流域和新疆内陆部分棉区。

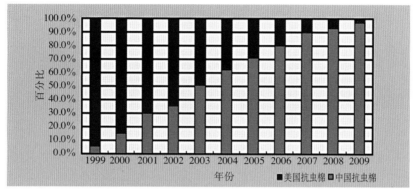

中国和美国抗虫棉占我国抗虫棉面积的对比

(引自全国农业技术推广服务中心)

由山东省棉花研究中心、中国农业科学院生物技术研究所选育的鲁棉研28具有高产稳产、综合抗性强、适应性广、易栽培管理、纤维品质优良等特点，该品种2006年通过国家审定，连续8年为全国棉花主导品种，现已成为全国累计推广面积最大的国产抗虫棉品种，累计推广面积超过1亿亩。

这些充分表明，棉花南繁工作的开展，大大推动了我国棉花新品种选育工作和社会经济的发展。

棉花南繁育种成果表

品种名称	育种单位	推广总面积（亩）	品种名称	育种单位	推广总面积（亩）	品种名称	育种单位	推广总面积（亩）
中棉所12	中棉所	16 181	鲁棉研16	山东中心	601	豫棉8号	豫经所	259
中棉所16	中棉所	5 766	GK12	石家庄院	599	邯郸109	邯郸院	257
泗棉3号	泗阳场	4 586	鲁棉11	山东中心	587	中棉所43	中棉所	250
鄂荆1号	荆州院	3 214	鲁棉研18	山东中心	581	泗棉4号	泗阳场	242
中棉所35	中棉所	2 857	湘棉10号	湘棉所	565	新陆早9号	七师所	238
中棉所17	中棉所	2 054	中棉所45	中棉所	504	冀棉13	冀棉所	232
中棉所19	中棉所	2 033	湘杂棉3号	湘棉所	473	鄂棉20	荆州院	225

（续）

品种名称	育种单位	推广总面积（亩）	品种名称	育种单位	推广总面积（亩）	品种名称	育种单位	推广总面积（亩）
冀668	冀棉所	1 900	鲁棉研22	山东中心	467	鲁棉14	山东中心	217
SGK321	石家庄院	1 727	新海21	一师所	445	豫棉12	豫经所	208
中棉所19	中棉所	1 664	新陆早4号	七师所	434	中棉所36	中棉所	203
鲁棉研15	山东中心	1 650	新陆早6号	七师所	389	晋棉10号	晋作所	187
冀棉12	邯郸院	1 204	冀棉20	冀棉所	380	鄂抗棉10号	荆州院	187
新陆早7号	石河子所	1 025	鄂杂棉4号	荆州院	328	冀棉19	邯郸院	183
湘杂棉2号	湘棉所	1 023	鄂棉22	黄冈院	304	农大94-7	河北农大	178
中棉所41	中棉所	978	豫杂35	豫经所	292	鲁棉研17	山东中心	177
鲁棉研21	山东中心	955	鲁棉9号	山东中心	289	鄂杂棉3号	鄂经所	177
新陆早13	七师所	815	中164	中棉所	282	鲁棉研20	山东中心	173
豫棉15	豫经所	781	中521	中棉所	279	中49	中棉所	170
豫棉19	豫经所	764	中棉所24	中棉所	278	中棉所20	中棉所	168
中棉所23	中棉所	727	辽棉10号	辽经所	277	鄂杂棉10号	惠民公司	167
新陆早8号	石河子所	709	鲁棉研28	山东中心	275	中棉所42	中棉所	162
鄂棉18	黄冈院	701	冀棉298	冀棉所	274	新陆早10号	石河子所	159
湘杂棉1号	湘棉所	673	鄂抗棉4号	荆州院	272	杂66	冀棉所	158
中棉所30	中棉所	653	鄂抗棉9号	荆州院	268	中375	中棉所	144
标杂A1	石家庄院	626	晋棉26	晋棉所	267	豫棉9号	豫经所	136
鄂杂棉1号	荆州院	616	新海14	一师所	261	冀棉18	冀棉所	135
中棉所49	中棉所	131	鲁棉10号	山东中心	62	中棉所47	中棉所	29
鄂棉15	鄂经所	130	冀228	冀棉所	60	邯无23	邯郸院	28
晋棉31	晋棉所	128	豫棉6号	豫经所	60	豫棉20	豫经所	28
中棉206	中棉所	121	新陆早11	豫经所	59	新陆早17	疆经所	28
石远321	石家庄院	116	新陆早33	疆农垦所	59	中棉58-49	中棉所	27
鄂抗棉6号	荆州院	116	新陆中8号	冀棉所	54	邯284	邯郸院	26
中抗3号	中棉所	108	新陆早19	石河子所	53	豫棉21	豫经所	25
鲁RH-1	山东中心	106	晋棉19	晋棉所	50	晋棉13	晋棉所	25
邯682	邯郸院	104	鄂棉14	鄂经所	50	鄂棉21	鄂经所	25
中棉所14	中棉所	100	中棉所40	中棉所	50	中棉所48	中棉所	25

（续）

品种名称	育种单位	推广总面积（亩）	品种名称	育种单位	推广总面积（亩）	品种名称	育种单位	推广总面积（亩）
晋棉33	晋棉所	99	农大棉8号	河北农大	47	邯333	邯郸院	24
冀棉21	邯郸院	96	新陆中7号	一师所	43	湘杂棉11	湘棉所	24
中棉所34	中棉所	95	鲁棉12	山东中心	41	中棉所27	中棉所	24
鄂杂棉11	惠民公司	91	辽棉12	辽经所	41	冀杂3268	冀棉所	23
冀丰197	冀棉所	90	鲁棉研23	山东中心	40	鄂杂棉12	黄冈院	23
中棉所46	中棉所	89	邯杂98-1	邯郸院	39	湘杂棉5号	湘棉所	21
新陆早2号	石河子所	87	鲁棉研19	山东中心	39	鄂杂棉17	荆州院	21
中棉所38	中棉所	85	湘杂棉7号	湘棉所	39	中117	中棉所	21
中棉所13	中棉所	84	中657	中棉所	39	中棉所52	中棉所	21
鲁棉研24	山东中心	81	冀棉22	冀棉所	36	鄂杂棉15	荆州院	19
邯4849	邯郸院	74	辽棉14	辽经所	35	93辐56	冀棉所	17
鲁棉研25	山东中心	73	新陆中2号	疆经所	33	泗抗1号	泗阳场	17
鄂杂棉8号	惠民公司	71	中棉427	中棉所	32	鄂杂棉25	鄂经所	17
鄂杂棉2号	荆州院	71	泗抗3号	泗阳场	31	中177	中棉所	17
中6311	中棉所	71	鄂抗棉5号	鄂经所	31	邯杂306	邯郸院	16
鄂杂棉24	荆州院	67	鄂杂棉9号	荆州院	31	泗杂3号	泗阳场	16
晋棉38	晋棉所	65	中棉所50	中棉所	31	中6311	中棉所	16
邯368	邯郸院	64	晋棉29	晋棉所	30	晋棉36	晋棉所	15
新陆中14	一师所	15	银山1号	豫经所	9	新海2号	疆经所	6
中棉所31	中棉所	15	湘杂棉6号	湘棉所	9	农大棉7号	河北农业大学	6
新陆早36	石河子所	14	冀棉25	冀棉所	8	中棉所51	中棉所	6
辽棉17	辽经所	11	石标杂棉1号	石家庄院	8	冀棉669	冀棉所	5
鲁棉研27	山东中心	10	晋棉46	晋棉所	8	冀棉616	冀棉所	5
中181	中棉所	10	鄂杂棉28	荆州院	7	石远345	石家庄院	5
中381	中棉所	10	新海17	一师所	7	晋棉44	晋棉所	5
中抗5号	中棉所	10	辽棉15	辽经所	7	湘杂棉8号	湘棉所	5
中棉所15	中棉所	10	中棉所53	中棉所	7	鄂棉23	鄂经所	5

五、瓜类南繁科技成果

瓜类南繁始于20世纪70年代初，首先在西瓜上，广东省澄海白沙良种场通过泰国华侨引进了当时美国农业部Charleston（查理斯顿）试验站最新育成的西瓜新品种Charleston、Gray（澄选1号、冬瓜段）和日本西瓜品种新青（小青皮）。由于当时海南属广东省管辖，因此这些优质国外西瓜品种很快就进入三亚荔枝沟师部农场（7001部队农场）。以此为契机，中国瓜类南繁育种工作，便蓬勃开展起来。

（一）瓜类南繁的产业化发展

瓜类南繁的主要作物有：西瓜、黄瓜（海南称"青瓜"）、南瓜和甜瓜，以及少量的冬瓜（节瓜）、丝瓜、苦瓜和瓠瓜、佛手瓜等。这些作物除甜瓜外，大多在海南已有多年的种植历史。瓜类南繁在育种、栽培上以及产业化方面取得了不错的成绩。

1. 瓜类杂种优势利用的实现

首先在广东获得突破，20世纪70年代，广东省澄海白沙良种场许卓才用从美国引进的查理斯顿西瓜品种选育出自交系澄选1号作父本，以日本引进的新太阳作母本，配成杂种一代F_1，并命名为新澄，这是我国育成并在全国大面积推广的第一个杂交西瓜新品种。

经过瓜类作物南繁，我国的西瓜品种选育前进了一大步，从20世纪70年代以前的以农家品种及常规品种为主，更新1～2代，在短短的十多年时间内迅速在全国范

设施甜瓜无土栽培

围内实现了杂种优势化。截至1990年，我国的西瓜商品生产已经实现100%的杂交一代化。

2.无籽西瓜的大规模生产

三倍体无籽西瓜是日本人木原均于1947年发明的人造物种。20世纪50年代，江苏省农业科学院通过秋水仙碱诱变成的西瓜四倍体，与普通二倍体西瓜杂交，从而获得了三倍体无籽西瓜，但尚未能在生产上应用。直到70年代以后，湖南省邵阳市农业科学研究所陈为林，经过多年南繁北育，成功地选育出玫瑰红四倍体等多个品系。20世纪80～90年代，中国农业科学院郑州果树研究所的黑蜜2号无籽西瓜，广西农业科学院园艺研究所的广西2号无籽西瓜，新疆西域种业公司的翠宝3号和翠宝5号无籽西瓜，先后经过多代南繁北育获得成功，并在商品生产中逐步推广。

3.设施农业及甜瓜（哈密瓜）产业化

20世纪90年代，新疆农业科学院吴明珠为了克服南繁甜瓜的连作障碍，首先在三亚荔枝沟新疆南繁指挥部院内建起了瓜类南繁的第一座设施大棚。2005年三亚市南繁科学技术研究院以发展设施农业为契机，加快南繁科技成果本地转化，积极推动三亚市开展"设施农业＋产业化"，年种植西甜瓜面积达20万亩，产值50亿元以上。

4.瓜类作物的砧木选育及嫁接育苗产业化

瓜类砧木选育和嫁接育苗产业化是20世纪90年代在海南大规模开展反季节瓜菜商品生产后，针对瓜菜作物的连作障碍和土壤中枯萎病日益猖獗的现实问题，而采用的新技术。2000年以来，海南全省数十万亩的无籽西瓜、有籽西瓜和鲜黄瓜生产逐步实现了嫁接全覆盖。除此之外，近年来，甜瓜（哈密瓜）、青瓜、苦瓜、冬瓜等的嫁接试验也正在进行中。

（二）瓜类南繁的成效

从1970年开始瓜类作物南繁以来，全国各地农业教育、科研、种业生产单位，陆续培育出一大批高产、优质、抗病虫的瓜类新品种，在各地推广后，不仅获得可观的经济效益，有的还获得国家或省部级科学技术奖。

瓜类作物南繁主要育种成果表

南繁单位	成果名称	推广地区及年份	获 奖
新疆八一农学院昌吉园艺场	西瓜新品种红优2号的选育	新疆、甘肃、内蒙古等，20世纪80～90年代	国家科技进步三等奖，1985
中国农业科学院郑州果树研究所	西瓜新品种郑州3号、郑杂5号等系列品种的选育	华北、西北西瓜主产区，20世纪80～90年代	国家和农业部科技进步奖

南繁单位	成果名称	推广地区及年份	获 奖
新疆农业科学院新疆葡萄瓜果开发研究中心	西瓜新品种早佳（8424）的选育	上海、浙江及华南，20世纪90年代至今	农业部科技进步二等奖，1996；国家科技进步三等奖
合肥丰乐种业公司	甜瓜新品种丰甜1号的选育	安徽、山东、河北、河南，20世纪90年代	安徽省星火一等奖
甘肃河西瓜菜研究所	甜瓜新品种玉金香的选育	甘肃、陕西、河北、北京等，20世纪90年代至今	1990年以后，连续6年全国甜瓜评比金奖
西北农林科技大学	西瓜西农8号品种选育	西北、华北，20世纪90年代至21世纪前10年	国家科技进步二等奖，2002
新疆农业科学院新疆葡萄瓜果开发研究中心	甜瓜新品种西州蜜25、17号的选育	新疆、海南、河南、广西等，2008年至今	

近10年来，瓜类南繁成果本地转化取得了快速发展，例如冬季海南种植西甜瓜面积达到20万亩以上，产值达50亿元以上，是当地农民增收的金钥匙，是南繁成果就地转化的代表。

南繁因海南而兴，海南因南繁而荣。

得天独厚的自然条件，让海南成为南繁的最佳选择；南繁繁荣发展，回报了海南的馈赠。

南繁基地作为国家稀缺的、不可替代的战略资源，是国家科研育种公共服务的重要平台，同时也是现代种业科技创新的前沿阵地。南繁是海南发展的独特优势之一，是海南"海陆空"三大高精尖产业领域之一。南繁，为海南带来发展红利。

一、海南省为国家南繁事业做出了重要贡献

（一）南繁基地建设，海南扛起担当

早期育种工作者除在广东、广西组织秋繁试验和生产活动，部分作物在云南元谋等地开展南繁外，至 20 世纪 80 年代基本都集中在海南岛进行南繁工作。南繁基地被誉为"育种家的天堂""中国绿色硅谷""中国农业科技硅谷""中国种业高地""中国农业科学城"等。南繁基地已经成为中国最大、最开放、最有影响的农业试验区，包括三亚、陵水和乐东等，目前育繁种用地还在逐步扩展至临高、昌江和东方等地。

回顾过去，海南为南繁事业的发展默默付出。海南"大方"地拿出土地，支持南繁事业。

从 20 世纪 50 年代开始，来自全国各地的育种人就陆续扎根三亚，研究选育优良水稻和玉米种子，揭开了农业南繁工作的序幕；60 年代，为了支持南繁工作，海南专门在凤凰镇成立南红农场，在崖城镇成立良种场，由国家投资建设种子仓库、宿

舍、晒场及配套农田排灌系统；70年代，数以万计的制种大军云集海南，杂交水稻制种面积达3.3万亩，师部农场和海螺农场成立；70年代中期，海南逐渐成为全国南繁育种基地，南繁面积在10万亩以上，1977—1978年度最高达23.6万亩。每年生产各类农作物种子高达700万千克以上，其中杂交水稻种子约占2/3。如今，南繁基地面积已超过20万亩。

在海南试行国际旅游岛和创建自由贸易港的情况下，土地价格飞涨，为了确保南繁基地不受商业开发、房地产用地等的侵占，2015年10月，《国家南繁科研育种基地（海南）建设规划（2015—2025年)》出台，明确划定26.8万亩科研育种保护区，其中，5.3万亩为核心区。保护区是"红线中的红线"，要实行永久保护，南繁基地建设全面上升为国家工程。海南省现已完成26.8万亩南繁科研育种保护区、5.3万亩南繁科研育种核心区划定工作，矢量坐标图上图入库，确权到户，实行土地用途管制，保证国家南繁有地可用。并规划提供745亩配套设施建设用地，解决南繁科研人员生产生活后顾之忧。

海南省通过农业综合开发项目，省级财政配套高标准农田建设资金，用于南繁科研育种核心区基地建设；三亚市等市县，使用市财政资金，支持生物育种专区、南繁新基地等国家南繁基地建设任务前期准备工作。海南省在海南省重大科技专项中设立南繁专题，持续支持海南南繁科研平台建设以及南繁科技创新、成果转化，累计投入科研专项资金超过2亿元。

海南省成立南繁管理局，建立南繁乡镇、重点南繁村、南繁专职人员和南繁联络员队伍，健全南繁管理服务体系。

（二）提供种质资源，促进种业创新

海南是一座极其丰富的植物天然基因库，野生植物和南亚野生稻更是全国独有。据考察发现，全球目前有1 100余种野生稻，而三亚便有700余种；海南水稻种质资源有529份，其中籼亚种233份，粳亚种296份；杂粮、油料作物种质1 291份；蔬菜种质775份。

海南为科研育种提供宝贵种质资源，通过南繁可以充分挖掘应用。中国以袁隆平院士为首的一批育种专家，于70年代初利用在三亚市郊发现的野生稻中的不育基因作为突破口，加以转育，实现了杂交水稻三系配套。这一重大科研成果的应用推广，为中国创造了巨大经济效益和社会效益，荣获国家第一项特等发明奖。1972年起，朱英国团队利用海南红芒野生稻与常规稻杂交选育出红莲型不育系，其中红莲型与袁隆平的野败型、日本的包台型，被国际公认为三大细胞质雄性不育类型。

野生水稻败育基因的发现是杂交水稻研制的关键和大事件，通俗讲，全世界的杂交水稻都流淌着海南三亚南红农场野生败育水稻的血液。另外，杂交水稻的科研、生产和经营从来都没有离开南繁基地，包括后来成功研制的受光温控制的"两系法杂交水稻"技术更离不开，南繁基地是当之无愧的"杂交水稻的摇篮"。

目前，每年从三亚调运的水稻等亲本材料超过100万份，亲本及亲本材料约1 000吨，两系杂交稻亲本繁种占中国两系杂交稻亲本繁种总量约20％。

（三）创新南繁科技，搭建公共服务平台

1995年，在农业部指导下，海南在三亚市南滨农场划拨1 765亩，率先建设了唯一的国家级南繁基地——国家南繁科研中心南滨基地。

2004年，为了推进南繁服务标准化、市场化，挖掘南繁产业，在海南省、陵水县政府的支持下，海南广陵高科实业有限公司登记成立，这是国内首家专业从事南繁育种科技服务、生产服务、生活服务的公司，可为南繁育种科研院所或企业提供一条龙托管服务。

2005年，为了服务好南繁、利用好南繁，三亚市人民政府成立了全国唯一的三亚市南繁科学技术研究院，直接投入超过2亿元，开展南繁科研、成果就地转化、政策以及史料研究，为南繁事业发展提供智力支撑。

海南省及市县政府多次支持召开大量科技、学术交流活动扩大影响，加大宣传力度；成功申报国家"863"计划杂交水稻与转基因植物海南研究开发基地、三亚国家农业科技园区等重大科技项目。

（四）南繁为海南发展带来红利

"近水楼台先得月"。南繁带动了海南农业结构调整，汇集了全国优秀的作物品种，借助了新的技术手段，应用了最新的栽培技术，带入了新观念，在推动农村发展的同时，也促进了城乡一体化建设。

过去大量的被当地人称之为育种队、制种队的到来，给当地带来了土地租金、劳务工费、新种子、新思想、新观念，成为当地社会经济发展的助推器。如当地传统的三季稻迅速改制为双季稻，落后的农业生产方式迅速得到提升，大量高产、抗逆农作物新品种，农业生产新技术在当地最先试验、示范和应用。直到建省初期，海南省粮食缺口很大，通过全力推广杂交水稻迅速扭转了局面，晚稻全部杂优化，早稻基本杂优化，是水稻生产杂优化最早、比例最高的省份之一。

海南岛原来不产西瓜、甜瓜，通过南繁的带动，三亚南滨农场于1986年冬率先试种反季节黄瓜，此后海南冬季瓜菜如雨后春笋般迅速发展，并辐射到了周边地区，直接推动了海南农业结构调整。在几代南繁专家和科技人员和海南省的各级政府、专家、企业和种植户的努力下，现在冬春反季节，海南岛的西瓜、甜瓜名满全国，特别是新疆著名南繁专家吴明珠院士团队和海南省的专家、种植大户一起开发的热带设施哈密瓜生产技术，已经成为热带高效现代农业的优势特色产品，农民脱贫致富的金钥

匙。冬季瓜菜是南繁成果就地转化的典范，海南种植的冬季瓜菜品种90%以上来自南繁基地，让海南农业走向热带高效农业。如今，海南冬季瓜菜种植面积稳定在300万亩左右，其中西甜瓜在海南已发展到年种植面积超过20万亩、产值超过50亿元。

通过南繁，大量蔬菜新品种、新技术在当地就地转化，使海南岛从原来不是蔬菜主产地，发展到现在成为全国冬春重要"菜篮子"，为全国的周年蔬菜平衡供应做出了重要贡献。

二、三亚、乐东、陵水南繁概况

（一）三亚：南繁核心区，最具影响的农业科技试验区

三亚位于北纬18°的黄金海岸，拥有绝佳的地理、生态、热带气候及丰富的种质资源。三亚作为南繁核心区正积极发挥着我国农业创新、科技聚集与成果扩散不可或缺的作用。三亚南繁屹立于农业科研最尖端领域，不仅解决国人温饱问题，更孕育着一颗颗"金种子"，辐射全国并走向世界，在世界农业中叫响中国"智造"。

目前，三亚正在按照海南省创新体制机制的要求，瞄准产业化、市场化、专业化、集约化、国际化"五化"总目标，加快推进国家南繁科研育种基地建设和南繁产业发展，以产城融合的模式建设南繁科技城。

1. 南繁事业蓬勃发展

三亚现有相对集中连片的1万亩科研育种用地，主要分布在崖州区城东村、水南村，凤凰区槟榔村，海棠湾区椰林村，南滨农场，南田农场，南新农场等17个村和3个农场。片区内现有南繁单位120家，南繁用地总面积1.01万亩，其中基本农田7 418.96亩。现有中国农业科学院、中国农业大学、登海种业等著名科研单位和企业入驻，进行农作物的品种繁育、加代、种质鉴定等。

2005年，为了进一步服务南繁，利用好南繁资源，三亚市政府支持市科工信局整合原三亚市农业生物技术研究发展中心、原三亚市科学技术服务中心、原三亚市科学技术情报研究所和原三亚市热带瓜果研究中心等4家科研事业单位，组建了三亚市南繁科学技术研究院，通过打造南繁试验基地平台、公共开放实验室、南繁信息服务平台等，汇聚南繁科研人才资源，发挥得天独厚的自然优势，助力三亚南繁产业发展壮大。作为全国唯一一家服务于南繁的科研事业单位，三亚市南繁科学技术研究院面向三亚百余家南繁科研单位，提供一系列气象预告、植保服务，为育种农田配备"瓜菜医生"，防治病虫害。

南繁科技工作是三亚科技重点工作之一，每年都安排专项经费予以支持。三亚市科工信局近3年每年投入专项资金支持150个南繁科研项目以及专项支持19个南繁科研团队。

三亚市近年出台了一系列政策鼓励南繁科技人员在三亚创新创业，支持农业企事业单位落户三亚，以更好地服务国家现代种业。

2015年，三亚就支持筹建国际种子现货和期货交易中心，推进国家杂交水稻三亚南繁综合试验基地和海棠湾国家水稻公园建设，启用了海南国家南繁研发中心暨公共试验服务平台。当前，三亚正在筹建海棠湾南繁小镇，建设集科研、旅游、科普教育等为一体的南繁中心，南繁将成为驱动三亚经济发展的新引擎，助力海南农业转型升级。

三亚南繁基地的新品种还卖到了"一带一路"沿线国家。三亚与缅甸、印度明确了长期稳定的农业合作关系，为当地输送前沿农业技术，促进农产品贸易发展。其中，缅甸建立的3 000亩杂交水稻制种基地，刷新了该国平均单产和最高单产纪录。

2. 为打造"南繁硅谷"贡献力量

雄心勃勃的三亚，为将国家南繁基地建成集科研、生产、销售、科技交流、成果转化为一体的服务全国的"南繁硅谷"，全方位引进和培育南繁市场主体和人才。加快培育本土南繁种业企业，延长南繁产业链；合作建设院士专家工作站、研发及交易机构等科技服务平台；吸引成熟的企业平台进驻，开展南繁科技国际合作，支持开展南繁国际人才培育；扩大中国（三亚）国际水稻论坛、海南（国际）瓜菜新品种展示会等南繁会展品牌的影响力。

2017年4月，隆平高科海外研发中心总部与国家种业成果产权交易中心三亚工作站正式签约落户三亚，标志着三亚南繁进入发展新阶段。本地开展育制种，通过开展稻种种权交易，让传统农业高位嫁接金融业，三亚南繁有望寻求新的增长点。

2018年4月11日，刘平治副省长考察国家南繁基地

三亚全力支持南繁科技城及南繁重点实验室落户鹿城，大力推动南繁产业园建设，吸引华大基因落户三亚发展生物科技产业，并以此带动海南三亚国家农业科技园区开发。目前三亚国家农业科技园区已有10余家农业科技公司进驻，其中不乏行业顶尖精英。下一步，三亚将积极推进华大基因、中化集团等行业巨头落户三亚，推进三亚南繁生命科学实验室和南繁种业产业基地建立，实现科研带动产业，建成以南繁为切入点的育繁推服产业链。

三亚将进一步完善产业政策体系，在《三亚市科技创新驱动发展实施方案》《三亚市扶持互联网产业发展实施意见》等扶持政策的基础上，针对"海陆空"产业发展的特点，有针对性地出台扶持政策，使新兴科技产业政策体系更趋系统、便利，同时整合优化科技计划，建设公开统一的科技项目管理平台。

根据国家南繁规划，到2025年，三亚将高标准建设10万亩国家南繁科研育种保护区、1.5万亩南繁科研育种核心区，从源头上保障国家粮食安全。同时，三亚市大力支持南繁科技城、南繁国家重点实验室、南繁协同创新中心建设。预计到2020年，三亚将初步建成南繁知识产权交易中心，培育3家以上年销售额超千万元的种业企业，引进隆平高科等5家以上种业企业和科研院所落户。

（二）乐东：海南省最大的南繁育制种基地县

乐东县是我国重要的农作物种子南繁基地之一，是国家级杂交水稻育种基地之一，也是海南省最大的南繁育制种基地县。乐东现有国家核定的南繁科研育种保护区面积8.8万亩，在保护区中核定南繁科研育种核心区面积2.3万亩，其中，老基地1.3万亩，新建核心区1万亩。60年来，经过乐东"洗礼"的种子撒遍神州大地。

1. 育制种规模扩大

这是一片与中国南繁育种有着天然而密切联系的土地。乐东作为海南的农业大县之一，热带特色资源丰富，素有"天然温室""热作宝地""绿色宝库"之称。

乐东位于海南岛西南部，全县土地总面积为2 763千米²，其中沿海平原面积604千米²，占全县土地总面积的22%，现总人口54.98万人。

这里光热条件优越，降水丰富，土壤肥沃。乐东成为最早开展南繁育种的地区之一。

回溯乐东南繁育种发展脉络，呈现这样的趋势：面积在扩大，基地建设在加强，人员在增加。

20世纪60年代中期，全国部分省份组织专家队伍南下，在乐东沿海乡镇及山区抱由、志仲等乡镇进行育制种，开展小面积水稻、玉米、高粱、小麦、瓜菜、棉花繁育和新品种培育试验。

20世纪70年代后，南繁人员开展大面积杂交水稻、玉米以及其他作物良种繁育。

1985—1987年，国家拨给乐东县南繁育种基地建设经费500多万元，先后兴建冲坡南繁育种服务中心和黄流、九所、千家、抱由、志仲等南繁育种服务站，面积4.5亩；兴建冲坡、塘丰、东孔、罗马等晒谷场，面积7.5亩；加固、维修长茅水库东西干渠的配套工程等。乐东已成为全国最大的南繁育种基地之一。

据统计，2000年，北京、天津、河北、河南等17个省份1 281人到乐东从事南繁育种，南繁面积达26 308.5亩。其中水稻制种20 150亩，繁殖30亩，加代3亩，育种母本平均亩产225千克；玉米制种3 868.5亩，繁殖1 580亩，加代483亩，平均亩产300千克。主要产区为冲坡、九所、乐罗。当时主要有黑龙江、辽宁、陕西、山东等省份在乐东建立南繁育种基地。

2000—2015年，乐东南繁育制种面积从2.6万亩增至11万亩。

2.科研育种保护区8.8万亩

为保障国家粮食安全，《国家南繁科研育种基地（海南）建设规划（2015—2025年）》确保南繁科研育种保护区，划入永久性基本农田范围予以重点保护，为南繁育制种提供保障。乐东现有国家核定的南繁科研育种保护区面积8.8万亩，在保护区中核定南繁科研育种核心区2.3万亩，其中，老基地1.3万亩，新建核心区1万亩。老核心区现有南繁科研基地82家，现有总建筑面积152 420米^2，累计投资6.8亿元（含田间基础设施建设费用，不含租地费用）。

当前，进行南繁科研育种的单位105家，分别来自全国25省（自治区、直辖市）。南繁人员3 850人，其中南繁科研人员580人。南繁作物种类包括水稻、玉米、高粱、薯类、向日葵、棉花、大豆、瓜菜等16种作物。主要分布在乐东县沿海的九所、利国、佛罗、黄流、尖峰5个乡镇，山区镇千家、抱由、大安、志仲等4个乡镇也有少量分布。截至目前，共投入1.3亿元财政资金进行基本农田设施建设。

目前，乐东南繁育种的发展趋势表现在：一是功能越来越多重，由过去以加代繁殖为主向科研育种、制种繁种、应急种子生产、纯度鉴定和转基因研究等多功能转变；二是主体越来越多元，由过去的以科研单位为主向科研单位、高校、企业（含外企）、个人等多类主体转变；三是作物种类越来越多样，由过去以粮食作物为主向粮、棉、油、糖、瓜菜等作物拓展；四是科研用地需求越来越大；五是生物安全风险越来越高，育种材料进出海南越来越多，生物安全风险不断加大。

3.加快推动南繁科研成果本地转化

作为农业大县，乐东将全力打造热带特色高效农业"王牌"，加快推动南繁科研成果本地转化，促进南繁与地方融合发展，促进农业增效和农民增收。乐东将把南繁育制种基地建设作为打造热带特色高效农业"王牌"的重要一环，把基地科研人才作为发展热带特色高效农业的"智库"，让南繁科研人员走出实验室，走出基地，到田间地头指导农业生产，请农民朋友走进基地观赏体验，促进南繁科研成果就地转化，提升农业技术含量。

建设集科研育种、农业生产、农耕体验、文化娱乐、科普展示于一体的黄流南繁特色小镇，力争打造集科研、生产、销售、科技交流、成果转化为一体的服务全国的"南繁乐东硅谷"，实现乐东农业现代化的创新发展。

发展特色会展业，承办南繁学术交流与对话论坛，搭建多学科、多部门、产学研相结合的高层次学术交流平台。建立南繁新品种示范推广区及热带特色农产品、特色手工艺品展示展销区，科研产品品牌推广和农产品交易中心，打造一批符合现代农业技术标准的南繁示范基地。

到2020年，实现南繁育种保护区和核心区路相通、渠相连、旱能灌、涝能排，科研、生产、生活及服务设施相配套，达到育种科研的基本要求。按照中央和海南省委省政府的部署要求，切实落实好南繁征地、租地群众的思想工作和任务完成，加大资金投放，促进南繁事业健康发展。

（三）陵水：南繁育种重要基地

陵水县位于海南岛的东南部，地理坐标为北纬18°22′～18°47′、东经109°45′～110°08′。东濒南海，南与三亚市毗邻，西与保亭县交界，北与万宁市、琼中县接壤。陵水县是个以黎族、汉族、苗族人口居多的"大杂居，小聚居"的县。

陵水南繁基地建设始于20世纪60年代。陵水是海南三大南繁市县之一，是冬季南繁育种和种植反季节瓜果蔬菜的重要基地。陵水育种面积约1万亩，制种面积约2万亩。

陵水在推进南繁科研育种工作顺利发展的同时，努力将南繁椰林小镇建设成为集农业生产、农耕体验、文化娱乐、教育展示、生态环保、产品加工销售于一体的多元化农旅融合特色小镇，让当地百姓共享南繁建设成果。

1.规划三大核心区

陵水由于地处北回归线以南，气候属热带岛屿性季风气候，全年高温，干湿季分明，夏秋多雨，冬春干燥。年平均气温25.2℃，年平均降水量1 500～2 500毫米，主要集中在每年的8～10月。光照充足，全年无霜，四季常青，是中国少有的天然温室，适宜热带作物和反季节瓜菜的种植。

目前，包括中国科学院、中国农业科学院，上海市、湖南省、湖北省、浙江省、江西省、江苏省、山东省、安徽省、四川省、重庆市等地的121家科研单位，1 500余名科研人员在陵水开展农作物品种选育、繁殖、制种、加代、鉴定等工作。李登海先生以及张启发、万建民院士在陵水都有科研试验基地。

根据《国家南繁科研育种基地（海南）建设规划（2015—2025年）》，陵水县纳入南繁科研育种保护区的耕地有8万亩，分布在26个地块，涉及椰林、光坡、提蒙、文罗、新村、三才、隆广7个乡镇，55个村委会，已经全部完成土地登记造册工作。科研育种核心区1.5万亩，老核心区5 457.35亩，规划安马洋、长坡洋和花石洋为新核心区，共9 666.65亩。

2.南繁成果突出

南繁吸引了大量的人才，培育了多个农业科技成果，增加了农民收入，提高了陵水知名度，获得了国家政策支持，促进了陵水农业经济的发展。

1 500余名科研人员组成强大的育种团队，"玉米大王"李登海、中国工程院院士万建民、中国科学院院士张启发等一大批学者在陵水南繁基地开展育种。他们为陵水农业建设提供科技支撑。

陵水积极加强与科研单位合作，促进南繁科研成果就地转化。2017年陵水与上海市农业科学院在因缺水撂荒的土地上推广1 350亩节水抗旱稻品种，亩产达到400千克，米质达到国家二级，计划2018年继续推广1 500亩。陵水一家南繁研究机构开展的海水优质功能稻育种研究，已经育出的耐盐碱富硒稻种，亩产量达400千克且米质优良，陵水正与之对接科研成果转化。

南繁育种既是一种科研生产行为，也具备科普教育、文化观光等功能，近年来，围绕南繁育种而兴起的产业融合新业态层出不穷，为农民创造了一大批新的就业机会。一些农民长期从事南繁生产性服务，逐步成长为新型职业农民。

因为南繁，陵水的知名度进一步提高。中国（陵水）南繁论坛已成功举办了四届，多名院士专家在这里开展南繁学术交流。

《国家南繁科研育种基地（海南）建设规划（2015—2025年）》印发之后，陵水县取得了国家更有力的支持，包括连续三年育制种资金、南繁水利项目1亿元资金的支持及国家农综项目高标准农田建设等，这些既是服务南繁的项目，更是惠及全县、普惠农民的好项目，对陵水县农业发展起到强有力的推动作用。

3.努力打造南繁椰林小镇

陵水正加快推进国家南繁（陵水）椰林小镇规划，在保证南繁基地核心功能和科研实验有序推进的同时，增加科普教育、科技展示、农事体验、南繁文化等新功能，将科研功能与旅游功能合二为一。努力打造具备种业科技创新功能、管理服务体制机制创新功能的南繁科技创新园；具备杂交水稻、果蔬、花卉苗木等农作物材料加代育种制种等生产功能的南繁育种生产展示区、南繁新品种示范推广区；依托60多年南繁科研开拓精神，传承展示南繁文化，布局农旅融合发展区和南繁论坛会馆。

02

第二章
南繁感怀

袁隆平
南繁让我的梦想落地生根

袁隆平，江西德安县人，1930年9月7日生于北京。中国工程院院士，中国杂交水稻育种专家，中国研究与发展杂交水稻的开创者，被世人誉为"杂交水稻之父"。

我搞了一辈子杂交水稻育种，在南繁基地也度过了49个年头。从"野败"发现，到提出杂交水稻三系法、两系法，再到超级稻的成功育成……水稻杂交优势理论体系不断得到完善和充实，每一阶段都绕不开南繁这片火热的土地。

应农业部之邀，在超级稻实现第四期亩产1 000千克目标，并向第五期亩产1 067千克目标攻关之际，我以一名育种家的身份，将我对南繁那些五味杂陈的感情和我在育种之路上的经历做个梳理与回顾。

水稻育种方向的确立

1963年7月，我在湖南省安江农业学校的早稻品种试验田里发现了一株穗大粒多的水稻，它在这片普通水稻田中"鹤立鸡群"。我将其所有谷粒留作试验的种子，并于第二年播种，结果却让人很失望，这批禾苗高矮不一，抽穗早迟不一。根据孟德尔遗传学理论，纯种水稻品种的第二代应该不会分离，只有杂种第二代才会出现分离现象。这让我陷入了疑惑：难道这是一株天然杂交稻？

事实证明，正是当时的犹豫和质疑，为今后的发现奠定了基础。我们据此断定水稻也存在杂交优势，并提出"三系法"杂交水稻育种思路，当时育种的主攻方向也就此确立。这还得感谢稻田里那株与众不同的水稻!

海南三亚发现"野败"

为了加速"三系法"育种进程，1968年，我和李必湖、尹华奇两位助手一起来到海南岛南端的三亚进行水稻不育系的培育，我们将试验田选在三亚的南红农场。

1970年10月，我们在南红农场找到了野生稻的雄性不育株，为杂交稻的三系配套打开了突破口，给杂交稻研究带来了新的希望。

1990年袁隆平院士与助手在南繁基地进行试验

杂交水稻三系配套获得成功

1971年春天，我们在南红农场进行第二次试验，培育出生产上需要的不育系和保持系。

1973年，全国杂交水稻研究协作组终于从东南亚一些品种中找到了具有较强恢复力和较强优势的恢复系。至此，籼型杂交水稻三系配套取得圆满成功。第二年便攻克了杂交水稻的优势关，杂交稻种子试验田最高亩产超过了800千克，大面积亩产一般都在500千克以上，高的达到600千克，与当地双季早稻和中稻的当家品种相比，能增产20%～30%。

千军万马下海南

为加速推广杂交水稻在生产上的应用，在各级政府的支持下，全国27个省（自治区、直辖市）均参与到杂交水稻的南繁工作中，每年南下到海南的有18 000多人，杂交水稻制种面积多时能达6万亩。

至此，杂交水稻以世界良种推广史上前所未有的发展态势在中华大地上迅速推广开来。

不得不说，杂交水稻三系配套的成功以及后来的成功推广，完全得益于在海南岛上发现"野败"这一关键材料，而海南岛的气候条件，又加速了育种的进程和种子扩繁的速度。海南这块美丽而神奇的热土，用自己得天独厚的资源优势为杂交水稻的成功育成立下赫赫战功，祖国之南的海南岛因南繁科技人员留下的足迹与汗水而更加富有魅力。

难以忘怀的南繁情

1968年，我和我的科研团队第一次踏上海南岛，至今已经有49个年头了。

南繁初期，我们从安江到海南，要到桂林改乘火车到湛江，再从湛江到廉江，再换乘渡船到海口，然后再转客车到三亚，单程一趟就要一周时间。路上，凌晨买票是常有的事，票紧张的时候，我们得连续站上好几天，腿都站肿胀了，好几天缓不过劲来。

当年，育种基地住宿和生活条件都是极为简陋的，一张木床、一顶破蚊帐、两把椅子、一张瘸腿的桌子就是我们全部的家当。我们白天在田里搞试验、观测，晚上整理记录数据和材料，其间还要自己做饭。三亚经常下雨，做饭的柴火晒不干，不容易点燃，烟大呛得两眼流泪，饭菜半生不熟也是常事。那时候，没有多少生活费，没钱买肉吃，就从老家带点腊肉，每周吃一点，10斤腊肉三个人能够吃上两个月。

就是在这种艰苦的环境下，我们坚持下来了，先后在这里育成了数十个优质的杂交水稻品种，其中有10多个品种在全国大面积推广种植。

2018年2月11日，余欣荣副部长到三亚南繁基地看望袁隆平院士

南繁这些年，我们像候鸟一样，每年冬天带着种子从湖南转移到温暖的海南，来年的4月份，带着新繁育的种子和试验示范的成果回归，年复一年，几乎没有间断过。我们一年中有超过1/3的时间在南繁基地，这里已经成了我们的第二个家。2001年，我有幸被三亚市授予荣誉市民称号。

袁隆平院士在海南三亚基地工作之余的娱乐活动

南繁基地是目前我国最重要的育种基地，放眼全国，这里的自然条件独一无二，即使在世界上也是少有的。南繁在我国农业发展中起到了重要的推进作用，几乎所有的好品种都源于这里。作为我国农业科研的宝地，我们要全面提升南繁的管理水平，保护好这片农业科研的天堂。

从2009年开始，我就建议国家支持南繁育种基地发展，守住50万亩适宜南繁育种的基地，将南繁基地建设列入国家重点项目，把水利设施建设、土壤改良和社会治安等问题解决好。令人欣喜的是，2015年国家发布了《国家南繁科研育种基地（海南）建设规划（2015—2025年)》。南繁基地条件一天天改善，各南繁科研育种单位和科研工作者，一定要借着这千载难逢的发展机遇，继续艰苦奋斗，多出好成果。

祝愿我国南繁基地发展越来越好，也衷心希望南繁这块福地诞生出更多优秀的科研成果。

吴明珠
我守候在椰乡南繁的40年

吴明珠，1930年1月生。中国工程院院士，新疆农业科学院哈密瓜研究中心研究员，瓜类育种专家，第一批献身中国边疆园艺事业的女科学家和知名南繁科学家。

哈密瓜东进南移，甜蜜事业终弘扬

我从小便立下科技救国的志向。1955年，我从西南农学院毕业后，被分配到中央农村工作部，不久我便辞掉在中央农村工作部的工作，来到了新疆鄯善县农村，先后担任农技站站长、吐鲁番地区科委副主任、吐鲁番行署副专员。1985年，我再次辞去地区专员的职务，从此，一头扎进西瓜和甜瓜新品种选育创新的漫漫科研路。

20世纪70年代起，南繁事业在全国兴起，为了在哈密瓜品种繁育上取得突破，1973年，我加入南繁队伍，进行瓜类冬季育种工作，开始了我"追赶太阳"的生活。

哈密瓜是对光照、气温等要求较严格的一类作物，经过不断努力，瓜类南繁工作取得了巨大进步，选育出了影响全国的品种及育种材料，如金凤凰、绿宝石、雪里红、9818等哈密瓜品种，伊选、8424、8526等西瓜品种，总计超过40个之多。

在南繁中，我并不满足于原有单一的育种加代和制种任务，除了做好本职工作，我把制种繁育与海南冬种瓜菜的生产紧密结合，这一举措大大丰富了北方冬季蔬菜市场供应，并把海南发展特色瓜菜的品种和技术向北方扩散推广。

20世纪90年代，为了克服甜瓜的连作障碍，在全海南还没有保护地栽培大棚的情况下，我带领科研团队在三亚荔枝沟新疆南繁指挥部的大院内建造了三亚市第一个西甜瓜育种大棚，采用大棚或网室加无土栽培或基质（沙土）滴灌栽培等新方式，使作物栽培一年一茬增加至一年两茬，大大提高了育种效率。

　　南繁保护地育种大棚的建设成了海南省发展设施农业的开端。我带领科研团队开发出了适应反季节哈密瓜市场需求的新品种及综合配套的无公害栽培技术体系，并以三亚为中心，面向南方全面开展优质哈密瓜反季节种植技术的示范与推广，先后在海南建成无土栽培哈密瓜生产基地7个。

　　2002年以来，海南三亚以发展设施农业为契机，不断加快推进南繁科技成果本地

吴明珠院士在试验棚内观察瓜苗长势

转化，积极推动开展"设施农业＋产业化"，加快了三亚热带农业升级转型，带动并提升了海南南部地区西甜瓜产业的发展，年种植西甜瓜面积达20多万亩，产值在50亿元以上。而这些在海南省反季节（冬季）种植的甜瓜（哈密瓜）品种，除少数是台湾育成的品种，80％均是由我们科研团队选育的，如金凤凰、黄皮9818等品种。

　　经过多年努力，我们不仅选育出适合海南种植的优良品种，而且研究出了配套的栽培技术，让哈密瓜得以"南移"，使哈密瓜在海南发展成为一大产业，大大增加了当地农民的收入。

　　2001年，我与袁隆平院士一同被授予三亚市荣誉市民称号。

搭建南繁育种平台，方便后来者

　　20世纪80年代，我发起成立了以南繁基地为中心，全国各地西甜瓜知名专家共同参与的"华夏西甜瓜联谊会"，推动合作研究、共同公关。

　　进入90年代，原有的科研设施和工作条件已无法满足南繁需要，也无法满足哈密瓜北瓜南移产业化发展的需要。为了改善科研条件，我积极推进南繁基地（新疆农业科学院科技示范园）建设，从1999年开始规划论证，至2000年建成。新疆农业科学院科技示范园位于三亚海棠湾林旺洪李村，现已成为众多新疆南繁科研机构开展南繁科研的重要平台。

　　为了祖国的哈密瓜事业，我把南繁基地当作平台，年复一年往返于实验室和田间，40多年，从未间断。辛勤的工作结出了丰硕的果实，由我主持选育的40多个西

甜瓜品种，均经过了南繁的洗礼。1996年，甜瓜品种皇后推广面积占新疆主要商品瓜种植面积的80%，实现了新疆甜瓜品种的第一次更新。

近几年，我带领科研团队又培育出一批适应东部和南部大棚栽培的改良型哈密瓜新品种，如黄皮9818、金凤凰、绿宝石、雪里红等，深受海南广大

吴明珠院士工作照

农民的喜爱，许多当地瓜农因此致富，一批甜瓜、西瓜致富村镇得以涌现。同时，我们所选育的西甜瓜亲本材料，均无偿提供给全国瓜界的同行，这些亲本组配选育出的西甜瓜新品种类型多样、品质优异。

我愿意为西甜瓜事业奉献毕生精力，用行动诠释"只争朝夕，甘于吃苦，不惧失败，勇于创新，让生命在追赶太阳中延伸"的南繁精神。

周开达
水稻、南繁
——人生的关键词

周开达，1933年生。中国工程院院士，四川农业大学教授，全国著名水稻育种专家。首创籼亚种内品种间杂交培育雄性不育系方法，培育出冈、D型系列不育系及系列杂交稻，创造"光敏不育系生态育种方法和技术"，发掘与创建出具有固定杂种优势特性和具有早代稳定特性的特异种质，为探索杂种优势利用新途径奠定了基础。

　　周开达，1933年出生在重庆江津县（原四川省江津县）先锋乡一个耕读农家。少年时代农民忍饥挨饿的情景给他留下了难以磨灭的印象，从懂事的那一天起，他就梦想着有朝一日能培育出高产再高产的水稻，使人们每天都能吃上白米饭。带着这样的心愿，初中毕业他便上了江津农校。

　　1953年，他从江津农校毕业时，报纸上的一则关于湖南一位劳模种双季稻获丰收的简短消息，开启了他搞水稻研究的智慧之门。那时，他既没钱，又无学习资料与经验，于是就亲自犁田耙地，播种插秧，挑粪施肥，精心培育，在实践中获真知。几经挫折也毫不气馁，凭着浓厚的兴趣和顽强的探索精神闯过了第一关，秋后果真收获了一批谷穗长、籽粒较多的稻子。这一小小的试验，使他看到了科学所带来的生产力。

籼亚种内品种间杂交第一人

　　1956年，周开达考上四川大学农学院（四川农业大学的前身），并于1960年毕业后选择留在了学校，组织上没有安排他搞水稻研究，他就在家中用盆栽种，自行研究。1965年被正式调入水稻室后，他如鱼得水，全身心地投入到这一事业中。1964年，著名水稻专家袁隆平开展杂交稻育种的消息在水稻界引起了高度的关注。适逢四川农学院水稻研究室主任李实贲教授从非洲援外归来，在他的支持下，周开达开始了杂交水稻育种研究。

　　20世纪60年代，虽然杂交水稻研究受到全国重视，但如何利用杂种优势却没有成功的案例可以借鉴。对于杂交水稻育种来说，首先要突破"自花植物没有杂种优势"的传统观念，经过长期水稻育种实践的周开达及同事们坚信水稻具有杂种优势，因为品种间杂交F_1无论从生长势和产量均比其双亲好；其次就是如何利用杂种优势，生产用种不可能采用人工去雄来生产，因此必须采用雄性不育的方法来实现大面积生产杂交种子。

1995年周开达院士考察原重庆市作物研究所水稻南繁育种基地时与全体南繁队员合影

　　与李实贲一同回国的，还有他带的一些来自西非马里，原产于非洲的稻种。1965年，周开达利用从西非引进的晚籼良种Gambiaka Kokum与矮脚南特号杂交。1969年，在该组合F_4的系统群中，出现了一个颖花细长、花药瘦小畸形、花粉高度不育的G11株系。1971年，在其F_6又分离出类似的G20株系，通过籼稻和粳稻品种测交，获得完全保持和完全恢复的保持系和恢复系，并于1972年实现三系配套，分别育成二九矮七号A和朝阳1号A等不育系，通过大量测配，育成系列冈型杂交稻，如冈朝23、冈朝24和冈矮1号等，并于1977年开始大面积应用推广。

采用这种方法，周开达利用原产圭亚那的晚籼良种 Dissi D52/37 衍生系中的高不育株，与长江流域的早籼良种杂交核置换育成 D 型不育系，成功培育出 D 型杂交稻，如 D 汕 A、D297A 和 D 优 63 等。现在，冈、D 型杂交稻已是我国主推品种，每年推广面积近 5 000 万亩，在我国水稻生产中发挥着重要的作用。由周开达创立的"籼亚种内品种间杂交培育雄性不育系的方法"已得到学术界的认可，并得到广泛应用，于1988 年获得国家发明一等奖。

这是一次没有成功先例的尝试，也是一次冒险。在此之前，菲律宾国际水稻研究所曾做过 10 多年的研究，几经周折而以失败告终。国内水稻界也有人持怀疑和否定态度，"走籼亚种内品种间杂交的道路，只有失败的记录，没有成功的先例"。面对压力，周开达知难而上。他对同事们说："我们就是要把手中的东西搞清楚，即使 10 年都搞不出来，也要将取得的教训留给别人！"

在南繁，一边搞科研，一边当农民

那是一段难忘的岁月！为了加快育种进程，周开达一年中分别在雅安、南宁和海南岛种三季水稻。

为了赶时间，甚至连泡种都是在火车上进行。一到目的地，他就马不停蹄地开始播种。当时条件艰苦异常，交通不便，要转多次车并乘船渡海才能到达试验地，途中时间将近 1 周。行李、锅碗瓢盆都是自己带，住的是农民家简陋的房子，头顶蚊虫飞，地上老鼠叫，床板下面甚至还长出了长长的霉。当时条件极差，没有经费，一切都得靠自己，犁田、挑粪、栽种、观察、收割，没有一样可以省略，可以说是一边搞科研，一边当农民。在那样一个年代，周开达和他的同事们凭着对科学事业的挚爱，一直坚持进行水稻研究。

周开达院士与南繁队员下田前合影

搞科研比当农民种田更辛苦！每年7、8月，是天气最热的时候，也恰恰是他们搞水稻育种工作最忙的时候。每天早上，当人们还在梦乡，他们就得去农场的试验田中，一株一株地进行人工去雄；上午，骄阳似火，却正是水稻扬花的时候，他们必须冒着酷暑争分夺秒授粉。当人们躲在屋里抱怨天气太热的时候，他们顶着烈日在田间授粉杂交；下午，还得忍受湿热蹲在田间仔细观察水稻的特征特性；抽穗开花前要一株一株地套隔离袋，扬花时要一穗一穗地观察花粉，逐一记录。1分*田1 700多株，5分田8 000多株，1亩田1.6万多株，其工作之细、工作量之大可想而知。最苦的是观察花粉的工作都必须在正午太阳最为猛烈的时候进行。一季试验下来，周开达瘦了许多，全身晒得又黑又亮。

功夫不负有心人。历经千辛万苦，周开达和他的同事们一道，于70年代中期成功培育出稳定的冈、D型系列不育系，实现了他在杂交稻研究中的第一个梦想。

毕生求索，终得稻香飘四方

为了加速杂交稻产业化进程，1977年，在四川省有关部门支持下，周开达牵头成立了我国第一个民间科研成果推广组织"四川冈、D型杂交稻协作组"，该组织由跨15个省份的100多个单位参加，为冈、D型杂交稻的试验、示范和推广应用起到了重要的推动作用。

1987年，周开达领导的课题组承担了国家"863"计划"两系法杂种优势利用"研究，经过深入研究和总结，在国内率先提出"利用生态育种法选育光温敏两用核不育系"，解决了四川及长江上游地区两系法杂种优势利用的难题。

1989年，周开达为了探索固定杂种优势的方法，开展了无融合生殖水稻研究，虽未获得成功，但发掘出大量的特异种质资源，其中的"基因型早代稳定"特异基因资源成为杂种优势利用新途径的关键资源，为提高育种效率和籼粳杂种优势利用奠定了重要基础。

进入20世纪90年代，杂交水稻育种和生产研究处于徘徊不前的局面，周开达通过大量实践后，于1995年提出了杂交水稻超高产育种新思路，即"亚种间重穗型杂交稻育种"，以及配套栽培措施"重穗稀植"，使杂交水稻在用种量大幅减少，用工量大幅降低的情况下，产量能增加10%，

周开达院士在田间工作

* 分为非法定计量单位，1分≈66.7米²。全书同。

高产的同时还实现了种植上的高效。这个育种思路和方法已被水稻界广泛接受和应用，成为指导西南及杂交中稻区水稻超高产育种的重要技术路线之一。

由于周开达在农业教育和科学研究方面的突出贡献，他先后被评为"国家有突出贡献的专家""全国先进工作者""四川省劳动模范"，享受国务院政府特殊津贴，1992年获得四川省首次重奖，1994年被评为四川省十大英才，1996年获"何梁何利"基金科技进步奖，1999年获四川省科技杰出贡献奖，人事部记一等功一次，同年被遴选为中国工程院院士。他先后共获得国家发明一等奖、国家科技进步二等奖等部省以上成果奖27项。每一个奖项，都凝聚着他所付出的心血和汗水；每一个荣誉，都是对他几十年来无私奉献和勇于攀登、百折不挠精神的褒奖与总结。

正当周开达院士处于水稻科研事业巅峰的时候，2000年6月9日，他在北京出席中国工程院院士大会时，因突发脑溢血倒在了学术讲坛上。在与病魔搏斗了13年之后，他于2013年7月病逝。虽然周开达院士离去了，但他创建的四川农业大学水稻研究所仍然继续着他未竟的事业，他的学生、他的学生的学生，仍然活跃在水稻田间、实验室、学术讲台，为我国水稻科学事业、粮食安全而辛勤工作，并不断取得新的业绩。

张启发
南繁助力华农水稻团队结出累累硕果

张启发，1953年12月出生于湖北公安。中国科学院院士、第三世界科学院院士、美国科学院外籍院士，作物遗传育种和植物分子生物学家，华中农业大学生命科学技术学院院长，教授，博士生导师。

海南是我国许多农作物的重要南繁基地。"南繁人"都知道，南繁不仅可以加代繁殖研究材料，缩短作物新品种选育周期，而且可以极大地提高科学研究的效率；南繁及南繁基地在农作物遗传改良中具有不可替代的作用。

华中农业大学水稻研究团队每年都会到南繁基地开展科研工作，在从未间断的南繁工作中，逐渐形成一种"乐观奉献，永不懈怠，追求卓越"的精神，在今天看来，更是历久弥珍。

几迁基地，终在南繁建立"根据地"

自20世纪90年代初以来，我带领华中农业大学水稻研究团队开始进行南繁工作，在陵水椰林乡文官村安营扎寨，生活与工作条件简陋。大家住宿在农户家中，搭铺睡觉。南繁用地和科研条件也存在非常突出的问题，每年要临时租用当地农民的土地，田块无法集中连片，且时常更换，水源灌溉条件差，有些田块时常会碰到无水或缺水导致不能及时播插材料等状况，给田间管理带来了多重困难。

1994年，为了改变居无定所、散兵游勇的现状，课题组从文官村迁移到光坡，并自盖住房，开始有了自己的南繁"家"。

21世纪初，随着团队科研队伍的扩大以及科研项目的增加，原有的老基地越来越不能满足南繁试验的需求。科研用地状况改善不明显，土质差，水稻长不起来，研究材料的安全也得不到保障。为了改变这种状况，我带领水稻研究团队，考察了三亚、崖城和陵水的多个地点，最终选定了位于陵水黎族自治县椰林镇桃万村的豪岑岭。2003年开始兴建宿舍、食堂、实验室、仓库、晒场、道路和绿化带，于2004年10月建成并使用。

2013年，为了把新基地建成高标准、可持续发展的科研基地，团队加大改善基础

张启发院士（右二）在田间考察

设施和设备条件的力度，同年，第二栋居住楼建成，其中包括会议室、晒场、篮球场、乒乓球室等，给单调枯燥的南繁工作带来了活力。

2016年，水稻团队和桃万村委会达成协议，再租用农田约70亩，试验田总面积达到120亩，大大缓解了科研用地紧张的问题。同时还将老旧设施进行整修，重新规划建设绿化，基地的面貌焕然一新。

目前，水稻研究团队建设的陵水南繁基地已发展成为湖北省绿色超级稻工程技术研究中心海南育种基地、作物遗传改良国家重点实验室南繁基地、国家植物基因研究中心（武汉），每年可以容纳50人开展南繁科研工作。

南繁，助力水稻团队科研成果不断涌现

过去20多年，华中农业大学水稻团队的成长得益于南繁。新基地从无到有，从简陋到逐步完善，团队全体师生付出了极大的心血，大家群策群力，共同努力才有基地今天的规模。

南繁基地的建立强有力地推动了水稻团队的成长和发展。水稻团队从过去的3～4位教师发展壮大成拥有24位教师、在读研究生超过210人的团队。24位成员中，包含中国科学院院士1人，长江学者特聘教授3人，"千人计划"特聘专家1人，国家杰出青年科学基金获得者3人，国家优秀青年基金获得者1人，"万人计划"青年拔尖人才1人。由于出色的工作成绩及在国内外的影响力，水稻团队曾连续3次荣获"国家自然科学基金创新研究群体"称号。

水稻团队围绕水稻遗传改良这一总体目标，立足国际学科前沿，将分子生物学技

术与常规技术紧密结合，解决水稻遗传改良中的重大科学难题，为作物遗传改良提供新理论、新技术和新方法，为水稻育种提供新材料，经过长期积累凝练出两大科学目标：水稻功能基因组和绿色超级稻。

我牵头提出的"绿色超级稻"思路及其"少打农药、少施化肥、节水抗旱、优质高产"的核心目标得到了国内外同行的广泛响应和高度认可，已经成为团队的标志性成果。"绿色超级稻"的理念正引领着作物育种目标和农业生产方式的发展方向，对我国绿色种业及农业可持续发展具有深远的影响。同时，我国水稻功能基因组研究跻身世界领先行列，正在发挥引领作用。

水稻团队已经成为一支科研实力雄厚、在国内外具有重要影响力的研究队伍。团队主持和承担国家"863""973""948"等重大研究计划，国家自然科学基金项目和国际合作项目等累计259项；发表研究论文556篇，SCI影响因子9以上的59篇，其中 *Science* 1篇、*Nat Genet* 4篇、*PNAS* 24篇、*Plant Cell* 10篇；获得基因发明专利82项，申请发明专利73项，获得国际发明专利2项；获国家自然科学二等奖2项，湖北省自然科学一等奖6项；审定水稻新品种14个，其中国审品种1个；获"农业转基因生物安全证书"2项。

艰苦岁月，印刻出南繁人"别样风采"

20世纪80年代，海南农村卫生条件差，吃饭一般都在露天场地，苍蝇往往成群结队，大家吃饭时，只好边吃边用手臂驱赶苍蝇，动作稍一迟缓，苍蝇就在饭菜上"捷足先登"了。

那个年代，海南的通信和交通极不方便，三轮电动车是比较"便利"的交通工具，"南繁人"称之为"风踩"。由于当时的乡村路况极不乐观，砖渣土路弯曲不平，乘坐这种工具常会提心吊胆，但我们还是欣然地接受了这种工具，并多次乘坐跑村看点。

初到海南南繁，租住在农户家里，虽然条件简陋，但是我和同学们每次到达或离开基地时，都会受到房东的盛情款待；在日常生活、用工和田间管理中均得到了房东和村民的热情帮助，因此，师生们与他们也结下了深厚友谊。尽管后来几移基地，但基地房屋的照看、田间管理和临时用工还会请他们帮助。

水稻团队中有些老师每年都会来海南，通常一待就是半年之久，几乎没有所谓节假日休息的概念；偶尔南繁同行来访，喝上几杯清酒，其乐融融，就是"逢年过节"了。

我每年到海南基地，都会与团队老师、学生一起到田间观察水稻长势情况，同吃同住，特别是每次田间辛苦工作之后，还与师生促膝谈心，畅谈人生理想，鼓励大家志存高远。艰苦的南繁条件不但没有影响老师和同学们对待科学研究的热情和积极性，相反，让水稻团队逐渐形成了一种乐观奉献的精神。

　　水稻团队在基地建设、生产、生活过程中，得到了当地各级政府的大力支持，特别是陵水县政府及南繁办领导在基地规划、道路改造、配电增压专线、生活用水、安全保障，以及试验田设施等各方面均给予了关心、支持与帮助，使得基地建设工作有条不紊地顺利展开。

　　30年来，南繁对华中农业大学水稻团队的发展壮大起到了巨大的推动作用。我衷心地感谢美丽的宝岛海南！感谢质朴善良的海南人民！

戴景瑞
南繁，我这一生的不解之缘

戴景瑞，1934年9月出生于辽宁省海城县。中国工程院院士，玉米遗传育种学家，农业教育家。中国农业大学农学与生物技术学院教授，曾获2000年度、2002年度和2003年度教育部科技进步一等奖。

1961年春天，在东北友谊农场工作的老同学张惠康从海南返回途中，回到母校（当时的北京农业大学）探望师友。他介绍了在海南种植玉米的情况，并且送我一张他在椰树下的照片，这是我第一次知道在海南冬季可以种植玉米。彼时，我并未认识到"南繁"对我个人以及对我国种业发展有何重要的意义，也没有想到在此后的50多年中，我竟然上百次地奔向南方，并与南繁结下了一生的不解之缘。

广东葵潭初识南繁，千山万水的思念

1963年9月，我完成了研究生论文答辩并留校工作。还没等到毕业典礼，南繁的任务便悄然而至。作为导师李竞雄教授的助手，我奉命到广东开始南繁工作。经广东省农垦厅推荐，我们到达汕头地区的惠来县葵潭农场葵峰作业区。我的任务是玉米自交系的加代选育，新组合的组配和玉米雄性不育系的转育加代。后一项任务是我研究生论文的延续，目的是加快玉米杂交种子生产中实现不育系、保持系和恢复系的三系配套，减少或免除人工去雄的劳动环节。这项工作在我国玉米育种史上具有开拓性的意义。当时与我同行的还有新疆生产建设兵团的鲁友章、田栓才等3位同志，他们的任务是提纯从苏联引进的玉米杂交种Bup42和Bup156的亲本自交系。

到达葵潭之后，我们又遇到两支重要的育种队伍，即河南新乡农业科学研究所的宋秀岭、刘学汉和赵自美以及中国科学院遗传研究所项文美女士带领的队伍。宋秀岭等人的任务是扩繁玉米自交系矮金525和混517，并用此两系配制玉米单交种新单1号。这是中国玉米育种史上第一个大面积推广的玉米单交种，它突破了我国应用玉米双交种的局面，开创了我国玉米单交种利用的新纪元。新单1号的推广带动了全国玉米单交种的选育，大家都致力于选育高产型的母本自交系，并不断地提高自交系的繁殖系数，从此我国走上了大面积推广玉米单交种的新时代。项文美带领的南繁队伍主要从事杂交高粱的选育，从这支队伍可以引伸出一段轰轰烈烈的育种史。50年代后期，留美学者徐冠仁先生回到祖国，他带回来极为珍贵的高粱不育系3197A和相应的保持系。由于

戴景瑞院士田间工作照

他在中国科学院遗传研究所兼职，促成了项文美团队从事杂交高粱育种的研究，并推动了全国多个杂交高粱研究团队的形成，育成了遗杂号、晋杂号、原杂号、同杂号等一大批著名的杂交种。尤其是山西省农业科学院育成的晋杂五号在全国北方多个省份大面积推广，几乎形成杂交高粱一统天下的局面。杂交高粱的迅速推广与南繁事业密不可分。总结我国南繁工作的伟大贡献，就不能忽视它在杂交高粱研发与推广中发挥的巨大作用。

1963年出发去葵潭，临行之前，我收到哥哥从东北家乡发来的电报，我父亲因突发脑溢血而住院抢救。由于时间紧迫，我匆匆赶回家乡探望父亲，两天后便踏上南繁之路。在葵潭执行任务期间，我日夜思念重病的父亲，有一天突然在梦中惊醒，梦中的父亲面容憔悴，在病榻上呻吟。惊醒的我久久不能入睡，含着热泪在日记中写下我的思念之情："游子吟——梦断关山外，别亲百日余，惊醒音容在，痛碎游子心。"那个年代，电话还没普及，葵潭地处群山怀抱中的一小片平原，要打一次长途电话，必须跑到几十里以外的县城邮局。长期出差在外，远离家乡亲人的我，只能在梦中与亲人见面，任思念在这千山万水间萦回。

陵水县、广东葵潭两地南繁，动荡岁月中的坚守

1964年，我团队的育种试验田由广东葵潭农场葵峰作业区改为大埔作业区，恰好北京双桥农场的王金农也在大埔搞南繁。他是我同届的同学，在我的导师李竞雄先

生影响和支持下，也从事玉米育种的研究。他从我团队程经有先生那里引进了美国自交系C103，组配了不少杂交组合，继而从中选出了矮金525×C103。这个组合在多年多点试验中表现突出，被定名为群单105。此后的一段时期内，另外几个育种单位用这两个自交系也先后选出了相同的组合。20世纪60年代中后期正是"文化大革命"的高潮，首都几个育种单位在北京市农场局刘介卿的主持下，组成了"首都毛泽东思想玉米工作组"，当时北京农业大学的宋同明、中国科学院遗传研究所的曾孟潜、中国农业科学院作物科学研究所的潘才暹和双桥农场的王金农等人都是这个队伍的重要成员。他们统一组织大规模的南繁队伍，为加速这个杂交种的推广做出了贡献。

1965年，我在葵潭农场完成播种工作后，接到来自北京的电报，命我回京接受新任务。回京后在李竞雄教授带领下到农业部面见朱荣副部长。他要求我们组织团队，加快繁殖一批新引进的育种材料。这批材料是当年李竞雄教授和蔡旭教授访问罗马尼亚和保加利亚两国带回的，主要是东欧各国主推玉米杂交种的亲本材料。农业部十分重视这批材料在我国适宜地区的推广应用，按统一部署，这批材料的扩繁

戴景瑞院士早期田间工作照

任务由李竞雄教授总负责，由我和中国农业科学院潘才暹、北京市农林科学院李遂生、山西长治农科所徐家舜、河北满城原种场南纪春等人共同完成。接受任务后，我和潘才暹两人先行去南方选择扩繁地点。经过多方查访，我们最终选在陵水县良种场。这里交通和通信方便，便于和北京建立联系。在陵水播种出苗之后，经过纯度鉴定和性状描述等程序，我又返回广东葵潭进行授粉工作。在葵潭授粉结束后我再回到陵水进行授粉。如此陵水葵潭几次往返之后，我完成了农业部和农大两项南繁任务，内心感到十分充实。1966年，农业部组织华北各省份对这批引进扩繁的种子进一步扩繁制种，并于1967年发放给各公社试种。恰值当年华北地区玉米大斑病大暴发，这批种子严重感病，引起社员不满。当年正是"文化大革命"期间，试种区的有关领导痛遭厄运，他们被挂上感病的玉米穗上街游行。这批种子在东北和西北冷凉地区是十分重要的优种资源，引种南繁试种遭此结果乃始料不及。这场史无前例的浩劫，使我中断了3年的南繁工作。直到1969年我才又有机会回到南繁的战场。

支援湖南省的南繁，推动生产发展

1969年秋天，已经被红卫兵赶下台的农垦部部长王震将军和湖南省革命委员会的军代表一行来我校涿州农场，检查当年春天下达的移栽高粱任务的执行情况。王震部长首先巡视了大面积移栽杂交高粱的长势，看到遍野硕大鲜红的高粱穗迎风摇曳，他频频点头赞许，继而听取了我的汇报。作为执行此项任务的组长，我全面系统地汇报了完成任务的全过程。王部长听后十分满意，当即决定让我带人去湖南协助开展杂交高粱的推广工作。

1969年冬，湖南省南繁育种队在华国锋为首的省革委会的关怀下迅速组建。领队者为省农科院原院长何光文，另配一名军代表为政委。水稻育种的技术负责人是湖南农业大学的教师康春林，旱粮作物（玉米、高粱）的技术负责人由我担任。南繁队伍由全省各地区派员组成，一行200多人浩浩荡荡奔赴海南，驻扎在当时的师部农场。在我印象中这是当时最大的一支南繁队伍。我的任务是指导扩繁当时国内主推的杂交高粱品种的亲本和示范用种。这是王震将军的旨意，他认为江南地区多年水稻连作不利于粮食生产和土地潜力的发挥，主张水旱轮作。由每年早稻晚稻连作改成一季水稻加一季旱粮（高粱或玉米），可以通过耕作破除稻田多年形成的犁底层，加深耕层，提高产量。种植旱粮还可以解决畜牧业的饲料问题。当年在师部农场的旱粮繁殖十分成功。1970年春，湖南省领导要求我提前返回湖南，协助指导全省十个专区的杂交高粱生产和种子扩繁。南繁种子一到，生产与扩繁工作立即在全省全面铺开。我以常德市贺家山原种场为基地，重点繁殖、示范杂交高粱的亲本和杂交种，并到全省十个地区基地考察指导。当年冬季，在全省数据和经验的支撑下，《为革命种好杂交高粱》一书得以编写完成，并顺利出版发行。当年秋季，湖南贺家山省原种场在"南泥湾"的乐曲声中迎来了王震将军的视察。王震将军对我在湖南的工作十分满意，并邀我到他的家乡浏阳考察旱粮种植的情况。从此我与王震将军结成了忘年之交，多年来他对我的工作给予了一系列指导与支持。

1969年冬的南繁工作对湖南乃至江西等江南地区的旱粮生产发挥了一定的推动作用。虽然未能实现王震将军水旱轮作的愿望，但是在湖南丘陵山区旱粮生产还是得到了很大的发展。这些成果离不开南繁的功劳。因为南繁不是目的，而是发展生产的一种手段。

南繁期间的几次公益活动

1973年，我校在周恩来总理和王震将军的大力支持下，由陕北迁回到我校河北涿县农场办学。当年冬季，作为本校的育种团队代表，我又回到熟悉的师部农场（7001部队农场），重新开始我离开多年的玉米南繁育种工作。这一年恰好我的研究生同学，河南农学院的陈伟程也来南繁，他选址在师部农场附近的团部农场。翌年春季即1974年3月，全国南育经验交流会议在三亚市鹿回头国宾馆举行。这次会议受到当时海南行政区领导的高度重视，到会代表100余人，会议期间还特邀玉米专家李竞雄教授和水稻专家林世诚研究员做了学术报告。我和陈伟程对会议做了记录并整理成文。这是多年来十分重要的一次南繁盛会，会议全体代表就南繁工作中的问题进行了广泛的交流。其中大家比较关心的问题是各育种队间隔离区无序设置问题、育种队员的人身安全问题和育种材料的安全性问题，等等。由于海南领导的重视和各育种队间的协商与合作，南繁环境逐年得到改善，保障了南繁事业健康有序发展。

戴景瑞院士与科研人员在田间合影留念

海南的优越条件不仅为育种和种子生产提供了方便，也为政府种子管理部门创造了有利的条件。我本人就多次参加种子审查部门的活动，利用海南条件对报审品种进行田间表型鉴定和纯度鉴定，也参加过对有权属纠纷种子的表型鉴定。这些鉴定工作对我国种业健康有序发展都是十分重要的。

多年来，农业部和海南省领导高度关注着南繁事业的发展。我本人有幸参与了两次重要活动。一次是为了解决南繁基地无序、分散和规模限制的问题，由农业部和海南省共同协商，通过调查研究决定以南滨农场为主扩增建设成为国家级的南繁基地。这一决定的实施，为国家的科研教学单位和大型种子企业南繁基地建设提供了极大的便利条件和发展空间，并有力地促进了这些单位工作的进展。另一次是关于转基因作物南繁基地的建设，我曾经参加农业部科教司石燕泉副司长组织的选址调研，并现场考察了陵水县提供的几百亩备选基地。

南繁事业功勋卓著，彪炳千秋

伴随南繁事业的发展，南繁承载的功能也不断增加。由起初的种子扩繁增量、鉴定提纯、选育加代、组合配制等环节逐步发展到室内外试验的结合。不少单位把实验室的部分功能逐步迁到海南，由单纯的表型鉴定拓展到基因型鉴定。由群体和个体水平的选择发展到分子水平。在一代代南繁人从青春到白发的坚守下，一批批新品种不断涌现，一篇篇高水平论文不断发表，一项项国家奖不断评出，许多南繁战士都成长为遗传育种战线的骨干和中坚，不少优秀人才入选千人计划、万人计划或杰青。长江学者、两院院士也不时脱颖而出。与此同时，许多高科技创新团队、国家级作物改良中心、重点实验室和育繁推一体化的大型种子企业也不断涌现，形成我国在南繁领域攀登世界科技高峰和参与国际竞争的强大力量。南繁事业功勋卓著，彪炳千秋！

60年来，在党和国家有关部门及海南省领导的关心和支持下，我国南繁事业不断发展，规模不断扩大，内容不断丰富，功能不断增强，效率逐步提升，成果不断涌现，人才飞速成长。一代代南繁人从水陆联运、艰难渡海、披荆斩棘到高铁奔驰、飞机往返，度过了无数可歌可泣的艰难而幸福的岁月。辉煌壮丽的南繁事业，是他们用心血结晶换来的奇迹。南繁，为国家的富强，农业的发展做出了无可估量的贡献，将在我国现代农业发展中青春永驻。

朱英国
南繁，让红莲水稻花开全球

朱英国，1939年11月生，湖北罗田人。中国工程院院士，植物遗传育种专家。坚持育种材料源头创新、新型不育系和选育杂交水稻新品种相结合的研究思路，合作育成水稻红莲型、马协型两种新的细胞质雄性不育系及多个光敏核不育系，红莲型、马协型杂交稻和两系杂交稻实现了产业化，得到了大面积推广。

为国粮安，汗洒南繁45载

时光荏苒，岁月匆匆，一晃45年光阴已然流逝。回想南繁育种经历，一切是那样的鲜活、亲切，令人心潮澎湃，浮想联翩。

1964年6月我从武汉大学生物系毕业留校任教，象牙塔生活并没有让我忘记农村的经历，童年挨过饿的我，对粮食有特殊感情，热切地盼望着有朝一日能够从事水稻研究。幸运的是，这一天并没有让我等待太久，1970年初夏，生物系恢复了遗传研究室，我抓住了这次机会回到遗传研究室，并开始在全国收集水稻品种资源，为深入研究作准备。这时，国家还处在"文化大革命"动乱中，但是粮食安全的紧迫性已引起国家领导人高度重视。为落实周总理关于"把杂交水稻研究列为国家重点科研计划"批示精神，武汉大学组织成立科研小组，指定我担任组长，专攻"三系"杂交水稻研究。

1971年3月，全国遗传育种经验交流会在海南岛三亚市鹿回头召开，武汉大学的汪向明老师等前去参加，散会后，他们去在陵水南繁的杭州市农科所基地考察，带回了一株在那里获得的红芒野生稻。我们用这株红芒野生稻与江西常规稻品种莲塘早杂交，出现了育性的多样化现象：正交，即用红芒做母本，莲塘早做父本，F_1的结实率为0.32%；反交，即用莲塘早做母本，用红芒野生稻做父本，F_1结实率为32.80%。这个现象正是我们希望看到的差异，惊喜中我们给它取名"红莲型杂交稻"。

遗憾的是，就在研究取得初步进展之际，湖北却已进入秋季，气温开始明显下降，我们只好把红莲试验移到1954年苏联专家在武汉大学修建的保温室。然而，简陋的保温室根本抵御不了入秋后的寒冷，秧苗冻弯了腰，用炉火昼夜加煤升温，温度还是上不去。我们坐立不安，一个新品种从研究到应用少则十多年，多则数十年，而湖北的气候一年只能试验一季，这样慢腾腾搞下去猴年马月才能看到希望？正在焦急之时，北京传来消息：国家决定成立全国大协作组，协调各省杂交稻研究。同年11月初，为了解决湖北气候无法满足高效开展育种研究的难题，我奉令带科研小组到海南南繁基地研究红莲型杂交稻，我与红莲水稻的南繁故事就此开启。

海南，尤其是三亚、陵水和乐东三地具有得天独厚的光温资源优势，雨水充足，气候温暖，是天然育种室，适合各种农作物加代繁殖。从1956年9月起，国家就把海南岛作为选育良种的基地。

初到海南，我们住在陵水县椰林公社桃万村村民家里。当时南繁生活条件相当艰苦，没有自来水，没有电，没有像样的厕所。为了满足生活需要，我们需要自己种菜、打柴，因供应关系不在当地，我们甚至无法买到粮油等必需品，经常几个月尝不到一点荤。每逢佳节倍思亲，但春节正是南繁农忙季节，插下秧苗后要管理要观察，还要防鼠，根本没时间回家与亲人团聚。在这样的环境里，南繁成为我们第二个家，我们不断熟悉当地风俗，与乡亲们建立了很好的感情。

我团队主要研究红莲型不育系，解决不育系不稳定的问题，通过反复加代、杂交、回交，寻找其遗传规律。海南的3月，太阳直射，最热的午间却是水稻授粉的最佳时段，只要站在田头3分钟就是一身汗。而水稻育种科研人员必须在此时进入稻丛间，承受上烤下蒸，小心翼翼地剪颖、去雄、套袋、授粉、封口；成千上万个组合，每个动作都马虎不得——剪去谷子头，用细镊子取出花药，抖入另一品种的花粉，然后封住袋口。整个程序精细如绣花，我们常常做到眼睛冒金花、汗水成霜。科研条件如此艰苦，但想到迫在眉睫的粮食安全问题，我们必须尽可能提高试验效率，为此我们在湖北仙桃，广西南宁也建立了试验点，忙完前站赶后站，哪儿春天往哪儿跑。

1974年6月，在国家重视下，南繁杂交稻研究开展得如火如荼，仅湖北一省到海南南繁就有4 000多人。湖北为此成立三系协作组，省里点名让我担任协作组组长兼南繁指挥部副指挥长。此后数年，我带领湖北三系协作组的专家，南繁北育，为湖北省杂交水稻研究做了大量工作。与此同时，我开展的红莲不育系研究，也取得很大进展。

情定南繁，协作攻关出红莲

45年间，我有26个春节在南繁度过，我熟悉那里的村村寨寨，喜欢那里的一草一木，南繁住地的乡亲们都成了我的亲人。每年秧苗插到田里后，老乡们就帮忙看苗，让我能够把精力集中在科研上。那些年，我走遍了各省设立在南繁的育种研究机构，拜访了许多专家教授。那些年，各省团队之间关系非常友好，共同探讨，交换材料，相互协作是常态。

朱英国院士（左一）向农民介绍水稻新品种

我很早就认识袁隆平先生，他的试验田就在荔枝沟，离我所在的桃万村不远。袁隆平先生经常与我一起探讨杂交水稻的科学问题，他是我这辈子的良师益友。除此之外，我还经常与四川农业大学周开达教授，广东省农业科学院伍应运研究员交流，获益匪浅。

在大协作中，武汉大学团队做出非常多的贡献。例如湖北仙桃人石明松后来就成为两系杂交稻发明人。他在南繁的试验田离我们很近，因此我们的交流也非常多。1980年6月，他研究两系杂交稻遇到困难，希望我能给予一定的帮助。湖北省农业厅也动员我帮他攻克"光敏感核不育水稻"遇到的问题。从那之后几十年，我们在攻红莲、马协的同时，又多了一项两系杂交水稻的科研工作。

为集中精力攻关，1978年后我们放弃了仙桃和南宁试验点，南繁的试验田也从桃万、文官扩展到光坡、三才、英州、隆广等地，同时展开对红莲、马协和两系的研究。经过艰苦努力，红莲型研究取得重要突破，在不育系和相应的保持系的基础上，找到意广、红晓后代、英美稻、古选、龙紫1号等大批恢复系，成功实现三系配套。经专家鉴定，认定红莲华矮15雄性不育系与意广等恢复系培育出来的杂交早稻，生长期短，抗病、抗寒性强，穗大粒多，籽实饱满，产量较常规早稻高出二成以上。同时认定该细胞质型的雄性不育系，是适宜在长江流域大面积种植的早稻品种。红莲三系获全国科学大会奖。

红莲型三系配套成功后，我们继续以南繁为依托，顽强攻关，突出六个创新，即细胞质创新、不育系创新、恢复系创新、杂交组合创新、产业化创新、常规育种与分子技术相结合创新。比如，红莲不育系创新，我们利用伍应运研究员选育的红莲粤泰不育系，并对粤泰不育系进行大量提纯，用粤泰不育系与扬稻6号杂交，育成后来在国内外广泛应用推广的红莲优6号。在红莲优6号的基础上，我们进一步对粤泰不育系和保持系进行改造，采用辐射技术，对粤泰保持系进行辐射，选早熟单株与粤泰不育系回交，逐渐形成了珞红3A、珞红3B。之后又用8018恢复系配组，育成后来赢得广泛认可的珞优8号。为进一步提高品质和抗性，我们继续改造珞红3B，利用分子标记辅助选择技术，将抗褐飞虱基因 Bph14 和 Bph15 导入，选育出具有抗褐飞虱特性的珞红4A、珞红4B。由此，不仅让红莲系列稳产优质，广适高效，还提高了抗褐飞虱的能力，使红莲型系列品种以全新面貌展现在世人面前。

红莲恢复系创新也有艰苦过程。20世纪70年代初，我们在南繁育出红莲型不育系后，送给全国数十家杂交稻研究机构试种，结果都反映"恢复系广泛，但强恢复系少"，不足以形成一个可靠的恢复系。我们并没有因此气馁，通过反复试验发现：粤泰A和扬稻6号配组出来的红莲优6号，在武汉、海南及在长江流域都表现很好，结实率均在90%以上。

而另一个恢复系明恢63与粤泰A配出来的，在武汉栽种可以，在海南就不行，结实率非常低，或有的年份好，有的年份不好，表现很不稳定。我们感到纳闷，明恢63是我国杂交水稻组合配组中应用最广、效益最显著的恢复系，是贡献最大的优良种质，不知问题根源在哪里？为探明其中的奥秘，我带着学生到海南光坡试验田，找到400株红莲优6号材料，套袋自交，F_1种子运回武汉花山基地，种了近3亩红莲优6号F_2，共23 199个单株，随后对每一个单株进行镜检，从中发现两对恢复基因，分别位于不同的染色体上。之后立即定位克隆了恢复基因 Rf5 和 Rf6，并分别利用 Rf5 和 Rf6 作分子标记，选育出新的恢复系。双恢复基因的发现，是红莲型杂交稻研究的一个重大突破，对提升红莲型杂交稻有着重要意义。

红莲水稻，从南繁走向世界

海南岛天然的环境，让我们的科研工作硕果累累，攻克了红莲、马协和两系一系列科学难题，实现了产业化。利用红莲型细胞质雄性不育系，选育出的红莲优6号、珞优8号、粤优9号等优质稻种组合在湖南、河南、江西、安徽、浙江、福建、广西等地推广种植。2006年6月，红莲型新不育系珞红3A和杂交稻新组合珞优8号通过湖北省品种审定，2007年8月红莲型杂交稻新组合珞优8号通过国家品种审定，2009年3月红莲型珞优8号，被农业部确认为全国超级稻品种，在湖北各地办百、千、万亩示范片获大面积丰收，此后连续多年成为湖北和长江流域主推品种。同时红莲优6号在亚洲的菲律宾、印度尼西亚、越南、斯里兰卡、孟加拉国和非洲喀麦隆、莫桑比克等国大范围推广，比当地品种增产20%～50%，显现出生长势强、穗大粒多、抗性较好、适应性广、亩产高等特点。2013年仅与马来西亚的一个订单就出口红莲优6号2 000吨。从红莲推广的区域来看，正好与"一带一路"倡议相吻合，对促进我国与世界经济联动，发挥了积极推动作用。

与此同时，马协型育出了早中晚不同熟期、不同型号的一系列品种，其中马协63、武金988、武香880及武香210等通过专家鉴定，米质达到部颁一级标准。截至2014年马协在全国推广2 000余万亩。2001年11月和2003年1月，"中国水稻农家品种马尾粘败育株的发现"与"马协CMS（马协A）选育和利用"，分别获中国高校技术发明一等奖和国家技术发明二等奖。

近年来，我们通过南繁育种圣地，不断拓展研究成果。比如，我们发现红莲型强恢复系9311存在两对恢复基因后，分别定位在第10号染色体和第8号染色体，克隆出了红莲型杂交稻雄性不育基因orfH79，随后又发现了orfH79对水稻小孢子发育具有毒性作用；探明了红莲杂交稻双基因恢复模式，找到了红莲型育性恢复的分子机理。随后，利用Rf5标记筛选了190份农家种、132份野生稻，得到40份具有Rf5的红莲型细胞质恢复基因资源，利用标记ID200-1（Rf6），从AA基因组野生稻和农家种中获得34份具有Rf6的红莲型细胞质恢复基因资源。利用双恢复基因模式选育强优势组合，发现只有一对恢复基因时，花粉恢复度为50%；有两对恢复基因时，花粉恢复度则为75%，自然结实率90%以上；而强恢复度的杂交种，其结实率更稳定，更能抵御高温、低温等非生物胁迫。2011年7月，我们将抗褐飞虱基因Bph14和Bph15导入红莲型不育系和保持系，选育出抗褐飞虱特性的新不育系珞红4A和4B，通过湖北省科技厅专家鉴定。2014年2月，"红莲型新不育系珞红3A与超级稻珞优8号的选育与利用"获湖北省科技进步特等奖。

我团队在南繁的45年，是科技创新的45年，是追求梦想的45年，也是杂交稻研究取得巨大成就的45年。先后育成红莲型、马协型两个新的细胞质雄性不育系和多个籼粳稻光敏核不育水稻；利用马协型、红莲型细胞质雄性不育系和籼型光敏核不育水稻选育出马协63、两优1193、红莲优6号、两优234和珞优8号等组合，都通过审定并大面积推广应用。我先后发表研究论文200余篇，合著专著4部，培养博士后、博士、硕士120多名。

南繁虽没有烽火硝烟，却同样意味着艰难与守候，奉献与牺牲。漫长的45年坚持，红莲终于从南繁走向中国，从中国走向世界。

2013年7月22日，习近平总书记在鄂州武汉大学试验基地视察并看望我，当他听说红莲型系列应用推广超亿亩，受惠人口达5亿，很高兴地向我表示感谢，我很自豪。想到那些艰苦却充满激情的岁月，不由自主想起团队搞基础研究的教授徐树华、多年随我到南繁的博士生宋国清，他们不计名利，任劳任怨，因积劳成疾，不幸英年早逝；不由自主想起当年一起守候南繁，如今仍在南繁田头奔波的一些老战友，他们都把一辈子献给了南繁，献给了国家粮食安全的伟大事业。

（朱英国院士于2017年8月9日因病医治无效，在武汉逝世，享年78岁。本文是他生前亲笔所写）

颜龙安
育良种也育精神，
南繁刻进我的生命年轮

颜龙安，1937年9月16日生，江西萍乡人。中国工程院院士，杂交水稻专家，作物遗传育种专家。江西省农业科学院研究员，曾任江西省农业科学院院长。我国最早育出具有国际先进水平的野败籼型不育系的研究者。

海南三亚地处热带，有着得天独厚的光热资源优势。中华人民共和国成立后，我国的农业科研人员开始了选育优良水稻和玉米等农作物种子的漫漫征程，从云南昆明到海南海口，再到三亚，南繁不断地往南移，专家们终于发现这块海南岛的南部地区是作物育种繁种的天堂——种子最温暖的"摇篮"。利用南繁可以将作物育种周期从6～8年缩短到3～4年，大大加快新品种选育和良种繁育的进程。

1971年初，我借着参加全国杂交水稻育种协作攻关的机会，第一次来到三亚南繁育种，至今已有47年了。我是农家子弟，特别感恩时代和人民培养了我，并给了我在水稻育种科研这个岗位回报社会的机会。回望一路走来的点滴，感动与骄傲同在，汗水与硕果并存。那充满艰难困苦而激情燃烧的南繁岁月，那不畏艰辛、永不懈怠、求实创新的南繁精神，已经深深地融入我们这些农业科研工作者的血液之中，更是深深地刻进我的生命年轮。

三亚成为第二故乡

为了加快杂交水稻育种研究进程，1971年2月中旬，我带领萍乡市农业科学研究所试验小组文友生、李根芳、张德一行四人到海南学习和试验。我们乘汽车、坐火车、过轮渡、跋山涉水，日夜兼程，整整经过了9天8夜的辗转，才到达海南三亚崖县保港公社萍乡南繁基地。

当年的海南虽然有着美丽的海岛风光和魅力无穷的天涯海角，但经济十分落后，生活条件异常艰苦。没地方睡觉，我们就住在当地生产队堆放农具农药的仓库里，每人分三四片厚厚的椰子板或者干脆从山上砍几根木棍架在砖头上当床，这一睡就是半年。睡觉当中还得时时提防蚊虫叮咬以及老鼠和蛇出没。吃不惯当地的海鱼，就把从萍乡带来的黄豆当菜下饭。我们把当时的生活称作"三子"，吃的是豆子饭、走的是沙子路、睡的是棍子床。一个月难得买次肉打牙祭，没有菜刀切，就两个人各扯一头用镰刀割。

这些困难的生活虽然难以想象，但还是能克服，而如何尽快取得杂交水稻育种进展，才是让我绞尽脑汁的事情。

在当时的南红农场湖南黔阳地区农校水稻雄性不育研究小组驻海南试验站，有来自湖南、广东、广西、福建、江西等省份的18个科研单位的50多位科技人员在做杂交试验研究。我一面如饥似渴地向袁隆平先生和各个兄弟科研单位的

1972年冬，颜龙安院士在海南介绍珍汕97不育系

专家学习杂交水稻育种技术，一面不断完善自己的科研思路。当时，大家的注意力主要集中在袁先生用人工方法选育的不育材料——南广粘不育材料（C系统不育材料）上。我经过一段时间的学习和反复思考，认为杂交水稻要培育雄性不育系，就必须扩大测交范围，另辟蹊径，走远缘杂交路子；杂交高粱的研究是从天然雄性不育株开始的，水稻也可能存在天然雄性不育株，因此杂交水稻研究的重点也应当放在当时还没有引起足够重视的野败不育材料上，这样杂交材料的亲缘关系较远，可能会有很好的结果。于是，我和文友生等人在完成了C系统的杂交工作后，看到袁先生那里的"野败"开始抽穗，就选取已抽穗了的一蔸，并选择了7个不同类型的品种（其中2个粳稻、5个籼稻）和野败作测交组合，开始了培育杂交水稻雄性不育系的攻坚战。

此后，在海南加代繁育的日子里，观察水稻的生长成了我每天必做的功课。我看着它们一天天成长，由种子萌芽到幼苗，进而拔节、分蘖、扬花、抽穗、结实，一株株、一穗穗地看，认真地记录着它们的点滴变化。到4月底，我们收获了籼败、籼无、粳败、野败的30多个组合，400多粒杂交种子。其中，利用二九矮4号、珍汕97、米特-1、米特-2、064-1-1、6044、杂32-1与野败杂交的7个组合共48粒种子，还有10万字的试验记录。为了争时间抢速度，加快育种进程，从此，我和试验小组的其他同志像候鸟一样，每年冬季奔赴海南进行加代育种。"春在萍乡，冬奔海南"，等于一年选育了两次，一年干了两年活。海南三亚是我名副其实的第二故乡。

颜龙安院士田间工作照

在这期间，我通过变温处理，打破种子休眠，又通过遮光处理，南繁加代，加快世代进程，使野败不育株的利用取得很大进展。1972年冬，我们育成了二九矮4号A、珍汕97A两个不育系及同型保持系，并开始向全国提供不育系种子。全国育种单位用珍汕97A先后配制杂交组合100多个，推广面积达18多亿亩，其中汕优2号是全国第一个大面积推广的杂交稻组合。历经40多年的风雨考验，至今世界上杂交水稻中还没有一个母本的贡献能与"珍汕97A"相媲美。1980年，杂交水稻作为我国出口的第一项农业专利技术转让给美国，其中就包括我用珍汕97A选育的两个品种汕优2号和汕优6号。

一季又一季，一年又一年。我辗转于海南与家乡之间，回家就像做客。走进家门，妻子总是说："海南人回来啦！"回到海南三亚，三亚的黎族群众说："江西老表又来啦！"这样的见面礼，我熟悉了又陌生，陌生了又熟悉，三四十年反反复复，成了终生难忘的记忆。

南繁离不开海南老百姓的支持。我在三亚市保港公社保平大队沙埋三队南繁加代育种十多年，和当地的黎族群众有着兄弟般的感情。沙埋是个黎族村寨，当地群众住的是茅草房，"床上没被子，床下没鞋子，床头没箱子，老百姓没裤子"足以说明生活的艰苦。我们研究小组就在用牛车和木头钉搭建的生产队文化室里，搭起了棍子床和简单的锅灶。做的第一件事就是上山砍柴送给五保户，第一餐饭是萝卜煮猪肉，请来生产队长和村里一些长辈，一起喝米酒，气氛好不热闹，十分融洽。当地老百姓经常帮我们干一些田里的活儿，碰上台风等天气，还帮我们一起防风。

1985年之后，育种基地搬离保港，转移到了凤凰镇水蛟村和羊栏村，但我还不时到保港走动走动。时代在变迁，社会也在不断发展。2011年2月13日，我又一次来到距三亚市区40多千米的崖城镇。原先，从三亚到保港是乡村沙子公路，长途汽车晃晃悠悠要走上大半天，而今全部是高速公路和柏油路，不到一个小时就到了。过了崖城镇，一路都是平整的水泥路，而且一直通到了每家农户和田头。

如今的崖城是"中国历史文化名镇"，同时也是三亚最大的瓜菜、热带水果产地，经济建设和乡村面貌都发生了翻天覆地的变化。几经区划变迁，沙埋三队已经改成了海棠村委会三队，老朋友吉琼光、吉琼新兄弟俩热情地把我们迎进宽敞明亮的客厅，又是开椰子，又是切西瓜，就像见到了久违的亲人，欣喜之情溢于言表。1944年出生的吉琼光比我小7岁，当年是村党支部委员兼生产队长，后来担任了村支书。他高兴地介绍，这些年村里经过新农村建设，村民都住进了楼房，看上了有线电视，农田实现了园林化和旱涝保收，大伙的日子就像芝麻开花节节高。临别的时候，吉琼光依依不舍，送上一壶自家酿的米酒，让我带回去品尝品尝。

2003年，我妻子因为肺气肿造成肺部感染和严重哮喘，住院一个多月才转危为安。江西冬季气候寒冷，湿度又大，对哮喘病人的生活十分不利。于是，2007年冬，我在海南三亚凤凰镇江西省农业科学院南繁育种基地旁购买了一套三室二厅的房屋，在这里又安起了一个家。既方便自己继续从事南繁加代育种，又能缓解妻子的病情，在天然大温室三亚安度晚年。

育良种也育精神

海南是一片神奇的土地，四季都呈现着播种、耕耘与收获的美景，我们在这里争得了宝贵的科研时间，在洒下汗水收获成功的同时，不仅孕育了良种，更孕育了南繁精神。

万事开头难。南繁艰苦，开头尤甚。70年代交通条件差，火车很挤，一票难求，

颜龙安院士工作照

上下车不得不爬窗户，车上到处挤满了人，以致厕所都无法使用。从萍乡到三亚，火车、轮船、汽车来回倒，行程最快要6天，慢的时候要8、9天。1973年9月，我和李汝广、林元裕、张德等4个人下海南，在湛江海安正准备坐海轮过海峡的时候，遭遇了强台风，海轮停运，不得不在徐闻县城等了4天。当时，整个徐闻县城都挤满了人，我们4个人只好住在一间没有完工的仓库里，没有床铺，就铺床席子睡在硬地上，商店里的饼干、果品也都卖光了，买碗面条都要排上一两个小时的队，四人只好有一顿没一顿地挺过4天。

甘于吃苦，几乎是每一个南繁人的真实写照。雄花散粉的时间一般集中在上午10时至下午2时，这是一天中最热的时段。30℃以上的高温天气，烈日当空，大地生烟，烤得人头晕眼花，三天下来人就会脱皮。我们这些育种人员一头扎进蒸笼般的稻田，观察水稻生长的每一个小细节，日复一日进行科学试验，从上午9时至下午3时，一干就是五六个小时，饼干、馒头、红薯外加白开水权当中餐；为防毒蛇出没，下田必须穿上长筒胶靴，到下午又饿又累，腿都抬不起来……

南繁工作艰辛，会遇到各式各样的考验。1972年11月4～6日，海南发生强台风，我们在台风来临之前把全部杂交组合一株一株的秧苗连泥巴挖起来，用脸盆、门板将秧苗运到山上。台风来了之后，整个试验小组成员连续三天靠吃甘蔗、饼干充饥。

在多种不利因素和风险面前，我们在实践中形成一种敢拼敢斗、善拼善斗的大无畏精神。当时的海南，麻雀、老鼠成灾，到了播种时节，杂交水稻父本、母本先后下田，从播种到收割，4个月120多天，试验小组每天都要派人值守。我们学会了黎族群众赶老鼠的方法，抓到公鼠后，在它的阴囊里放上盐粒，再放出去，它就会专门咬其他老鼠。我们还想出了好办法驱鼠雀，在田边地角立个帐篷，派员轮岗日夜守护，帐篷内备有铜锣、鞭炮、口哨，只要发现鼠雀一来，立即就打铜锣、放鞭炮、吹哨子，此时如战场上鼓角齐鸣、炮火纷飞，老鼠吓得迅速逃往洞穴，麻雀吓得惊魂飞逃。秧田上空还系有一杆杆彩色线带，随风飘动，好像一根根彩鞭在空中抽打，这种办法，也有效地防止了鼠雀危害稻田。

南繁工作总是在夜以继日地进行。白天劳累一天后，晚上我们通常还会组织学习，抽时间整理试验记录，没电灯就用煤油灯，没桌子就在膝盖上、棍子床上写，硬是写了上百万字的笔记。如果说，艰苦的物质生活条件还能克服的话，那么，要尽快取得杂交水稻育种进展和牵挂家人的双重精神压力才是更巨大的。那时通信很落后，和家里联系是很不容易的事情，一封信要半个月来回，到县城打个长途电话要排队半天，发电报都要过3天才能收到。我们育种人一旦接到家书犹如过节，一封信翻来覆去不知要读多少遍，那真是"家书抵万金"啊！在我育出世界上第一个野败籼型不育系珍汕97A时，体重只有48千克，比原来体重少了26千克。

在1971年至1977年的7年时间里，我每年有一半时间在海南育种，其中3个春节是在海南度过，两个儿女出生我都不在妻子身边。我内心深处感到，在中青年时期，作为儿子，作为丈夫，作为父亲，自己都是不合格的，在感情上、生活照顾方面都亏欠着父母妻儿。然而面对国家，面对广大的农民，又深感自己责任重大，能育出更多的水稻良种，为粮食生产和农业的发展做些贡献，个人和家庭做些牺牲在所难免，也是值得的！或许是这个原因，我把对孩子们的爱寄托在一个个独

颜龙安院士在田间观察水稻

特的名字中：颜敏、颜稻、颜雄、颜成，敏即快，稻即水稻，雄即雄性、成即成功，连在一起的意思是：尽快取得杂交水稻雄性不育系成功！只可惜老四夭折了。

南繁人有着坚持不懈，不畏艰难的科研精神，我们忠于职守，视育种工作为人生最大乐趣。我现在80岁了，仍然像候鸟一样迁徙，无怨无悔，只想做一个南繁精神的传递人。年轻人一代更比一代强，我要做的就是把南繁的精神传递给他们。有了可贵的南繁精神，我们有理由相信，未来南繁人一定会培育出更多更好的优良品种，为农民增产增收谱写新的篇章。

军功章上有南繁科研人员和农民工的荣光

20世纪六七十年代，杂交水稻研究作为一项前无古人的崭新事业，造就了全国农业科研单位一大批具有杂交水稻专业知识包括育种、繁殖、制种、栽培和基础理论研究方面的专业技术人才。但是，一个人的能力再大，也不可能包打天下，没有好的团队和大协作精神，就不可能成就我们国家杂交水稻的辉煌。并不是每个南繁科研人员都会在国家农业史上留下自己的名字，他们更多的是默默无闻奉献一生。然而在杂交水稻的军功章上，应当有南繁普通科研人员和制种农民工的荣光。

江西和萍乡的杂交水稻闻名全国，在海南加代繁育的日子里，萍乡市农科所试验小组的每一个成员都毫无怨言地辛勤工作和无私奉献。姚秋英1972年高中毕业，1973年3月到农科所，7月份就和其他4位小姑娘一起去了海南沙埋大队。她们住的生产队文化室实际上也是个茅屋，四处通风，蛇从茅棚顶掉到床上、从枕头溜过是常事。男女床铺就用椰树叶编成的屏风隔开，但凡女同志洗澡，就由男同志站岗。那时的三亚农副产品十分匮乏，一个包子2毛钱，一盘白菜6元，还要到离沙埋十多里*远的保港公社集镇上排队购买。面对艰苦的生活环境，这些小姑娘不但坚持下来了，

---

* 里为非法定计量单位，1里＝0.5千米。全书同。——编者注

而且从播种、栽秧、田间管理、人工授粉到夜晚田埂值班和最后收割，样样工作都争着干，展现出一番巾帼不让须眉的风采。

在杂交水稻育种试验的各个环节，最艰难的莫过于人工杂交授粉。水稻开花期短，为完成更多的杂交组合，文友生、李金华、肖学军等冒着高温人工授粉，几次中暑昏倒，清醒了又接着继续干；范自恒的父亲因病去世，他也没有回家……因为劳动流汗多，加上又是海水洗，我们的衣服穿不到一季就成了破烂；作息没有规律，加上长达几个小时浸在水里，小组成员大多患上了胃病和全身性关节炎。对于这种拼搏的精神和劲头，当地的黎族群众纷纷伸出大拇指表示赞赏和钦佩。

萍乡农科所最早育成"野败"籼型不育系，并率先实现杂交水稻三系配套，带动了制种技术和产业跨越性发展。1975年，萍乡市成立了杂交水稻示范推广办公室，组建了一支100多人的杂交水稻南繁制种队，由市农业局副局长何家柏任南繁总指挥，我担任副总指挥，负责制种技术指导。当时我们到海南制种汕优2号1000亩，平均亩产37.5千克；繁殖珍汕97不育系100亩，平均亩产28千克。通过不断地总结和探索，到1983年，萍乡市南繁制种亩产已突破150千克，并逐步上升到超过200千克，连创全国南繁育种新高。当年，时任国家农牧渔业部部长的林乎加带领许多专家、学者来海南萍乡育种基地考察，林部长竖起大拇指对育种能手张理高、王相平说："你们真不错，是育种才子，像你们这样的人要越多越好。"

萍乡市杂交水稻南繁制种历程，是一部从无到有、从小到大、蓬勃发展的历史；

颜龙安院士田间工作照

也是一部艰苦创业、锐意创新的历史。在80年代中后期，海南制种的成本投入不断上升，杂交水稻制种条件仍然异常艰苦，很多内地技术人员放弃了在海南发展的机会，许多省市组织的育种队陆续撤退。江西萍乡育种人凭着坚韧不拔的毅力和吃苦耐劳的精神，毫不动摇地坚持了下去。20世纪80年代，萍乡制种队员增至2 000、3 000人，到90年代增至5 000人，21世纪以来，发展成为30多个制种专业村、100多个育种专业大户、6 000人的制种大军，高峰期达8 000人。从1974年到2010年，萍乡人投身海南制种14余万人次，制种面积128.69万亩，占全国南繁制种总面积的90%，累计生产杂交水稻2亿多千克，增产稻谷140亿千克以上。这期间，一大批南繁制种专家和创业先锋得以培育和造就，数千名制种专业人员足迹遍及全国多个省市。

2008年4月9日，制种大户刘丙才、刘建春父子在海南三亚凤凰镇制种一线，受

颜龙安院士与多位南繁专家在田间合影留念

到了中共中央总书记胡锦涛同志的亲切接见与勉励。如今，萍乡在海南的水稻制种面积占全国在海南水稻制种面积的95%以上，不仅满足了萍乡所需杂交水稻种子，还承担了中国种子公司海南分公司以及广东、广西、湖南等10多个省份的制种任务。国家南繁基地先进水稻优质品种的实验任务大多数由萍乡农技人员承担。萍乡的南繁制种，不但成为一项致富产业，同时加快了我国杂交水稻新品种推广，平抑了水稻种子价格，保障了市场供应，为促进我国杂交水稻科研发展和提高粮食产量做出了积极贡献。

稻田千重浪，天下仓廪实。十八大以来，习近平总书记高度重视粮食问题，他强调："中国人的饭碗任何时候都要牢牢端在自己手上。我们的饭碗应该主要装中国粮"。总书记说得太好了！吃饭问题始终是国计民生的头等大事，解决13亿中国人的吃饭问题，只能依靠科技进步。国家粮食安全的关键是要培育更多的优良品种和发展民族种业，种子技术绝不能控制在外国人手里，只有把种业牢牢控制在中国人手里，中国人才能把饭碗牢牢端在自己手里！今后，只要身体条件允许，我要一直为水稻育种这项事业贡献自己的力量。

谢华安
南繁岁月，难以忘却

谢华安，1941年8月生。中国科学院院士，研究员，博士生导师，国家级有突出贡献中青年专家。现任福建省作物品种审定委员会副主任，福建省科学技术协会副主席。荣获全国优秀科技工作者，国家杰出专业技术人才，中国种业"十大"功勋人物等称号。

我仍然清楚地记得，1972年冬，是我第一次去海南岛开始南繁育种工作的时间。当时我刚到福建省三明地区农业科学研究所开展工作，有一天，三明地区农业局军代表（局长）当面对我说："我们三明地区有几个县要去海南南繁，地区组织南繁领导小组，你任组长，过几天你就带队去，领导小组印章刻好后就寄给你。"就这样，我接受了任命，开始了我的南繁故事。

坚守奉献，南繁热情永不熄灭

受命之后，我在1972年12月中旬启程，当时三明地区农科所，加上尤溪县、将乐县、永安县、明溪县和建宁县，一行共12人，心怀在南繁土地打拼出一番事业的理想，兴高采烈地前往海南。想不到，出发不久就见识到南繁的第一场下马威。当时的交通条件极差，我们一行人到了广东湛江，因为过海人数太多，为了买能够前往海口的车票，整整排了一个通宵的队。

路阻且长的情况并没有浇灭我们的热情。海南岛是一个天然的大温室，南繁最佳地点是三亚的崖城公社。在了解情况之后，我们与城西大队联系。当时南繁的人多、单位多、用地面积大，土地很紧张，我们好不容易才在城西二队与四队找到地，并借住在两个生产队的仓库。四队仓库在路边，20多米^{2}的仓库里堆满了谷子、化肥、农药及柴油桶（生产队有1台手扶拖拉机）。我们把它整齐地码在一旁，另一边就成为我们打通铺睡觉的地方。在门外边，我们自己动手，用石头与泥巴砌一个临时灶台，上面和周边用椰子叶遮盖，就这样安了家，8个人肩并肩在这里挤着住了半年。

直至现在，我每年去海南都要在这个仓库前驻足细看细想，回想起当年的情况，不由感慨："多不容易呀！"这个20米^{2}的仓库，是我来南繁的第一个家，生产队在已经很支持、信任我们的情况下，才把仓库借我们住，我们8个人肩并肩挤着住了半年啊！仓库仅有一个门，一个小窗，门不能关，房内油味杂味尚可忍受，而那1605（药粉）散发的药味才真让人难受，作为专业技术人员，我们明知药味有毒有害，然而为了能呆在这里研究水稻，大家没有丝毫怨言地坚守着。直至今日回首起这些往事，发现这就是南繁人奉献的精神，用青春去奋斗的精神，不怕牺牲的精神！

第二年我们再到南繁，居住地点由仓库搬到了当地农民家。当时农民生活清贫，能有一口铁锅、一张饭桌的家庭，就是较体面的家庭。所以，借住农家并没有床板床架，生产队派人上山砍柴，钉成床架，再用竹子钉成床给我们使用。这样的床不仅狭窄，而且还是高低不平、坑坑洼洼的，睡在上面的滋味可真是难受，令人难以入眠。后来我们用麻袋垫

谢华安院士早期田间工作照

在上面，这样才令人稍微好受一些。20世纪七八十年代的艰苦南繁岁月，我们就是这样度过的。

让我感动的是，海南人民十分支持来自全国各地的南繁工作者，为全国南繁工作做出了极大贡献，同时也做出了很大牺牲，体现了我国社会主义制度的优越性。从1972年开始，我年年到海南南繁育种，至今已46年了。在当时，除了西藏和台湾，其他各省份都有人到海南进行南繁育种。在物质匮乏的年代，庞大的南繁队伍给当地群众的生产、生活造成很大的压力，但海南各级人民政府和广大群众非常重视和支持南繁育种，每年修渠供水，尽可能满足南繁工作的需求。在那统收统购的年代，南繁人员还可以每个月分配到半斤猪肉，这是多大的奉献精神啊！我们南繁育种人会永远记住这些恩情。

南繁育种，难忘光荣与使命

因为出发时间较晚，我第一次到海南已是12月中旬。抵达海南之后，我们一边安顿生活，一边准备耕地。尽管播种前做了清鼠工作，种子下地后，由于冬天里找不到东西吃，老鼠还是很多。为了保证种子出苗，夜间，我们也忙碌在田里。我们一手持电筒、一手持木棍，沿着田埂来回走，与窜进窜出的老鼠较量，就这样通宵达旦直到种子出苗。我记得每年南繁育种，为育秧安全，伤透脑筋，年年与老鼠周旋，从通宵赶鼠开始，先后在田四周开深沟、盖薄膜、悬挂马灯，各种方法都用尽了，最后

谢华安院士查看水稻品种组合

还是每个播畦用薄膜覆盖最保险，这种艰苦的岁月让我们永生难忘。我们与农民一起劳动、一起播种、插秧、除草和收获，偶尔空闲，我们还帮助生产队挖地瓜、砍甘蔗、清水圳以及修水库，因此与当地农民结下了深厚的友情，直到今天，每年南繁都想去看望他们。

南繁工作是一项光荣的使命，也是育种和科技交流的大平台，接触了三系杂交水稻，接触了各省市、各种作物的南繁工作者，那年我第一次看到椰子，第一次看胶林遍山岗……我用空闲时间走访江西萍乡、上饶、宜春等地的南繁科技人员，尤其宜春地区农科所的邬孝忠同志，对我的到访是那么热情的接待，无私传授技术，并在田间当即送了二九矮不育系成对的父母本单株，以及宝贵的15粒不育系种子给我，这是我一辈子忘不了的大恩。我还到吉林省基地看大豆育种，到北京基地看玉米，到甘肃基地看小麦……一路收获颇丰。

1974年冬去海南，我第一次用二九矮4号不育系进行少量制种，因田间杂交育种任务重，上午快12时才到围着薄膜的制种地，用脚去踢父本，让它授粉，没想到结实率相当高，此举让我想到制种每天赶花粉不一定要赶3～4次。回福建后，我专门设计一天赶1次、2次、3次花粉的试验，最后发现产量差异没有显著性，但是因为怕别人掌握不好最佳赶粉时间，不敢写文章发表。

1974年海南少量制种丰收，加上征集几个杂交品种，1975年秋在福建三明农科所展示了9个杂交稻品种，并请当时农科所所长吴汶发和副所长吴有水（当时称主任、副主任）到田间观测、鉴定，看出杂交稻很强的杂种优势，我自己也更坚定了从事杂交稻育种的研究。1975年冬组织到海南大量制种，在参加全省南繁制种会时，我在火车上向当时三明地区农业局种子站站长张基准同志大胆讲述和宣传杂交水稻研究和杂

种优势，杂交水稻有前途的看法，使他很坚决地接受去海南大面积制种的任务，并加强领导，使制种顺利进行，获得丰收。

明恢63，让第一代杂交稻走出低谷

杂交水稻的研究成功，离不开党中央的重视和大力支持。1975年冬，福建第一次到海南开展大规模南繁制种。当时我们使用的是二九南不育系和恢复系24、南优2号杂交种，我是三明地区南繁育种技术负责人，带队在陵水县、英州公社的鼓楼大队，周边有厦门、宁德和龙岩地区育种队。那一年，二九南不育系在秋苗期发生大量的稻瘟病，皆是急性型病斑，制种损失严重。这个现象让我想

谢华安院士（左二）考察南繁基地

到，不抗稻瘟病的杂交稻是不具备应用前景的。从此我决心通过育成抗稻瘟病的恢复系品种，进而育成抗稻瘟病的杂交稻。

1976年冬，我选用IR30和圭630作亲本，IR30抗稻瘟病较强，具有强恢复力，株叶形态优良，转色黄亮，所以作母本，并且用大粒性状、有较强恢复力的圭630作父本配组。通过观察确定为重点组合，该组合的F_2种了一小丘，估计超过5 000株，效果很好，最终选定36个单株。在接下来的研究工作中，我坚持着重抗瘟性和大粒性状的选择，建立抗瘟育种程序，通过对各代在三明地区的尤溪等县稻瘟病重病区多代多点同时种植，

同时鉴定，终于选到抗瘟性强，大粒性状的恢复株E6等，通过测交筛选，而且用测交F_1的结实率作为选择的最主要指标，最终决定E6株系，1981年定名为明恢63。

1981年，通过明恢63和珍汕97A组配，选育出了杂交水稻良种汕优63。此时正值中国第一代杂交水稻因不抗稻瘟病生产推广走入低谷，汕优63的育成，为乌云席卷的中国杂交水稻的

谢华安院士在水稻田间观察水稻长势

天空带来了曙光。1983年，汕优63破格参加全国生产试验，好评如潮。该品种先后通过了福建、四川、湖北等多个省份和全国品种审定委员会审定，迅速在全国16个省份大面积推广。据农业部统计，汕优63从1986年至2001年连续16年是中国种植面积最大的水稻良种，累计种植近10亿亩，其中1990年种植面积超亿亩，达1.02亿亩，占全国杂交稻种植面积的42%。

根据农业部《全国农作物主要品种推广情况》统计，到2014年为止，全国以明恢63配组育成了43个杂交稻品种，其中有34个杂交稻组合通过省级以上品种审定或认定，有4个杂交稻组合，即汕优63、D优63、特优63和两优363通过国家品种审定。1984—2014年，用明恢63配组的所有组合的推广面积累计达12.66亿亩，占中国杂交水稻推广面积61.58亿亩的20.56%。到2010年，全国各育种单位利用明恢63作为恢复系选育的骨干亲本，先后育成了594个新恢复系，这些恢复系配组的978个组合通过省级以上品种审定，其中170个组合通过了国家品种审定。1990—2015年，这些恢复系配组的组合累计推广面积15亿亩以上，占全国杂交水稻推广面积近55亿亩的28.74%。其中143个恢复系累计推广面积在100万亩以上，多系1号、广恢998、晚3、绵恢501、明恢86、航1号等24个恢复系累计推广面积在100万亩以上。

明恢63是20世纪中国杂交水稻品种配制中应用范围最广，时间最长，效益最显著的恢复系；同时也是创制新恢复系的优良种质，是恢复系创制中遗传贡献最大的亲本。1997年12月30日，受福建省科学技术委员会委托，中国水稻研究所闵绍楷研究员对"杂交水稻恢复系明恢63的选育与利用"课题进行了成果鉴定，并担任课题鉴定的主任委员，与四川农业大学黎汉云研究员、福建农业大学陈启锋教授、中国水稻研究所张慧廉研究员、中国农业科学院作物研究所凌忠专研究员、湖南杂交水稻研究中心朱运昌研究员等组成的鉴定委员会，对课题的技术资料和有关数据，进行反复的

谢华安院士（右二）在海南时与友人的合影

审查、核实。专家组鉴定认为：课题组提供的技术资料齐全，数据可靠；杂交水稻恢复系明恢63的选育成功，改变了我国相当长的时间仅局限于引用国际水稻研究所品种作为杂交水稻恢复系的局面，对我国杂交水稻的更新换代起到了里程碑的作用。专家组还认为，明恢63的选育在技术路线和选育方法上有三个方面的创新：创立了严格有效的抗稻瘟病育种程序；选用难恢复的不育系作为测交亲本，筛选出具有强恢复力的恢复系；选择在不同季节下，杂种一代结实率均高的对应株系作为主要选择指标。鉴定委员会专家一致认为，明恢63的选育成功，已达到同类研究国际领先水平。

汕优63相继获得福建省科技进步一等奖、国家科技进步一等奖。无论是跋涉在科研的崎岖山路上，还是站在满是光环的环境里，我始终心里装着人民，我把自己这滴水融进人民的大海之中。"当初做育种科研我从未想过任何荣誉，只知道一味埋头苦干，人民给我很多很高的荣誉，我觉得压力越来越大。"

我长期从事三系杂交稻和超级杂交稻育种，在"恢复系亲本的选择"、"测交配组"、"抗瘟性筛选育种"和"杂交水稻中稻制种"等方面都有些创新，才育成我国杂交水稻亲本遗传贡献最大的恢复系明恢63和汕优63。在后续的研究工作中，我还育成生产上大面积应用的明恢70、明恢82、明恢86、航一号等恢复系，至今有6个杂交水稻品种被农业部确认为超级稻品种。我主持育成的超级杂交稻Ⅱ优明86在云南省永胜县涛源乡种植，创1 196.7千克/亩的纪录，育成的优质杂交稻宜优673在云南省百亩示范片种植，亩产超过1 000千克。在开辟航天育种研究中，我育成航1号、航2号等恢复系，配成的杂交稻应用面积最大，至2010年达1 170万亩。此外，我还长期研究再生稻，2000年至今，我在福建尤溪县麻洋村建立的百亩再生稻示范片，进行了8个品种的再生稻栽培，第一季的产量超800千克，再生季亩产均超过450千克，年亩产1 250千克以上；育成的Ⅱ优航1号百亩示范片头季稻经现场测产验收平均亩产达815.4千克，最高亩产达904.3千克，再生季平均亩产543.3千克，两季亩产达1 358.7千克，创造百亩再生稻单产世界纪录。

我将最美好的年华都贡献在南繁这片土地上，总结多年的人生感悟，我们所取得的成果都是集体智慧结晶。我很感激一同奋斗的所有团队成员，如三明所的郑家团、张受刚、林美娟、余永安、杨绍华等同志及詹石安所长、林九官书记等领导，福建省农业科学院的王乌齐、陈炳焕、黄庭旭、肖承和、张建福等同志，特在此深表谢意。

万建民
南繁助我科研

万建民，1960年出生于江苏泰兴。中国工程院院士，中国农业科学院副院长，南京农业大学教授。主要从事水稻的基因定位、克隆和品种选育研究，选育出适应不同生态区的早中晚熟系列抗条纹叶枯病高产优质新品种10个，获得2010年国家科技进步一等奖。

学海行舟　倾心育种事业

1960年我出生于江苏省泰州市一个普通的农民家庭。农村的贫困、农业的落后和农民的艰辛，都给我留下了深刻的记忆。

1978年我考入了南京农业大学农学系，1982年本科毕业后师从水稻遗传育种专家朱立宏先生，继续攻读作物遗传育种专业硕士学位，从此就再也没有离开过水稻研究。

1990年我留学日本千叶大学，两年后，师从国际知名教授池桥宏，随池桥宏先生到日本京都大学攻读农学博士学位。1995年取得博士学位后，我又在京都大学做博士后，1996年起任职于日本农林水产省农业研究中心，从事水稻分子育种研究。1999年4月我受聘教育部"长江学者奖励计划"特聘教授，回到南京农业大学任教。

寻找地址　筹建育种基地

基地是育种的基础，为此，我广泛考察，紧抓育种基地的筹建。最初南京农业大学的南繁基地和镇江农科所以及神州种业三家单位在一起，条件比较艰苦，特别是住宿条件拥挤，3～5人挤在一间不到20米²的平房里，3张架子床，几张旧桌椅，生活设施缺乏，工作条件简陋，不仅试验地少，且路途远。2004年年初，在武进水稻所钮中一先生的帮助下，我将南繁基地从海南陵水县城西民族中学旁搬到城东，在椰林镇城东村、勤丰村、联丰村三个村的鼎力相助下，2005年在城东安马洋固定下来，建了500米²基地用房，租了50亩试验用地，扩大了面积，改善了条件。基地的建成，保障了科研工作的开展。

攻坚克难　勇攀科学高峰

为加快研究进程，赶超进度，使遗传试验在冬季也能正常开展，每年的11月中旬到翌年的4月，我们就不断奔波。通过反复鉴定，克隆了半显性矮秆基因 *D53*，首次证实了 D53 蛋白作为独脚金内酯信号途径的抑制子，调控了水稻分蘖和株高，结果发表在 *Nature*（2014）上，并入选了2014年度"中国科学十大进展"和教育部"中国高等学校十大科技进展"。面对杂种优势利用的科学难题，我们攻坚克难，首次用"自私基因"模型揭示了水稻的杂种不育现象，阐明了自私基因在维持植物基因组的稳定性、促进新物种形成中的分子机制，结果发表在 *Science*（2018）上。

20余载辗转　攻克籼粳杂种优势利用难题

为攻克籼粳杂种优势利用难题，20余个春秋，每年的冬天我们都到海南进行杂种育性的鉴定，利用海南短日照条件，搭建塑料大棚，了解各地主栽品种的抽穗期表型，鉴定它们的基因型，筛选适当株高的材料，我们脚穿水靴、头戴草帽，穿梭于田

2011年，万建民院士在海南陵水南繁基地田间选种

间地头，从晨曦一直忙到夕阳落下。夜晚，走进基地办公室，整理数据，修改论文，直到深夜。功夫不负有心人，通过20余年的系统研究，发掘广亲和、早熟和显性矮秆基因，开发相应分子标记和育种技术，聚合广亲和、早熟及显性矮秆基因，成功培育出籼粳交高产水稻新品种（组合）5个，累计推广3 049.89万亩，取得显著社会经济效益，有效解决了水稻籼粳杂种优势利用难题，为保障国家粮食安全和农民增收做出积极贡献。获得了2014年国家技术发明奖二等奖。

协同攻关　抗击水稻病虫害

1999年我从日本留学回到母校不久，在育种基地的水稻田里发现了水稻条纹叶枯病，该病来势迅猛，快速成为南方粳稻区历史上罕见的重大暴发性病害。2004年仅江苏省发病面积就达2 300多万亩，其中绝收7.8万亩，稻谷减收25亿千克；且没有有效防治该病害的农药，人们束手无策。面对紧迫的形势，我组织江苏众多育种专家，同心协力进行抗水稻条纹叶枯病品种的选育工作。利用海南南繁基地，通过穿梭育种，利用自主创新形成的抗病新种质、规模化抗病鉴定技术，短短的几年间，快速选育出适应不同生态区的早中晚熟系列抗条纹叶枯病高产优质新品种10个，制定了栽培技术规程13个，并迅速得到大面积推广应用。2007—2009年新品种推广8 314万亩，2009年推广面积占南方粳稻区种植面积的78%，累计推广13 634万亩，有效解决了南方粳稻区受条纹叶枯病流行危害的难题，对保障我国粮食安全、农民增收和农业可持续发展做出了贡献。该成果获得2010年国家科技进步一等奖。

褐飞虱是危害水稻生产的首要害虫，严重影响水稻的产量及品质，我国每年褐飞虱的危害面积达3亿亩以上。冬季，褐飞虱在海南就有分布，春季随亚热带季风从海南和东南亚等国迁飞到我国大陆境内形成初始虫源，之后自南向北、秋季由北往南逐次迁飞。每一年冬季，我们将大量的材料带到海南进行抗虫鉴定，春季南繁结束后，将褐飞虱带回大陆进行繁殖，再次对育种材料进行筛选、鉴定，经过十余年的反复鉴定，克隆了广谱高抗基因 *Bph3*，结果发表在 *Nature Biotechnology*（2015）上；借助分子标记辅助选择，我们将抗虫基因导入主栽品种，创制出优质抗虫新品系，已成功应用于水稻育种。

坚定信念　吃饱吃好就是最大的幸福

我迄今仍记得自己中学时代每月能分配到17斤全国粮票，说明我所在的生产队当时口粮太少（高中生每月32斤，老百姓平均15斤），那时候很少吃到米饭，能吃饱就是最大的幸福。1991年，我出国留学，在京都大学水稻育种实验室攻读博士时，我记得室长煮了两锅米饭，一锅用的是日本人吃的越光米，另一锅是当时我国农民广泛种植的桂朝2号，越光太好吃了，对当时的我刺激很大。或许味觉的记忆最为持久，我工作30多年来，始终想着努力改善水稻的产量和品质，现在我们不仅要"吃得饱"，更要"吃得好"。

万建民院士和同行专家田间考察讨论育种方向

每一年冬季，我们在海南都要大规模地鉴定和筛选国内外种质资源、遗传群体和突变体材料，经大陆-海南的反复鉴定，筛选获得了优质的、低蛋白的、高抗性的各种优异材料。我们选育出低谷蛋白品种W0868，以此大米为主食，可减轻慢性肾病患者肾脏负担，缩短病程，提高慢性肾病人的生存质量。我们已培育出经国家和省级审定的优质粳稻新品种10余个，已在南方粳稻区大面积应用，对我国南方粳稻的安全生产提供了支撑。

喻树迅
南繁，推动我国棉花产业可持续发展

喻树迅，1953年11月生于湖北麻城。中国工程院院士、著名棉花遗传育种家。入选"百千万人才工程"国家级人选、农业部"神农计划"提名人、国家中青年有突出贡献专家、全国杰出技术人才等。长期从事棉花短季棉遗传育种研究，曾获国家科技进步一等奖。

海南岛光照充足，降水丰富，终年积温高，作物生长期长达一年，农作物可随时播种，四季有收获。对我们科研人员来说，这里就是一个能够随时使用的天然温室。海南，是我从20世纪80年代参加工作以来向往的热土，也是我们科技创新的加速器，有了这个加速器，我们新品种选育的时间得以大大缩短。

我自1980年进入中国农业科学院棉花研究所工作以来，每年的11月至翌年4月，都要在海南待上一段时间，进行棉花的南繁育种工作。工作30多年来，我培育的20多个棉花新品种，获得的诸多奖项和荣誉，都与南繁工作有着密切的关系。

培育短季棉新品种，解决粮棉争地矛盾

20世纪80年代初，我国正处于人多地少，粮棉争地的关键时期，华北平原积温不够，一年只能种一季棉花，棉农期盼一块地能种两季。

针对当时的生产需求，我们研究团队率先培育成早熟棉新品种中棉所10号，使棉花生育期从原来的140天缩短为110天，极大地满足了北方棉农一块地从种一季棉花到

收完小麦再种棉花的需求，大受棉农欢迎，并获得全国农牧渔业科技进步三等奖。

由于需求旺盛，当时中棉所10号一种难求。为了满足棉农需求，促进麦棉双熟这一新的耕作制度发展，我于每年11月赶往海南繁种，翌年4月回华北，往返穿梭南繁良种满足社会需求。

在广大科技人员的不断努力与政府大力支持下，中棉所10号得以加快繁育并迅速扩大面积，当时年推广最大面积达150万亩，促进了北方棉花从一年一熟转变为一年麦棉两熟的新耕作制度，深受棉农欢迎。麦棉两熟至今依然是北方生产棉花的主要种植模式。

培育早熟抗病棉新品种，解决病地植棉

20世纪80年代后期，我国棉花枯萎病、黄萎病发生严重，致使部分棉田不能种植棉花，棉花生产再临严峻考验。为克服这一重大难题，我带领研究团队攻关研究抗枯萎病新品种。

我们利用荧光动力学设备研究发现，抗病性好的品种抗氧化酶活性强、荧光光波峰值高，在此研究基础上，通过团队努力和海南加代，我们繁育出了高抗枯萎病早熟棉新品种中棉所16。该品种的成功培育引起全国轰动，获得国家科技进步一等奖，并迅速推广至6 000多万亩。

培育转基因抗虫棉品种，打破国际垄断

改革开放以来，国外资本进入中国，对我国科技带来很大冲击。其中，美国孟山都的转基因抗虫棉对我国棉花产业冲击最大。几年间，国内95%的棉花市场被占领，我国棉花产业面临国外科技入侵、自己科技被压制、不能发展、受制于人的困境。

在此危难时刻，我带领研究团队攻关培育转基因抗虫棉，利用海南加代优势，仅用5年时间我

喻树迅院士田间工作照

们就育成抗虫棉新品种中棉所45，并获得了河南省科技进步一等奖，累计推广面积达6 000多万亩。中棉所45在抗虫抗病的同时，比美国抗虫棉增产20千克，具有明显优势，深受我国棉农喜爱，并将美国抗虫棉彻底挤出中国市场，使得国产抗虫棉在这场高科技大战中取得全胜。目前，国产抗虫棉已经占到全国抗虫棉市场份额的98%。

缩短早熟棉育种进程，推动新疆无膜棉研究应用

进入新时代，习近平总书记提出"一带一路"倡议，得到中亚国家的广泛支持。棉花是新疆的主要农作物，在丝绸之路经济带建设中具有桥梁的地位。

然而近年来，棉花生产中地膜的投入不断增加，由于地膜在土中要400年才能降解，严重阻碍了水分和营养的渗透、作物根系的伸展、作物产量和品质的形成，新疆棉区的地膜覆盖技术由历来的白色革命变为白色污染。而更为严重的是，这一技术随着"一带一路"倡议有可能进入中亚各国，给"一带一路"带来负面影响。

为了防止污染发生，我带领研究团队及早攻关并利用海南优势，在海南温室中一年三代加快育种，迅速培育出早熟，耐低温，吐絮集中，并耐旱、耐盐的早熟棉品种，可在新疆晚播，避过新疆早春和早秋低温，保证棉花有效出苗和早秋吐絮集中，使新疆南疆不盖地膜植棉取得初步成功，深受南疆棉农关注，并得到了李克强总理的高度重视。

喻树迅院士田间考察

无膜棉的成功，与海南基地发挥的重要作用密不可分。

除此之外，借助海南温室一年三代的有利条件，我还将海陆杂交后代全部在海南温室连年加代繁殖，又不断在高代群体中选择稳定、早熟、高产、优质的棉花新品系，目前已经筛选出一系列稳定的早熟棉新品系，为我国早熟优质棉育种，以及新疆无膜棉品种的培育提供了丰富的资源。

除了中棉所10号、中棉所16、中棉所45之外，我们团队培育的早熟棉新品种中棉所14、中棉所18、中棉所20、中棉所24、中棉所27和中棉所36等品种都获得过国家级奖励。

正如前文所述，我培育的20多个棉花品种，获得的诸多奖项和荣誉，都与我的南繁育种工作有着密切的关系。正是借助海南这个天然温室的快速加代繁殖，才让我们能够在这么短的周期内培育出一个又一个适合生产，并获得一项又一项国家奖励的棉花新品种。

徐天锡
我国开创北种南育学者之一

徐天锡，1907年10月生，江苏崇明人。九三学社社员。我国"北种南育"概念提出者之一，早在1958年即开始北种南育试验，是国内最早登陆海南岛进行育种试验的育种家之一。

北种南育的设想

1929年毕业于南京金陵大学农学院，先后在广西农务局农垦系、安徽省玉豆乡师范学校、北京新农农业学校工作和任教。1930年8月，进入燕京大学作物改良试验场任技师。1934年9月赴美国明尼苏达大学研究院学习。回国后先后在浙江大学、广西大学任副教授、教授。1938年8月至1940年11月任广西作物改良试验场技正兼广西省政府水稻督导主任。1941年因病离开广西回上海，任上海私立新农农业专科学校教授兼校长，主编月刊《科学天地》。参与创办圣约翰大学农学院，任教授兼植物生产系主任等职。1949年9月任复旦大学专任教授。1952年任沈阳农学院教授，兼任农学系副主任、作物栽培教研室主任、作物栽培原理教研室主任。在沈阳农学院工作期间，主持高粱丰产栽培试验课题，提出了"北种冬季南育"的设想，开创了我国北方春玉米、高粱等作物北种南育的先例。

北种南育的实践

徐天锡教授提出"北种南育"概念不是偶然的，既与当时的历史背景有关，又与他丰富的知识和阅历有关。抗战时期他在广西农业厅任督导主任。据他本人讲，他任广西水稻督导主任时，有一年1月中旬在广西龙州（北纬22°30′，南宁西南160千米）检查工作时，看到甘薯、甘蔗、果菜类都长得很好，在这些地方冬繁玉米绝没有问题，可克服冬季北方温室玉米自交系进代的各种障碍。根据徐天锡教授的提议，沈阳农学院和中国农业科学院辽宁分院(即后来的辽宁省农业科学院)于1958年秋分别委派专人赴广东，在仲凯农业学校进行北种南育加代并获得成功，翌年5月将种子运回沈阳，赶在6月1日播种，即沈阳的芒种节气之前。1959年，上述两院又到广东省湛江粤西农业试验站和广西省农科所租地南育。1960年1月，徐天锡教授曾亲自到湛江实地考察，肯定了北种南育的做法。这一年，北种南育的地点又进一步南移到海口海南农科所，也获得成功。根据"三年四地"的南育实践和试验，徐天锡教授和他的助手杜鸣銮等人撰写了论文《玉米高粱北种冬季南育问题》。该篇论文于1961年12月在沈阳东北旅社举办的辽宁省农学会年会上宣读，并于1963年发表于辽宁人民出版社出版的《辽宁农业科学论文选》第一辑上。在我国南繁育种的早期对北种南育作物的生长发育、产量形成、能否产生遗传变异、基地气候条件、播种期、田间管理以及低温冷害等诸多问题作了全面系统的论述和总结，打消了同行专家对南育的种种顾虑。北种南育(繁)目前已经成为我国育种和良种繁育的常规措施。经过我国广大种子工作者的不断实践，不断总结，不断完善，60年的春华秋实，北种南育对我国加速优良品种选育和杂交种的推广，提高种子行业经济效益，起到了不可估量的作用。

程相文
在南繁基地度过52个春节，
这是我的黄金时代

程相文，1936年生，河南郑州人。河南省鹤壁市农业科学院名誉院长，获得47项科技成果。培育出的浚单20玉米新品种，2004年被农业部确定为全国玉米主导品种推广种植，2011年荣获国家科技进步一等奖，成为黄淮海夏玉米区种植面积第一、全国种植面积第二的大品种。

1963年7月，我从河南省中牟农业专科学校毕业后，被分配到黄河北岸的浚县农业局原种场搞育种试验。浚县是个产粮县，但当时种子产业十分落后，玉米亩产只有50多千克。县领导决定从玉米种子入手，改善产业现状。海南岛具有得天独厚的冬季育种条件，为了加快育种进程，浚县农业局派我到海南进行玉米繁殖育种。1964年开始，每年冬天我都会去海南三亚育种，至今在海南玉米田度过了52个春节。这50多年的南繁生涯，是属于我的黄金时代，现在回忆起来，许多经历和收获都历历在目……

下海南——初尝南繁苦与乐

1964年11月，28岁的我穿着棉袄棉裤、方口布鞋，腰间系着一条棉布裤腰带，背着装有50多斤新双1号4个玉米自交系种子的布袋，独自一人从浚县坐火车到郑州，从郑州到汉口，从武汉坐上到广西凭祥的火车，到黎塘转车到湛江，从湛江坐汽车到海安，从海安坐轮渡到海口，从海口坐汽车到三亚，辗转奔波15天，排队买票，挤火车、转汽车、坐轮船，先后转乘7次，终于来到目的地——海南三亚市荔枝沟公社罗蓬大队。尽管长途颠簸，但是我当时依然信心满满，斗志昂扬，唯独有一点忧虑，就是担心育种不成功，第二年带不回去种子。

1965年在海南第一次见到香蕉树留念

来海南之前，在我的想象中，这里应该会呈现出中国南方固有的一片景象，处处莺啼，鸟语花香。真到了这儿以后，迎接自己的却是"三只老鼠一麻袋、十只蚊子一盘菜，三条蚂蟥做条裤腰带，毒蛇蹿到身上来"，乡间道路坑坑洼洼，农业生产基本靠人拉肩扛，满目望去一片荒凉。那个时候，没有自来水、没有电，每天要砍柴做饭，时常因下雨没柴烧火而吃不上热饭。尽管生活条件艰苦，但是也没有感觉到怕，唯一害怕的就是天气变化。海南的雨来得快，下得猛，一见到云，马上就是大雨，紧接着就是

齐膝深的水，而且还常伴有泥石流，山沟里没法走人。当时我在村里租了8亩荒地，开垦出来的4片试验田都在山沟里。育种的第一年，这8亩玉米苗便遇到大旱，眼看种苗就要枯死，我当时真的是心急如焚，让生产队派来6位青年女社员帮忙一起挑水抗旱，整整14天，才使种苗返青。然而，还没来得及松口气，一场大雨又把两块地的种苗全淹了，我又挽起裤腿和社员们一盆一盆地从地里往外舀水，一连排了7天水，才算保住了玉米苗。这一年，我从海南带回了自己培育的第一批玉米杂交种子，经过在浚县当地种植，亩产从往年的50多千克一下子提高到二三百千克。农民笑了，我的信心也倍增了。

历万险——攻克种种难关

海南的老鼠很多，当地人又有放养水牛的习惯，玉米经常遭到水牛和老鼠的糟蹋。为了看护玉米，我们白天需要提防水牛，晚上还要拿着手电筒到地里灭老鼠。就这样24小时呵护着玉米苗，看着它一天一天长大。

20世纪70年代初，海南的农业灌溉条件差，一遇干旱，灌溉用水非常紧张。当地农民白天浇水，而我都是夜里趁水渠空闲的时候浇地。有一次，我正在给玉米地灌水，一条黑白相间的蛇突然窜了出来，我借着月光本能地挥起铁锨砍过去，那条蛇被砍成两段。第二天，当地的村民一见这条蛇，就惊讶地叫起来："呀，老程，你真命

大，这可是银环蛇，咬一口，就没命了！"

有一次去海南，在琼州海峡遭遇飓风，我坐的船和另一艘船相撞，船身破个大洞，灌进海水并开始下沉，船上乘客恐慌绝望，纷纷穿上救生衣准备跳水逃生。幸运的是，一艘军舰及时赶来，我们这才侥幸躲过一难。

1966年，也就是我在海南育种的第二年，当时"文化大革命"的浪潮正席卷全国，而我依然在罗蓬村搞着我的玉米育种工作，每天过着日不出而作，日落也没息的生活。虽然日子苦了点、累了点，但只要试验田里的玉米能健康生长，我也就感到十分幸福踏实了。可是令人最担忧的事情也总是会不请自来，有段时间，试验田里的玉米苗不见长，只发黄，病恹恹的。我察看了症状，又查阅了资料，判定是缺少了氮素。当时海南的市场上根本买不到化肥，能解决的办法只有追

1965年结束第一次南繁工作返程留念

施有机肥，可当时海南农村没有积攒人粪尿的习惯，根本找不到粪肥。我就开始四处打听寻找，终于在5里外的一家解放军425医院里找到了一个公厕。当看到这个厕所的时候，我真有种如获至宝的感觉，赶紧借来几副木桶，和生产队派来的6位青年女社员挑了起来。一担70多斤重，一趟往返10多里，我每天可以往返七八趟。当时肩膀和双脚都磨破了，粪尿经常会溅一身，但也顾不上在意，只想着赶紧救活玉米。到第四天的时候，累得有点头昏眼花，一不小心滑到一米多深的粪池里。在附近放牛的黎族老乡听到呼救声赶过来，扳倒一棵芭蕉树，费好大的劲，才把我从粪池里拉了上来。我用水冲冲，就又用酸痛的肩膀挑起了粪便。几位黎族老乡看我这样坚持，就自发组织起来，帮我一起挑。7天时间，终于把8亩试验田都施了一遍肥。到现在，我仍然记得那几位黎族老乡，也曾去看望过他们，其中有的老乡已经离开人世。

过春节——一顿饺子里的思念

20世纪七八十年代，我们寄居在当地村民家里，租的玉米试验田少，过年时只需留守两个人。过春节（黎族同胞俗称过新年）时，被黎族老乡称作"Tailu"（黎族语说"大陆"的发音）的"南繁人"大眼瞪小眼坐在玉米地里，因为他们要看住村民系在田间木桩上的水牛，防止水牛挣脱木桩偷吃玉米苗。两个人，几头牛，一块玉米地，是过年的全部内容。饺子对我们而言，只是记忆里的味道。

我的一位助手王海军，1995年第一次来三亚崖城育种。"过年不吃饺子，这叫过

年吗？家里人吃两顿，我怎么也得想法子弄一顿。"除夕那天，他下午买肉，半夜和馅，初一一早包饺子。等到饺子煮熟，只见锅里飘着一层白花花的沫沫，仔细一看，原来是馅里钻出来的蛆！崖城还没通电，没有冰箱，在接近30℃的高温之下，饺子馅已变质！

王海军前一天坐车去三亚给家里人挂长途，忍着没哭。那天没吃上饺子，心里那个委屈啊，大哭了一场。第二年，王海军又来崖城，他吸取上回的教训，革新了包饺子的方法，晚上把馅儿炒熟，第二天一大早包，就没问题了。味道差一点，但总算是吃上了。第三年，崖城通电了，包饺子又有新招，不需要炒馅儿了，直接把馅儿寄存在食品店老板的冰柜里，饺子的味道越来越正宗……

2000年，在煮饺子之前，助手张守林跟我说："洛阳农科院只留了一位小张同志，咱去把他接过来一起过年吧。"我们来到小张租住的老乡家，只见小张一边抹眼泪一边包饺子。他把猪肉剁成方丁，撒上酱油和盐，拌一拌，一个面片里放一颗肉丁。见到我们，他撇着嘴直哭："我以后再也不来了……"

2008年基地建成之后，我们终于有了渴望已久的冰箱。包饺子不再是费脑筋的事，而且，我们还能吃上海虾、马鲛鱼、带鱼、柴鸡……

1977年元月在海南传授玉米育种知识

1977年元月工作之余在海南育种基地合影留念

柴鸡是基地养的，在西侧围墙墙根，围上一圈栅栏，养了200多只。小年夜一口气杀了8只，放冰箱里，可以吃到初一。同事们一边拔鸡毛，一边唱歌："常回家看看，回家看看……""看"字的声调拖得老长。

从旧俗上讲，初一不能杀生，初一也不能倒垃圾，初一的垃圾，被认为是"财"，所以，在基地初一最脏了。平时勤于打扫的"南繁人"，这天统统对垃圾视而不见。

我们那被太阳晒红的脸膛，映着基地挂起的红灯笼、红对联、红窗花，以及一地的红鞭炮纸屑，红光闪闪，喜气洋洋。

初一最紧要的两件事情之一是拜年——给过去的老房东拜年。我们开着敞篷三轮摩托车，拉着一大堆年货：大米、油、麦片、椰奶、啤酒、焦米条（一种小吃）……老乡们用半生不熟的普通话说："你们有心了……"听着真是暖心。

回来的路上，我们总是眺望着一望无际的绿色田野，说着笑着，虽然每个人心里都很想家，但依然快乐地坚守在这片充满希望的土地上，在远离亲人的地方，过着属于我们南繁人独有的春节。

出成果——一辈子做好一件事

春华秋实。一分耕耘，一分收获。我搞育种工作50多年来，确实吃了一些苦，受了一些累，但是老天没有辜负我们科研团队的付出和努力，真正算起来，其实我们的收获比付出要多得多。尤其是南繁的50多年，让我们的育种工作实现了加速度。截至目前，我们先后选育了浚单5号、国审豫玉11、国审浚单18、国审浚单20、国审浚单29、浚单3136、浚单509等14个通过国家和省级审定的品种。其中，浚单18、浚单20连年被农业部列为国家重点示范推广玉米新品种和全国玉米优势产区主推品种，浚单18、浚单20、浚单26、浚单29分别被科技部列为国家农业科技成果转化资金项目；浚单系列玉米品种累计推广4亿多亩，创造了显著的经济和社会效益。与此同时，我们先后荣获科技成果奖49项，其中国家省部级12项，"竖叶高产多抗玉米新

韩长赋部长为中国种业十大功勋人物程相文颁奖

品种浚单18选育"获2005年河南省科技进步一等奖,"玉米单交种浚单20选育及配套技术研究与应用"获2011年国家科技进步一等奖,"高产、优质、多抗、广适玉米品种浚单22选育与应用"获2014年河南省科技进步二等奖……

以浚单玉米新品种为载体,我们积极开展实施配套栽培技术研究,连续创造了15亩、100亩、万亩、10万亩、30万亩全国同面积夏玉米、小麦一年两熟高产纪录。15亩夏玉米超高产攻关田平均亩产1 064.78千克,小麦玉米一年两熟合计亩产达到1 733.66千克;100亩夏玉米超高产攻关田平均亩产973.8千克;万亩核心示范区夏玉米平均亩产884千克;10万亩夏玉米大面积推广平均亩产776千克;30万亩高产创建示范片夏玉米平均亩产770千克。

2013年程相文(左三)看望1966年到解放军425医院帮助担人粪尿的6位女社员(其中两位已去世)

这些成绩的取得,对我们南繁人来说,是无上的荣誉和无尽的动力。我今年80岁了,不知道还能与玉米相伴多久,但我自始至终都坚守着自己年轻时立下的誓言,一辈子只干一件事,只为了培育出高产的好种子,让人们吃饱饭。现在人民群众的温饱问题解决了,新的育种目标也在随着市场需求变化着,我们也在不断调整育种方向,继续着我们冬去春来的候鸟生活,只为了实现人民群众不断追求的美好生活目标。

郭三堆
中国抗虫棉研究及产业化

郭三堆，1950年7月生，山西省泽州县人。研究员，博士生导师，原中国农业科学院生物技术研究所分子设计育种中心主任。他领导的科研团队在国内率先研制成功国产单价、双价、三系抗虫棉，抗除草剂等棉花品种并实现大规模产业化。享受国务院政府特殊津贴，被称为中国"抗虫棉之父"。

中国抗虫棉研制和大规模产业化已经有20多年了，至2015年，国产抗虫棉累计推广面积3 466多万公顷，减少农药使用约1亿千克，按每公顷为国家和棉农增收节支2 400元计算，产生的经济、社会和生态效益累计超过831亿元。抗虫棉研制和产业化的成功，离不开众多科学家、育种家、企业家、管理专家的共同努力，离不开中国农业科学院以及农业部、科技部、财政部、国家发展和改革委员会等主管部门和国家项目的支持。

20世纪90年代初，由于棉铃虫大暴发，棉花平均减产40%以上，国家的忧虑，农民的渴望，加上国外种业的步步紧逼，激发了中国人锐意创新、自力更生和诚信合作的民族激情，"中国的事情，必须依靠中国人自己解决"。在国家项目和各级领导的支持下，经过20多年的艰苦奋斗，中国抗虫棉的研究和产业化取得了巨大的成功，不仅提升了中国的棉花产业，而且改善了生态环境，最终实现了"成果播在大地上，受益农民千万家"的愿望。

溯本求源，中国抗虫棉的诞生是逼出来的。20世纪90年代初，我国棉铃虫连年大暴发，整棵棉花被吃的就剩下硬秆，叶、蕾、花、铃都被吃光。正常情况下，棉花种植期间只喷施1～3次农药就能防治棉铃虫，而为了防治棉铃虫棉农大量使用农药，一开始的防治效果还可以，随着棉铃虫抗药性的增强，一般农药已无济于事，造成全国棉花总产量大幅下降；而农药量的增加和高毒性农药的长期使用，使环境受到严重污染，"毒水"从棉田流入江河、流到鱼塘，造成河水被污染，鱼类死亡、益鸟天敌被杀死、人畜中毒不计其数，棉田成为"死亡之海"。棉花几乎无法再耕种，棉农无不"谈虫色变"。

1998年郭三堆研究员在海南师部农场基地棉田

改革开放初期，国家经济困难，为了换取外汇，棉纺织品成了出口创汇的主渠道之一。年出口创汇曾达到1 400亿～1 600亿美元，占出口总额的25%以上。然而，严重的棉铃虫害导致整个国家出现"棉荒"，纺织业也因棉花原料短缺而处于崩溃边缘。此刻，大洋彼岸的美国孟山都公司已于1991年研制出Bt抗虫棉，为了引进抗虫棉，我国相关部门与孟山都公司几经谈判，最终因对方条件苛刻，谈判破裂。

知识产权和种质是现代农业发展的保障，一旦被国外公司控制，我国农业将受到巨大的威胁。为了不受制于人，保障我国农业的发展和安全，中国必须研究具有自主知识产权的抗虫棉。1992年，国家"863"计划正式启动了"棉花抗虫基因工程育种研究"，中国作为植棉大国，无抗虫棉的历史从这一刻开始改写。

由于我曾在1986年赴法国巴斯德研究所开展科技合作研究，从事"抗虫基因结构与功能研究"，具有一定的研究基础，我被选为"棉花抗虫基因工程育种研究"课题主持人。基因工程技术，可将一种生物的优良基因经过改造和优化转移到另一种生物中创造出新的种质，从而改造这种生物。因缺少抗虫种质，常规育种技术无法培育出抗虫棉，只有锐意创新，采用基因工程技术，才能培育出类似抗虫棉的新型优良品种。

准确判断产业需求，成功自主研制单价抗虫棉

项目启动后，为了获得知识产权，我带领团队成员夜以继日地奋斗在实验室和田间。我国杀虫基因编码的杀虫蛋白质毒性区域是依据Cry1A（b）蛋白质分子结构设

计，毒性很强。而识别区域和结合区域是依据Cry1A（c）蛋白质分子结构设计，识别和结合也很强。我们设计的单价融合抗虫基因 *Cry1A*（*b/c*），基因全长 1 824bp，编码608个氨基酸，XXG/C的比例由23.97%提高到65.46%，提高1.73倍，并去除了干扰植物表达的序列。设计完成后，我们顶住种种压力，夜以继日地工作在实验室，困了就在行军床打个盹，醒来接着干。功夫不负有心人，终于在1993年年底，我们团队首次在国内研制成功具有我国知识产权的抗虫基因，申请了中国专利。

中国抗虫基因与美国抗虫基因大小不同，虽然只是美国抗虫基因的一半，但杀虫效果却完全相同，同时研制成功带有多个表达调控原件的植物抗虫高效表达载体。

1993年，我们与江苏省农业科学院和山西省农业科学院合作，采用中国科学家独创的花粉管通道法和国内外公认的农杆菌介导法，将国产的抗虫基因导入中国棉花主栽品种中，经过分子鉴定和杀虫实验，于1994年首次成功研制国产转单价抗虫基因棉花，不同品系含抗虫基因拷贝数不同。中国抗虫棉于1995年获得中国专利，1997

郭三堆在海南南滨实验室

年应用于生产，2001年由中国专利局和联合国知识产权组织颁发专利金奖、金质奖章和金质奖牌，得到国际的认可，并于2002年荣获国家科学技术发明二等奖，使中国成为世界上第二个可以成功独立自主研制抗虫棉的国家。

中国单价抗虫棉的成功研制，使国内外一些专家感到惊讶和敬佩，而美国大公司也没有了当初的苛刻条件，反而于1996年在中国主产棉省投资几百万美元成立了冀岱、安岱抗虫棉种业公司，迅速占领了河北省等植棉市场，还积极筹备成立豫岱、鲁岱、苏岱、湘岱、鄂岱等抗虫棉种业公司，来势汹汹，企图将中国抗虫棉扼杀在研究阶段，并迅速占领整个中国植棉市场。

为了赢得这场无硝烟的抗虫棉市场争夺战，在国家"抗虫棉中试和产业化""棉花专项资金""抗虫棉育种及产业化"等国家项目的支持下，我们将分子育种与常规育种相结合，利用全国不同棉区的育种优势单位和育种家抗虫棉种质，开始了大规模的抗虫棉生物育种。在国家"863"计划"抗虫棉中试及产业化"项目、农业部"抗虫棉产业化"等项目的支持下，中国种业界的育种家也积极参与，为中国抗虫棉的推广和产业化注入新的活力。在国家转基因生物安全评审委员会及时、严格的安全性评价下，一个又一个抗虫棉品种通过评审，为中国抗虫棉的安全应用保驾护航；省级和国家品种审定委员会积极组织区域试验和生产试验，为加速中国抗虫棉的产业化积极把关。全国上下齐心协力，上中下结合并相互支持，种业企业也积极参与产业化，互为人梯攀高峰，形成了具有中国特色的抗虫棉科研和产业化体系。

成功研制双价抗虫棉，解决生长后期抗虫性弱难题

虽然当时我们团队占尽天时、地利、人和，但要赢得中美这场实力悬殊的保卫战，还必须锐意创新，依靠先进的基因工程技术。单价抗虫棉的抗虫性很好，但存在

郭三堆研究员在海南南滨基地

生长后期抗虫性弱的缺点。为了克服这个问题，1995年，在中华农业科教基金项目的支持下，我们与河北省石家庄市农业科学研究所和中国农业科学院棉花研究所展开合作，开始了"双价Bt+Cpti抗虫棉研制"工作。1998年，双价抗虫棉研制成功并获得中国专利，并于1999年首先在被美国抗虫棉占领的河北省推广应用。而此时，美国还没有双价抗虫棉应用于生产。双价抗虫棉可使棉农减少农药使用和用工，平均每亩可增收节支200元以上。双价抗虫棉除了作为种质参与育种外，还先后在河北、河南、山西、山东、江苏、湖北、湖南等省份得到推广，于2003年荣获国家知识产权局颁发的"专利优秀奖"，2009年荣获国家科学技术进步二等奖。

郭三堆研究员（中）在海南南滨棉花田间指导

三系抗虫棉研制成功，棉花育种取得重大突破

双价抗虫棉研究成功之后，抗虫棉产业取得突破性的进展，为了进一步提高产量，1998年，我们团队又与河北省邯郸市农业科学研究所合作，利用杂交优势，开始三系抗虫杂交棉研究。我们采用与育性相关的分子标记辅助选择育种技术，快速选育出稳定的恢复系和不育系，并导入抗虫性状，培育出配合力高的抗虫不育系和恢复系，完成了杂交抗虫棉的三系配套，建成了"三系杂交抗虫棉生物育种技术体系"。

利用该体系生产杂交种，我们将杂交棉制种效率和产量比去雄杂交制种提高40％以上，制种成本降低60％左右。2005年，我们培育的三系杂交抗虫棉品种银棉2号在国家区试中比对照（也是其母本）中棉所41增产26.6％，通过国家审定。2008年，三系杂交抗虫棉品种银棉8号在国家区试中比对照去雄杂交抗虫棉增产7.8％，通过国家审定。三系杂交抗虫棉品种通过国家审定，并大规模应用于生产，标志着我国首次在国际上成功研制高产、高效、低成本的三系杂交抗虫棉生物育种技术体系，是棉花杂交育种上的重大突破。2008年，"三系杂交抗虫棉生物育种技术体系"获得国家发明专利；2011年荣获中国农业科学院科技成果特等奖；2014年荣获国家知识产权局颁发的"专利优秀奖"。

抗虫棉促进棉花及相关产业发展，保护国家和民族利益

国产单价抗虫棉于1994年研制成功，而美国抗虫棉为了抢占中国植棉市场，从1996年开始进入中国，利用雄厚的资金和强有力管理制度，到1997年已经抢占我国抗虫棉市场份额达95％以上，并迅速占据市场主导地位。在随后中美抗虫棉激烈的市场竞争中，我国育种家利用抗虫棉种质培育的衍生国审品种，适应不同的棉花生态种植区，推动国产抗虫棉产业迅速崛起。2002年占国内抗虫棉市场份额的43.3％、2003年占53.9％、2008年以后国产抗虫棉占全国抗虫棉面积的96％以上，国产抗虫棉以绝对优势夺回了我国植棉市场，美国抗虫棉品种基本退市。国产抗虫棉的研究在促进棉花及相关产业发展，保护国家和民族利益上做出了巨大的贡献。

海南是培育中国抗虫棉的加速器

我国抗虫棉研究和大规模产业化所取得的成就，南繁科研制种基地做出了巨大贡献。

1996年，为了加速中国抗虫棉的育种速度，我们团队带着研究成果——转基因抗虫棉初入海南。刚来的时候，师部农场的条件异常艰苦，很多地方都是一片荒凉，没有固定的试验地。当时交通工具自行车都很少，师部农场距离市区太远，没有自行车，就选择步行；经常没电、没水，生活诸多不便也能克服；农场试验地也没有围墙，为了防止抗虫棉材料丢失，尤其在棉花吐絮时防盗，我们选择在地头搭个窝棚日夜轮流看管，夜里经常受到蚊虫的叮咬，有时伤口红肿、溃烂。虽然工作艰苦，还是抵挡不住高昂的科研激情，我们团队的每个人都劲头十足。1997年我们培育出7个遗传稳定的单价抗虫棉种质品系、1998年又育出3个遗传稳定的双价抗虫棉种质品系、2005年育出2个遗传稳定的高产三系抗虫棉品种，为后来育种家培育大量中国抗虫棉品种打下了基础，并提供了技术支撑。

2002年，为改善科研育种条件，在农业部相关领导的建议下，我们团队从师部农场迁移到南滨农场，在当地领导的支持下，场里选择最好的27亩地租赁给了我们。

郭三堆研究员在海南南滨南繁棉花育种基地

有了一个相对固定的试验场所，多少个品系、品种需要加代，多少个材料需要分子鉴定等工作均可以提前安排计划，加速了抗虫棉科研进程。

目前，南滨试验基地不仅仅是一个加代的南繁基地，我们还建成了科研楼，购置现代化的仪器设备，完善实验条件，在育种的同时还能同步搞科研，大大提升了科研育种的效率。例如想知道田间哪一棵棉花抗不抗虫、抗不抗除草剂，可以直接拿到实验室检测，5～10分钟就能知道结果，之后把数据录入计算机后进行对比选择，很快就知道正确的结果，马上进入科技档案，科研速度提高几十倍甚至上百倍。有了科研楼，生活也得到了改善；试验基地修起来的围墙也能保障试验材料的安全，条件的改善为育种加速提供了保障。

南繁已经成为国家战略规划的重要部分。2009年7月，在国家公布的新增粮食生产能力规划中，明确提出加强海南南繁科研制种基地建设。这标志着海南南繁试验育种基地建设进入国家粮食战略规划，有望迎来一个全新的发展时期。将南繁列为国家战略是一件非常重要的事情。如果不把它作为一个战略来考虑，核心区的建设如果不重视的话，可能就会被蚕食掉。三亚市作为一个旅游城市，一定要做好规划，将南繁和旅游产业结合发展，把农用南繁试验的区域划定一个范围，成为一块永久的农用南繁基地。如果将南繁育种宝地变成高楼大厦，建成大花园，成为纯属旅游基地，那将为我国种业以及粮食安全带来巨大的威胁。在这里，专家希望国家能把海南作为国家的南繁试验基地固定下来，给予大量投资，搞好基础建设，改善环境。把它建成一个现代化的南繁、育种、科研、人才培养、国际学术交流的综合南繁育种试验基地。

成绩不是终点，目标始终在前

目前，我们团队又研制成功机采抗虫棉、海陆优质高产杂交抗虫棉、抗旱耐盐碱抗虫棉，特别是新型双价高抗低残留抗虫抗除草剂多功能棉花研究成功，能大大降低草甘膦残留量。另外，我们还培育出适合我国黄河棉区、长江棉区、新疆棉区及巴基斯坦、印度和澳大利亚抗虫抗除草剂多功能棉花新品种16个品系，为进一步培育多功能复合抗性棉花新品种，实现产业化打下了基础。我们团队取得的成绩有目共睹，但成绩不是终点，目标始终在前。

李登海

海 南
——紧凑型杂交玉米高产育种的
摇篮，我的第二故乡

李登海，1949年9月生，山东省莱州市后邓村人。 国家玉米工程技术研究中心(山东)主任，被称为"中国紧凑型杂交玉米之父"。

农业部领导让我写篇回忆文章，纪念中国南繁60年，既感荣幸，又感任务重大，荣幸的是有一次纪念南繁工作的机会，感到任务重大是因为千言万语话南繁，道不尽南繁工作的各个方面和对国家的许多贡献。作为南繁育种的参与者，我谨从自己的南繁经历、点滴体会来纪念伟大的中国南繁60年。

南繁，搭建紧凑型杂交玉米高产育种平台

南繁，对于我国紧凑型高产玉米杂交种的选育功不可没，它见证着我国杂交玉米育种创新的高速发展，也造就了我们研发创新取得辉煌成就的今天。

1972年，我立志"开创中国玉米高产道路，赶超世界先进水平"；1973年，开始从事玉米育种工作；1974年，结合高产攻关的研究，重点探索研究我国紧凑型高产玉米杂交种的选育工作。至今，我在杂交玉米育种路上已奋斗了45年，历经了126代育种，其中有83代是在海南南繁基地进行的。

1978年，我育成了第一个杂交玉米高产品种掖单1号（掖4021×自330），比家乡掖

县（今莱州市）当地推广品种增产41.3%（当时当地玉米亩产250千克左右）。当时我高兴极了，我想，如果中国农民都能种上高产品种，那能为国家增产多少粮食、为农民增加多少收益啊！为了让这个想法变为现实，根据上学时刘恩训教授的介绍，我在县政府、公社相关部门的大力支持下，来到海南这个梦幻般的地方，进行杂交玉米育种。

李登海在海南抢镐整治土地

1978年冬，我在海南三亚荔枝沟公社红花大队引合生产队（落笔洞东侧，现为三亚学院），组配并小面积制种掖单2号（掖107×黄早4）和掖单3号（掖4021×黄早4）。1979年春，各收获了约3.6千克的种子，回到家乡山东掖县试种，这两个品种产量分别达到776.9千克和774.9千克，一举震动了全国玉米栽培界和玉米育种界。这是紧凑型玉米高产杂交种产量第一次超过700千克，突破了平展型杂交玉米在夏玉米区的高产能力的高限，掖单2号等紧凑型玉米杂交种获国家星火科技一等奖。据此，我确定了紧凑型杂交玉米高产品种是提高我国杂交玉米高产能力的有效途径和主要发展方向。

1978—1985年，我们将研发创新的重点聚焦在新的紧凑型种质资源的创新，以及更高产的紧凑型玉米杂交种的选育上。掖单6号和掖单7号紧凑型玉米杂交种相继培育成功，产量分别突破了800千克和900千克，其中，掖单7号亩产达到892.5千克，掖单6号亩产达到962.1千克。

1985年冬，我们来到了陵水县城厢公社城内大队进行南繁育种，实现了加速攻关。在加代创新紧凑型玉米高产种质资源到原始创新研发具有更高产能力的高产品种方面，我们克服重重困难，攻克种种难关，于1988年在陵水育成高产品种掖单12（掖478×掖515）、掖单13（掖478×掖340）。掖单13亩产达到1 008.88千克，首次突破1 000千克。1989年掖单12、掖单13夏玉米高产攻关田亩产分别达到1 070.81千克和1 096.29千克。

1990年，在全国杂交玉米栽培专家的建议下，农业部农业司在我的家乡山东省掖县召开了全国玉米生产会议，重点推广紧凑型杂交玉米新品种，并将"推广紧凑型玉米1亿亩，增产200亿斤粮食"作为"八五"期间重大国家项目，我们选育的紧凑型玉米杂交种正式被国家认定为高产玉米杂交种并得以推广。

1990年冬，为了加快掖单13的推广，满足全国各地对自交系的制种需求，我们在陵水坡留、安马洋一带繁育自交系600多亩，共制种15多万千克，有力地保障了各玉米种植区对掖单13紧凑型玉米杂交种制种推广的需求。

为了改善育种状况，2003年，在农业部和国家南繁工作领导小组的帮助下，我们和国家南繁育种基地——南滨农场协商，在南滨农场建设了登海种业南繁育种基地。在加大南繁投入的情况下，育种效率得到很大提升，南繁育种加代的时间越来越长，确保了在海南一年二代的育种工

李登海建立南繁"家园"

作；通过新的种质资源创新和高新技术的利用，登海种业育成了亩产超过1 100千克的新紧凑型杂交玉米高产品种登海661、登海662、登海605、登海618等，其中登海661夏玉米亩产达1 402.86千克，创造了世界夏玉米高产纪录。山东省齐河县2014年夏玉米种植登海605的万亩丰产方平均亩产达876.6千克，比全省玉米平均产量翻了一番还多。2013年在新疆由中国农业科学院作物科学研究所李少昆研究员的高产研究团队培创的高产田，登海618春玉米亩产达到1 511.74千克，创造了我国春玉米的高产纪录。2014年登海618在小麦百亩方亩产600多千克的情况下，夏玉米百亩高产攻关田经专家验收亩产达到1 151.65千克，实现了百亩丰产方亩产粮食1 750多千克。

紧凑型杂交玉米高产品种实现五大突破

"三十而立"，我29岁育出了第一个杂交玉米品种掖单1号，并来到了海南这个农业育种家的天堂，30岁时育出了我国首批亩产突破700千克的紧凑型高产玉米杂交种掖单2号和掖单3号。至今我已育成上百个高产品种，实现了我国紧凑型高产玉米杂交种选育上的5次更新换代。第五代高产品种比原来平展型玉米杂交种的高产能力提高了接近110%，最高产量达到原来的两倍多，是全国农作物中增产幅度最大的，也是产量最高的。

相比原来的平展型杂交玉米，紧凑型杂交玉米高产品种实现了五大突破：一是种植密度的突破。玉米要高产，种植密度上不去，则产量上不去。平展型玉米杂交种每亩种植密度在达到4 000株时，由于叶片平展交叉造成通风透光差，引起10%左右的植株不结实，造成玉米植株空秆和严重倒折；而紧凑型玉米株型紧凑，叶片上冲，通风透光，夏播种植密度可达到5 000株、6 000株以上，春播可达到6 000株、7 000株，甚至8 000株以上，而且没有空秆现象。二是叶面积指数的突破。叶面积指数是指在单位土地面积上，玉米绿色叶面积的总和与土地面积的比值。叶面积越大，叶面积指

数就越高，光合产物就越多，产量就越高。平展型玉米因为密度一般不超过4 000株，叶面积指数很难超过4，而紧凑型玉米种植密度高，叶面积指数可达到5 ~ 7及以上。三是经济系数的突破。经济系数是指玉米籽粒干物质的重量与整个植株干物质重量的比值。经济系数越高，植株对籽粒产量的贡献越大，生产出的籽粒产量越高。平展型玉米杂交种的经济系数一般在0.40 ~ 0.45，而紧凑型玉米杂交种可达到0.50 ~ 0.55。四是高密度情况下单株生产力的突破。这是指玉米在高密度大群体种植情况下，平均单株生产籽粒产量的能力。平展型玉米品种在每亩4 000株的情况下，最高单株穗粒重为165 ~ 170克，而紧凑型玉米高产品种在5 000 ~ 6 000株情况下仍可达到200 ~ 220克。五是玉米高产能力的突破。高产能力是指玉米每亩能达到最高产量的能力。高产攻关的实践证明，平展型品种夏播最高产量达到650多千克，留有余地地说，很难超过700千克；而紧凑型玉米夏播突破了1 400千克，春播突破了1 500千克。紧凑型高产玉米品种的选育是南繁育种的巨大成果，它体现了我国农业科技的极大进步，是我国杂交玉米缩小与世界差距迈出的重要一步，更是我们在"开创中国玉米高产道路，赶超世界先进水平"的奋斗路上一个辉煌的里程碑。

1992年李登海在陵水农科所试验地里向当地领导介绍冬种玉米高产田情况

海南，我的第二故乡

事业上的追求与奋斗，使海南成为我的第二故乡。从1978年到2017年，我走过了39年的南繁育种路。这是我从事紧凑型杂交玉米高产育种的39年，也是我人生追求得以实现的39年。借由南繁，我在39年的时间里干了相当于120多年才能干完的工作，创造了我第二和第三个人生的奋斗时间。这39年，我育种的2/3时间是在海南，在这里工作生活，在这里成长，从家乡到异乡，从少年到白头。

1978年冬，我作为掖县西由人民公社后邓大队农科队的队长，作为我们国家最基层的育种人员，来到了美丽的海南崖县。在崖县汽车站下车后，住在汽车站对面路东的红崖旅馆，步行几千米去三亚街南端的建国饭店吃饭，每天的生活费不足0.6元钱，没有土地自己找，没有车就步行。十多天后我们找到荔枝沟落笔洞东侧的引合生产队，董文良队长带领了3名黎族同胞，用4辆自行车把我们带到落笔洞引合村，住进生产队稻谷

李登海在玉米试验田中观察记录

仓库的茅草棚屋里。没有床，就用树棍架起来铺上稻草；没有锅灶，就用稻草和泥巴垒起来；没有门，用椰子树叶编；吃的是从家带的粮票换的面米和从家带来的干萝卜丝及干海带，买东西全靠两条腿走。

玉米苗怕牛吃，黎族兄弟和我们一道上山砍树枝，编栽篱笆墙。没有电灯，点上煤油灯，借萤火虫的光；劳力不够，生产队派青年男女帮我们播种、锄草，工作之余，还教我们学唱当地歌曲；过春节时，给我们送来从山上打的野猪和野鹿肉；除留下值班外，一个星期我们轮流到附近部队去看一次露天电影。在引合村我们认识了军民共建的部队种地人员，部队管理员程孟树见我们没有自行车等交通工具，每次去三亚买粮买菜时都叫上我们一起，我们很感激部队子弟兵对我们的关怀和帮助。

在荔枝沟落笔洞东侧的红花大队育种8年，这期间常住在引合村，后因南繁育种面积的扩大需求，与大园村、三淌村、长坡村及落风村等村庄的黎族兄弟、部队人员也都结下了深厚友谊。三淌村参加抗美援朝的转业军人林姓老人的儿子小林盖房时有困难，我们帮了5 000多元，房子建起来了。

李登海在玉米田进行玉米授粉

1985年冬，我们来到陵水城厢公社城内大队第九、十、十一生产队，租用他们3个生产队的地作为育种基地。当地农民为人诚信，善待人，也很勤劳，给了我们很多帮助。特别是1990年开始，我们的南繁育种由一年一代改为一年二代后，地方领导和村领导及农民给我们提供了各方面的支持和帮助。城内村林忠书记把自己心爱的承包地让给我们，使我们非常感动。当地县、区、村领导每年春节前都来慰问我们，使我们深切体会到从县领导到村干部及群众的关怀

之情。1985年至今，当地县委、政府、管区和村领导为我们提供了很大的支持，一幕幕往事难以在此展现我们对陵水人的感激之情。

1992年，我们在陵水县城内流转了29亩丘陵地。为了建成高标准的育种基地，我凭借在莱阳农学院学习的农田基本建设知识指挥农田建设，带领海南育种团队，发扬"自己动手，丰衣足食"的南泥湾精神，白天搞科研和干农活，晚上建设基地，常常干到凌晨一两点。30多个人苦干了3个多月，挖掉了1 300多棵树的树根，动用土方6 000多米^3，压断了30多条扁担，用破了50多把铁锨，用坏了70多把刨锄，磨烂了100多个笆筐，终于建成了大寨式的标准梯田，有了属于自己的第一个科研基地。

李登海的母亲不远万里到海南来看望李登海

2002—2005年，在国家南繁办和三亚市领导及农垦系统领导的关心和支持下，登海种业在南滨农场开始投资建设第一个较大的南繁育种中心。南繁育种中心的建设，使得我们在海南工作时间变长了许多，加快了紧凑型杂交玉米的育种进程。一年中，从8月下旬来海南，9月上旬开始播种到翌年6月上旬收获结束，长达9个半月。从9月初到翌年3月初播种了一批又一批，从12月中旬到翌年6月上旬收获了一次又一次。

1978年至今，我走过了39年的南繁育种岁月，也在海南育种基地度过了38个春节。母亲在世时，我有25个春节没能与家人在一起过，没能给祖辈磕头拜年。在母亲90多岁高龄时，我曾扶她老人家坐飞机来到海南看看，当时在三亚餐馆看到龙虾，我要给母亲买一个尝尝，因为价格高达80多元1斤，母亲怕花钱多，执意不肯让我买，我说买个小的可以吧，母亲仍是不肯让我买。穷了一辈子，不舍得吃和穿，这是我母亲的品格，我遵照母亲的意愿没买，这也是我作为孝子的一大憾事。

早年没有电灯，没有电话，没有自行车等交通工具，住的是茅草房，点的是煤油灯，最快与家人联系的方式是邮递员传送的电报。每年在春节到来之际，我便在用木薯秆扎成的写字台上给家人和亲友写拜年信，写得最多的是鞭炮一声辞旧岁时思念家乡的一句话，"每逢佳节倍思亲"。

科技无止境，创新无尽头，农业科技创新离不开海南宝岛，海南是创新的平台，南繁是育种的摇篮，也是农业育种家大半生从事育种工作的圣地。很多人说，我对三亚比对山东的家乡还熟，我说我来海南39年了，在这生活、在这工作、在这奋斗，海南是我的第二故乡。

杨振玉
南繁育种60年，但愿良种满天下，农民尽开颜

　　杨振玉，1927年11月生。研究员，国家"863"课题主持人，我国北方杂交粳稻奠基者，杂交粳稻学科带头人，国内外知名水稻育种专家。

　　至今，我在海南南繁育种路上已走过了60个年头。回首这光辉旅程，历历在目，感人肺腑。

　　海南是我国杂交水稻育种的发源地，她传承了稻作文明造福人类的使命，培育出多种优秀的籼粳类型水稻品种。超级杂交水稻正改变着世界稻作的面貌，实现人类的梦想。海南三亚一直被誉为美丽浪漫的王国，世人皆知的国际旅游胜地，名副其实的富人天堂；而对于农业科研工作者而言，海南更是南繁育种的摇篮，育种家的天堂。

　　自1971年冬开始，我至今仍坚持不懈地在三亚从事水稻南繁育种工作，每年冬季从北方携带上千份水稻品种来到海南耕耘、播种、授粉、收获。46年来，我始终如一，过着如海鸥般的候鸟生活，从未间断。无论是阳光明媚的清晨，还是夕阳西下的黄昏，行走在水田里、池塘边，每每见到群鸥飞翔，捉鱼觅食时，我总会招手呼唤，其乐无穷。海南既是成就我水稻育种事业的圣地，也成为我疗养身体的福地。

　　回顾60年往事，一幅幅研究稻作的画面萦绕于脑海之中，记忆犹新的南繁育种经历仿佛就发生在昨天。此时此刻，我借此机会，感谢对我有栽培之恩的已故恩师杨守仁教授和关怀支持我工作的同仁们；更要感谢我的妻子孙仲华女士，是她几十年如

一日默默支持着我的育种工作，默默守护着我北方的家。她在出色完成教师工作的同时，培养三个孩子长大成人，妻子每年有半年以上的时间独立担负家庭重担，为使我潜心专研杂交水稻育种事业而默默付出。

回首过往，以下两段回忆令我终生难忘。

首创"籼粳架桥人工制恢"，开世界杂交粳稻生产先河

粳稻杂种优势的利用，可追溯到60余年前。20世纪60年代，日本育成BT型、里德型不育系，我国云南育成滇型不育系，尽管以后各地又转育了BT型或其他资源的许多粳稻不育系，但经数千次测交，均不是理想的粳稻恢复系，"粳恢"资源极其匮乏。70年代初，为了解决籼粳两大基因组生态、遗传差异而引起的杂种F_1不亲和性，我创造性地使用"籼粳架桥"技术开始进行粳型恢复系的探索。通过籼型（国际水稻研究所的具有恢复基因的IR8）/籼粳中间型材料（福建的具有籼稻血缘的粳稻科情3号）//粳型（从日本引进的粳稻品种京引35）之间杂交，经过几年的筛选，于1974年在海南成功选育出具有1/4籼核成分的高配合力粳稻恢复系C57。同时将日本品种

杨振玉研究员田间工作照

穗粒饱满，心情愉悦

黎明转育成BT型黎明不育系，并与C57配组育成世界上第一个大面积推广的强优势杂交粳稻组合黎优57，开辟了世界杂交粳稻大面积生产应用的新纪元。C57的育成，带动了我国南北方杂交粳稻的研究和生产。据不完全统计，迄今为止南北方培育的粳型恢复系中，绝大多数含有C57血缘。到80年代末，我国北方12个省份累计推广杂交粳稻133万公顷，取得了较大的社会和经济效益。"籼粳架桥人工制恢"C57的发明，获得1978年第一届科学大会奖，第一届国家发明三等奖。

80年代末，我在以晚轮422（广亲和系）为母本，密阳23（籼型）为父本的杂交后代中选育出籼型遗传成分较高、形态倾籼且有特异亲和力的粳型恢复系C418，经与多个不育系配组，证明其具有高产、优

质、抗病、抗倒、高光效、高结实率、高配合力等诸多优点。时至今日，C418在杂交粳稻领域仍被广泛应用，实感欣慰。C57、黎优57、C418的育成，得益于海南优越的气候条件，它汇集了全国育种家的智慧以及国内外宝贵的种质资源，使我在短短几年时间里，完成了世界水稻一流成果。每当北方大地稻花飘香之时，我总会情不自禁地怀念恩师杨守仁教授，感谢老师的栽培，恩情比海深。

成功研制广占63S两系不育系，稻香千里满江南

1973年，我国水稻育种家石明松研究员发明两系光敏核不育系，为世界水稻杂种优势利用开辟了新途径。80年代起，科技部组织全国两系法杂交水稻科技攻关。我和来自全国各地的水稻育种家一起，开始了两系杂交水稻光敏核不育系（S）的育种研究。1993年，我在北京开展研究，以质源为粳型农垦58S并具有广亲和性的N422S为母本，与广东优质籼稻广占63（作父本）杂交，F_1在海南三亚加代，接着1994—1996年又南北加代至F_6，农艺性状及育性基本稳定。功夫不负有心人，90年代后期，我成功选育出了杂交籼稻两系不育系广占63S和广占63S-4及其系列，被合肥丰乐、安徽荃银、北京德农、大北农4家上市公司开发推广。

杨振玉研究员田间考察

广占63S系列属偏籼型的中籼光温敏核不育系，不育性稳定，异交结实率高，米质优，抗逆性强，是一个综合性状好的实用型不育系。2004年，利用广占63S配制的组合丰两优1号、扬两优6号分别参加国家长江中下游晚籼、中籼组区试并进行生产鉴定，2005年顺利通过审定。2006—2007年，长江中下游晚稻遭遇高温天气、飞虱为害，并面临激烈的市场竞争，广占63S配制组合经受住重重考验，表现出耐热、抗飞虱、结实率稳定、米质优等优点，逐渐成为长江中下游主栽水稻品种，肩负起我国长江中下游中籼品种更新换代的重任。据统计，由广占63S配组，通过国家及各省审定组合多达一百几十个，累计种植面积2亿余亩，为我国粮食生产做出了重大贡献。经袁隆平院士推荐提名，我有幸荣获2013年国家科技进步特等奖。

每当回忆起选育广占63S系列的十多年艰苦岁月，我不由得想起"战友们"付出的汗水，老朋友李梅森处长，张海银董事长的英明决策，对广占63S系列组合的开发推广起到了关键作用。

近年来，我把自己的育种目标转回到杂交粳稻的研发上，主攻寒地杂交粳稻的研

发及高产优质杂交粳稻育种，以实现杂交粳稻北上的梦想。早在 1964 年，我国著名的科学家竺可桢院士曾在《论我国气候的几个特点及其与粮食作物生产的关系》一文预言："我国北方水稻产量不应低于南方，也不应低于日本。"我国北方有得天独厚的生态优势，水稻单产尤其是杂交粳稻单产潜力往往高于南方。

目前，吉林省水稻种植面积 1 000 万亩，黑龙江省 6 000 万亩，而且种植面积在逐年增加，未来吉林、黑龙江可能成为我国优质稻谷的生产和商品粮出口基地。然而，杂交粳稻在吉林、黑龙江一直没有得到应用，常规品种增产潜力有限，急需新的优良水稻品种代替。目前，3 个组合已经通过国家水稻品种北方区试审定。其中五优 135 区试产量水平达 751.9 千克/亩，居全国北方水稻区试产量之首。2013 年通过审定的五优 17 区试产量比对照品种增产 15.8%，产量夺冠，米质达国家《优质稻谷》标准二级。

北方寒地早熟杂交粳稻组合创新点在于：选育早熟、多蘖、耐寒与矮秆、短叶、直立穗相结合的理想株型和籼粳可利用杂种优势，充分利用不同优势生态群与北方得天独厚的生态条件相结合，提高杂种 F_1 的高光效利用潜力；具体表现为北方早熟杂交粳稻亩穗数达 30 万~40 万穗，日光合产量达 4.56 千克，比籼杂天优华占日产量增加 10.9%。上述结果也充分验证了竺老科学预言的真实性和可行性。2015 年，五优 17 在吉林的百亩试验田表现比当地主栽超级稻品种吉粳 88 高出 10% 以上，并且克服了吉粳 88 易感稻瘟病的缺点，2016 年制种面积 500 亩以上。杂交粳稻的研究在未来几年一定会有巨大的发展，希望种业同仁们多多关注与支持。

如今我已 90 岁高龄，依旧坚持奋斗在育种第一线。50 年如一日，候鸟一般往返于东北和三亚之间，那是因为我始终在孜孜不倦地追求着我的人生梦想："但愿良种满天下，求得农民尽开颜。"

汪若海
南繁往事今难忘

汪若海，1936年生。研究员，棉花专家。1959年开始最早从事我国棉花海南南繁。多年来从事棉花品种改良、棉花生产及中国棉史等方面的研究，对我国前期转基因抗虫棉的培育和应用起了重要作用。

我是中国农业科学院棉花研究所的科技人员，自年轻时第一次出差来到海南之后，便与南繁结下不解之缘。至今退休十年有余，仍然常住海南，关注南繁。可以说是一辈子与棉花相伴，半辈子与南繁相关。我国农作物南繁已经60周年了，此时此刻，我内心心潮澎湃，感慨万千。现将个人南繁生涯的几段难忘经历记述如下，以表庆贺与纪念，抑或有助于事业传承发展。

三千千米远赴南繁，辛劳终得硕果

1959年秋，我带了一名农场工人前往海南岛进行冬季棉花制种。我们从安阳上了火车，在老式蒸汽机车头的慢慢牵引下，经整整三天三夜，机车一声长吼吐了口大气后，终于到达广州。在广州休息了一晚，第二天我们先坐船到江门，再乘长途汽车到湛江，过夜后再乘汽车到位于雷州半岛的海安，渡船过海，抵达海南岛的秀英码头，然后乘汽车到海口市，翌日再乘汽车，傍晚到达东方县（今东方市）的抱板乡，接站同志用一辆老的木轮牛拉车，把我们送到了广东省海南行署东方海岛棉试验站。全程3 000多千米，历经7个日夜，乘坐了火车、汽车、江船、海轮，还有牛车，还得步行。

第二天，还是那辆老的木轮牛拉车将我们拉到广东省海南行署东方海岛棉试验站几里外的一个基地，并从该基地中划出半亩地给我们种棉花。由此，棉花冬季南繁工作正式开始。我们马不停蹄地犁地、浇水、作畦，最后播下了棉种。基地上有间四壁透风的草屋供我们住宿，好在天气较暖，不觉冷凉。那时南繁生活十分简单，管好棉花，吃饭，睡觉，没有收音机，更没有电视。无处可逛，无处可游，连说话聊天的人也不多。山间林中，静寂清闲，长时间的孤单冷清并不好受。然而，最大的难处还是肚子填不饱，定量做、定量吃，没有什么菜，下饭的是咸鱼干、咸萝卜。周围无饭店，就算有钱也买不到吃的。有时，我们拔点野苋菜煮一煮，既当蔬菜，又可充饥，但吃多了就会拉肚子。

好不容易挨到了翌年4月，棉桃纷纷成熟吐絮。3 000千米路程加上半年的艰辛劳作终于有了回报，我国棉花首次南繁基本成功。尽管这次南繁组合选配欠佳，返回时期略晚，但万事开头难，它为日后棉花南繁发展打下了基础，积累了经验。于我个人而言，这是第一次来到海南，见到大海，见到椰子树、香蕉树等种种我没接触过的新事物。南繁让我远离家乡和单位，独立开展工作，获得开眼界、长知识的机会。更重要的是这是一次十分难得的历练，对日后如何接人待物大有裨益。

亚洲独一的野生棉园坐落南繁

20世纪80年代，我投入了大量精力开展野生棉资源的研究。棉花家族中有不少野生棉，尽管它们的纤维很短或者不长纤维，没有直接利用价值，但野生棉有耐旱、抗病、抗虫、结铃性好等优异性状，可以用来改良栽培棉，因此有很好的育种利用价值。然而，野生棉"野性"很强，它们均为热带多年生，在我国除海岛以外地区上难以正常生长、成熟和越冬，于是在海南建立野生棉园成为棉花科研工作中的重要选项。

20世纪70年代，中国农业科学院棉花研究所已在崖州北3千米处的崖县良种场旁初步建立了棉花南繁基地，有了固定的土地和几间住房等设施，建立野生棉园已具备基本条件。80年代初，我带着刚从华中农业大学毕业的王坤波来到南繁基地，向他介绍南繁情况和筹建野生棉园等事。经过向上级汇报请示和考察论证后，不久农业部下文批示建立海南野生棉种植园，三亚市政府发文要求各方给予支持，中国农业科学院下拨专项经费支持。于是经王坤波等人多方努力从国内外搜集野生棉资源，精心种植培育，1986年约3亩地的野生棉园建成并开园运行。尽管它不像森林公园那么宏伟壮观，也没有百花小园那种娇艳芬芳，然而在海南农作物南繁基地中野生农作物园仅此一个，而这小小野生棉园又是亚洲独一、世界第二（另一个在美洲），在棉花科学研究和品种选育上做出贡献，在国内外颇有名气，美国、俄罗斯和乌兹别克斯坦等国学者都来参观考察，给予好评。野生棉园的建成，也大大改善了崖州棉花南繁基地的工作、生活条件，加上后来流转的50亩固定用地、建设的550米^{2}两层楼住房，新打的一口深水井及其配套灌溉设施，棉花南繁工作又上了新台阶。野生棉园等工作取得显著成绩，于2006年获得国家科技进步二等奖，同年王坤波受到了"全国南繁先进个人"的表彰。

抗虫棉扩繁基地获国家大力支持

20世纪90年代初，中国农业科学院棉花研究所使用传统技术与现代科技相结合的方法，首次育成了抗虫棉新品系，对于棉铃虫防治效果很好。时任农业部常务副部长兼中国农业科学院院长的王连铮对此十分重视。1993年冬的一天，王部长在海南开会，抽空专程到崖州的中国农业科学院棉花研究所基地考察抗虫棉。由于扩繁抗虫棉的棉田分散，且较偏远，当时没有汽车，只能乘坐轮式拖拉机，当时我任中国农业科学院棉花研究所的所长，全程陪同考察，王部长和我分别坐在两个后轮的护板上。一路颠簸，左摇右摆，不时出现险情，但最终安全到达目的地。王部长仔细看了抗虫棉，询问了有关情况，感到十分高兴，并做出指示：一是注意保密（当时正处于初试阶段）；二是加速扩繁，尽早投入生产；三是部里和院里一定大力支持。不久之后，农业部和财政部联合下拨抗虫棉扩繁专款，中国农业科学院发文立专项支持。到了晌午时分，我提议在崖州镇上找一家餐馆吃饭，王部长问："基地上有没有做饭的？"得到肯定答复之后，王部长便跟我们回基地用餐。饭前，我提出炒几个小菜，喝点啤酒。王部长执意不许，定要与基地上的南繁人员同吃大锅饭。王部长边吃边与大家交流，说家常也谈工作。中国农业科学院棉花研究所育成的抗虫棉在崖州得到高速扩繁，很快在棉花生产和科研上发挥了十分良好的作用，得到很好的推广使用。抗虫棉的培育、扩繁、推广离不开上级领导的大力支持，海南南繁基地也发挥了重要作用。

南繁育种贡献大

我国棉花南繁始于1959年，50多年来育成了许多新品种，对促进我国棉花生产发展发挥了十分重要的作用。据统计，仅1985—2010年，全国棉花育种单位经过南繁育成的棉花品种共有280个，其中年推广面积在5万亩以上的有191个。颇感欣慰的是，其中有几个品种是我在南繁过程中育成的。这191个品种在全国广大棉区种植面积达7.75亿亩，占全国同年推广面积5万亩以上的品种总种植面积的57%，每年为社会增加经济效益44.1亿元（以上由中国农业科学院农业经济与发展研究所测算）。如果加上1985年以前和2010年以后经南繁育成的品种及其所产生的经济效益当更大于此数。棉花南繁为我国棉花新品种选育、棉花种业和棉花生产发展做出了重大贡献。由此可见，中国农业科学院棉花研究所荔枝沟基地耸立"中国棉花源"的巨石，不仅显示海南作为中国古代最早植棉地，棉花由这里传向其他省份，而且表明现在海南南繁的棉花良种播向全国各地，对当今全国棉产仍然发挥积极作用。

更值得关注的是，通过南繁既培育了良种又培养了人才。南繁人员在工作中不断实践、研究、探索、创新，实实在在地提高了知识、技术与科学水平。许多硕士、博士研究生，其中包括我的几名学生，就是在南繁中完成了学业。更有经过南繁在科学技术上有所创造、创新，取得重大成就而成为著名专家学者。例如中国农业科学院棉花研究所科技人员喻树迅，他育成多个棉花品种都经过南繁程序，且在多年南繁实践中得到历练提高，学术上得到了升华，2011年被评选为中国工程院院士，成为当前我国唯一的棉花专业的院士。

南繁故人最难忘

南繁成绩大，南繁故事多，南繁故人最难忘。

李振河是中国农业科学院棉花研究所农场工人，1959年，他与我一起来海南培育棉花。他从未出过远门，这次离家数千里，乘车、坐船都会头晕，大米吃不惯，还吃不饱，可以说困难重重，但他从不叫苦，辛勤劳作，几乎包揽了地里的农活，我国首次棉花南繁任务能够取得成功，他功不可没。

唐高远，新疆八一农学院（现新疆农业大学）教授，20世纪70年代只身来崖州开展棉花南繁工作。时年已古稀，背略驼，为人谦和，笑口常开。每年都来得最早，有人问："为什么那么积极？"他会说一通棉花南繁的大道理。大家逗着说："唐教授真是站得高，看得远"，引来一阵大笑。过了约十年，他故世了。他的身影仿佛还在海南，在人们的脑海中。

于绍杰是广东省农业科学院研究员，棉界老前辈。20世纪80年代退休后，只身受聘来到中棉所崖州基地当义务顾问（不取任何报酬），指导棉花南繁，协助筹建野生棉园，还抓紧时间撰写了《华南的棉花》《中国植棉史考证》两本书稿。1989年，获中国棉花学会授予"老有所为金牛奖"。他的敬业奉献精神着实可敬可佩。

阿梅是一名黎族姑娘，家在崖州基地边上的高地村，读完初中就辍学了。我们南繁棉花做杂交，请她来帮工。她心灵手巧，杂交技术一教就会，父母本配制一点就通。她干活效率高，不出错，让人十分放心。她爱打扮，爱干净，脾气也好。干了几年后，她又复学了。她是一位好姑娘，给我们留下了深刻印象。

还有一则是听说的真人实事。2003年11月17日，三亚遭到强台风袭击，南繁作物普遍受损严重。在师部农场开展棉花南繁的新疆生产建设兵团技术员潘某，时年50多岁，身体尚可，眼看已经现蕾的棉苗被台风袭击，将毁于一旦，他心头着急，引发脑溢血，送医院抢救无效而去世。他献身南繁事业，着实令人敬佩。

人民创造历史，英雄造就时势。南繁的光辉历程和辉煌业绩正是成千上万的人民或英雄所创造的。现在我们要表彰为南繁做出重大贡献的知名人士，也要铭记为南繁做出无私奉献的无名英雄。

棉花南繁基地展新貌

　　随着南繁事业的发展，我见证、参与了中国农业科学院棉花研究所南繁基地建设不断取得新进展，展现新面貌。2006年，中国农业科学院棉花研究所南繁基地被评为全国南繁工作先进单位。进入21世纪以来，在原有崖州基地基础上又先后建成了荔枝沟基地和大茅基地。3个基地共拥有南繁农田630亩，且均可实行机器耕作和自动化灌溉。在大茅建立屏障式大温室6栋，共9 000米^2，做到了温、光、湿调控，室内可以一年四季种植，周年利用。在荔枝沟建成5 000米^{2}的实验楼，可开展有关遗传、生理、生化、分子生物学等方面的试验。此外，在荔枝沟还建有多功能会议室和多媒体学术报告厅，用以进行学术交流活动。还有"棉花宾馆"，服务于南繁人员。这里电话、电视、电脑网络系统配置齐全，以供通信联络；小型、中型汽车多辆，以方便交通。生活设施大有改善，三个基地都有食堂，确保南繁人员吃饱、吃好，讲究营养与健康。住房做到了宽敞、卫生、安全。再者，环境净化、绿化、美化，尤其大茅基地四周环山，绿树成荫，四季鸟语花香，处处清静幽雅。

　　由于条件设施和环境的改善，南繁功能已从单纯加代繁种扩增转为杂交育种、种子纯度鉴定、品种抗性鉴定、野生种质活体保存、外源基因导入等等；南繁方式已从单纯田间种植转变为田间种植与室内试验相结合的更高水平的科研工作；南繁季节开始从单一冬季种植转变为一年四季连种连收的多代繁育，进一步提高了南繁效率。更重要的是，中国农业科学院棉花研究所南繁基地从原先一家单干转向为大家服务，充分发挥"共建、共享、共用"之职能，为全国的棉花及其他作物南繁做好各项服务。棉花南繁工作已得到大幅提升，正在走向现代化、综合化、社会化。

　　回想当年棉花首次南繁，只是借了半亩坡地，住了一间透风草房，食不果腹，野菜充饥。今昔对比，反差巨大，令人惊叹，更催人奋进。

吴景锋
南繁为玉米品种换代提效增速

吴景锋，1936年11月生于吉林省榆树县。研究员，享受国务院政府特殊津贴。率先分析并绘制了第一张玉米自交系系谱图，最早提出了中国杂交玉米的四大类群核心种质。

我国生产上应用玉米双交种不仅远远落后于美国，而且比欧洲国家也晚多年。开始时自交系也主要是引自国外，由于适应性较差，推广速度迟缓，面积有限。我的南繁育种工作，就是在这样近乎空白的基础上起步的。

《人民日报》宣传白单4号引轰动

"文化大革命"时期，关系到粮食安全的作物育种工作并没有停下来。1966年3月，为了使粮食增产，农业部种子局委托北京农业大学和中国农业科学院作物所，在北京分别举办了玉米双交种短期培训班；中国农业科学院在北京召开了第三次全国作物育种工作会议。1967年9月，农业部拨款建设了三亚南红农场（隶属广东省海南行政区，由通什自治州科委代管），为科研单位的作物育种加代和繁种工作，创造了基本条件。

1968年，军代表进驻农业部，成立了生产组，撤销了种子局。工军宣队进驻中国农业科学院，成立了院指挥部和科技生产组；各研究所、室改为连队编制。中华人民共和国成立20年大庆之前，为了彰显抓革命促生产、促科研的成果，军代表要求将作物所育成的白单四号玉米品种写一篇报道。1969年10月13日，《人民日报》刊发了

《中国农业科学院选育出白单四号玉米优良品种》。"文化大革命"处于高潮时期，许多科技读物都停刊了，玉米双交种在生产上尚未得到广泛应用。《人民日报》上出现了对玉米单交种成果的宣传，确实有点震动！

20世纪70年代迎来南繁高潮

1970年春，我被指定为预备下放安阳市与棉花所合并的作物先遣队杂粮组组长，在河南省安阳市白璧公社，搞一季玉米育种，10月到三亚南繁。因为南红农场有发电机，晚间有电灯、有食堂、有人协调用地和安排工人等，所以1970年冬来南红农场南繁的有十几个单位：中国农业科学院作物所、原子能利用研究所，及广东省水稻育种、陕西省高粱育种、辽宁省玉米育种等团队，其中袁隆平先生也带着两名助手在做杂交稻育种。我们作物所研究水稻、高粱、谷子和玉米4种作物，12名南繁人员同住在一间大茅草棚里。陈国平、孙伯陶和我的南繁任务是：繁殖白单四号的亲本——塘四平头和埃及205，以供全国各地索种；试配白单14（小八趟912×埃及205）和黄白1号（塘四平头×C103），供北京郊区冬麦田套种用种试种；还负责新选系的加代和测配等。

我当时和原子能利用研究所张纯慎较熟悉，他们一行6人住一间小茅草棚，主要是做原杂号高粱的亲本繁殖和新的原杂号高粱的选育。当时许多人不理解为什么原子能利用研究所要去选育杂交高粱品种？其实原因是徐冠仁先生（中国科学院生物学部委员）从国外回来在该所工作，当时我国还没有高粱不育系，他带回的3197A和3197B，在所内利用的同时，提供全国研究利用。无论晋杂号还是遗杂号或其他什么号，不育源都是由原子能利用研究所发放的。

1996年，海南省农业科学院赫忠友和助手谭树仪到南滨农场参观吴景锋研究员的南繁育种田

1970年冬，来南繁的作物育种单位较多，上海市农业科学院等在7001师部农场（现警备师农场），吉林省农业科学院等在南滨农场，崖城的各生产队均有南繁人员。其中最为突出的是，以陈锡联为主任的辽宁省革命委员会，为了尽早跨上《农业发展纲要》，实现全省亩产200千克的目标，决定用大力发展杂交玉米和杂交高粱来实现增产任务。他们从全国调购适宜的"两杂"亲本种子，来海南扩繁和直接制种。除省内相应科技人员外，还有农民和解放军参加。中国农业科学院原子能利用研究所的

陈万金、作物所的曹振北，被借调来海南分别担任杂交高粱和杂交玉米的制种技术指导。辽宁省在海南南繁的用地面积和人数规模，声势极大，是其他各省不可比拟的。在辽宁省的影响下，北方以旱粮为主的省份也都加强了南繁力度，1970年冬是全国农作物南繁的高潮。

首次全国"两杂"育种座谈会取得成功

1971年2月初，在欣欣向荣的南繁形势感召下，农业部委托中国农业科学院和广东省农业科学院，在三亚鹿回头国家招待所，召开第一次全国两杂（杂交玉米和杂交高粱）育种座谈会。军代表何永元，中国农业科学院科技生产组组长任志和广东省农业科学院负责人吴东江，主持了这次座谈会，广东省是会议东道主，承担了全部会务工作。南繁单位代表、其他省份代表、住宿自理列席代表等130余人出席了会议，中国农业科学院作物所曹维政、沈菊英、刘新芝，原子能所丁寿康等3人，专程来三亚参会；张纯慎和我被指定到会。任志交给我的任务是参加玉米会场讨论，并做好记录，准备写这次座谈会纪要。

座谈会的氛围非常热烈，发言的声音一直没有间断。各省的参会代表，都围绕"结合本单位育种工作实际，谈谈今后我国玉米育种和生产用种的方向任务"的主题，介绍本单位玉米育种的南繁进展。从会议上的情况来看，各地单位在海南岛做自交系加代、繁育和制种都获得了成功，代表们肯定了南繁加速育种进程，提高育种效率的作用，希望国家给予支持。

在会议过程中，有一个问题引发了会议代表的热议。20世纪中期，我国由罗马尼亚引入的双交种，在1966年发生大斑病严重减产，因而开始有"声讨引入双交种"的言论，主持人立刻引导先行育成单交种的单位发言。几个单位陆续谈了选育玉米单交种的过程和推广的成效。他们介绍，在选育双交种过程中，能够清楚地观察到单交种比双交种生长的还整齐，杂种优势更强，产量更高。他们认为，美国等先推广双交种的国家，不推广单交种的根本原因，在于单交种的种子结在母本自交系上，多数产量很低。如果用单交种做生产玉米的种子，成本高，销售种子价格也高。国外种子公司是以追求最高利润为目的，在玉米单交种种子本身达不到可以获得相当

1996年冬，吴景锋研究员给四平农科院青年南繁科技人员讲玉米育种课

利润水平时，他们绝不肯推广。

考虑到当时我国尚未建立种子公司，多数县也没有像样的良种场。在讨论中提到玉米配制杂交种时，认为自交系间杂交种，在农村人民公社体制"三级所有队为基础"的条件下，制单交种比双交种少用两块隔离区，便于安排。黑龙江省一位代表发言认为："黑龙江省还没有一个单交种用于生产，要向兄弟省和单位学习。科研单位要马上搜集选系新材料，为选单交种打基础。不过现在有一个现实问题，刚育成的双交种还在制种推广，目前还不要'一刀切'，以免影响生产。"

山东省有代表表示："我们还有三交种在生产上应用。"在讨论怎么解决单交种制种产量低的问题时，河南代表介绍："新单1号的母本矮金525，制好了可收400～500斤。"山西和辽宁的代表则介绍："白单1号和白单4号的母本塘四平头可收500～600斤。"当时玉米亩产400千克算是高产了，有人甚至提出是否可以再加大点密度，直接种植这个自交系。

经过3天多座谈交流，充分讨论，与会代表基本上形成了一致意见：一是今后我国玉米杂交种选育和应用，以单交种为主，双交、三交、顶交种及综合杂交种，因地制宜，合理搭配种植，充分发挥玉米杂交优势的增产作用。二是在自交系选育方面，强调了要用优良杂交种分离二环系，以达到稳定快、一般配合力高和自身产量高，便于用作单交种亲本的目的。三是为了提高单交种制种产量和自交系繁殖系数，要注意选育株型紧凑、叶片上冲、双穗率高、适于密植、配合力高的自交系（类似和优于塘四平头的自交系）。四是选育适宜的小粒系作母本，以提高繁殖系数和减少用种量。五是对自交系的选育和素材选择，提出3点要求：第一，加强对株型和其他农艺性状的改良；第二，早期进行配合力的测定；第三，重视和解决玉米病虫害的发展问题。

早在1963年，河南省新乡市农业科学研究所育成了我国玉米自交系间第一个用于生产的单交种；紧接着中国农业科学院作物所将育成的优良自交系塘四平头作母本，组配出系列白单号杂交种，1964年开始在京郊、山西省和辽宁省进行扩大示范和推广，生产上取得了良好的增产效果，以白单4号尤为突出。我国玉米单交种的起步，已经走在了美欧一些国家的前面，并未借鉴什么外国"模式"，完全是自力更生发展起来的。

1978年全国科学大会获奖的玉米杂交种，累计种植面积超过66.7万公顷者，依次为丹玉6号（旅28/自330）、郑单2号（塘四平头/获白）、白单4号（塘四平头/埃及205）、中单2号（Mo17/自330）、新单1号（矮金525/混517）、双跃3号、吉双83；累计面积超过33.3万公顷以上的有豫农704、吉单101、陕单1号、恩单2号、黑玉46和鲁三9号。据农业部种子总站的统计，1980年我国玉米单交种已占种植面积百万亩以上玉米杂交种的92.5%。我在1991年第一期《作物杂志》上，写了一篇《我国玉米单交种二十年的发展》。中国农业科学院党组成员，任志副院长，看到文章后给我打电话说："鹿回头的会没有白开呀！在明确玉米杂交种的选育方向上和单交种推广进度上，还是起了作用的，深感欣慰呀！"

南繁，为玉米单交种更新提速

由中国种子协会编著，中国农业出版社2007年12月出版的《中国农作物种业》（1949—2005），第四章品种改良与推广中第五节玉米，由我执笔撰稿归纳汇总了我国20世纪中期第一代单交种投入生产以来，6次更新换代的主要过程。促成这6次快速更新，除了优良玉米核心种质选系和发掘利用外，南繁发挥了重要作用，是我国重要的加速作物育种主要途径。迄今这6次玉米单交种更新，无论是获国家奖励的领军品种，还是通过国家或省市级审定用于生产的玉米品种，其选育过程中都具有我国独特的加速育种环节——南繁。

塘四平头是我国最优秀的玉米杂种亲本来源之一。从我国第一代自交系间单交种开始至今，祖孙三代的选系都发挥了重要作用。塘四平头自交系的扩增繁殖是20世纪60年代末70年代初在南繁中进行的，它的变异株早四杂，是在其南繁田中发现的，将早四杂高代的黄白粒分开进行黄早四和白早四选育和进行配合力测定都是在南繁田间完成的。黄早四稳定后提供全国玉米育种应用，不仅成就了适于不同熟期的紧凑型、耐密型、竖叶和普通型，各类名称的40多个单交种迅速推广，至获国家科技进步奖时，累计种植面积已达7亿多亩，而且国家将其标准果穗封存在北京世纪坛，永志为念。作为它的子代自交系昌7-2，是河南省安阳地区农科所选育的塘四平头种质第三代系最为优秀者。业内人士明白，玉米单交种，父母本缺一不可！外行记者只宣传郑单958，却不知道它的妈妈是郑58，爸爸是昌7-2，才生出这个好孩子。

在1965年到20世纪末的35年中，是我国自育玉米单交种选育和推广速度令人欢畅的时期，平均每7年更新换代一次。进入21世纪以来，年种植面积最大，获国家科技进步一等奖的郑单958，已居领军头名14年了，其优点有目共睹。虽然现在郑单958的缺点开始显露，但这无可厚非，因为这是每个品种的自然规律。

在纪念我国农作物育种南繁60年之际，寄希望于中青年玉米育种家和民族种业，发扬艰苦奋斗，刻苦钻研，为国增粮，为民增收，忘我工作的南繁敬业精神，构建新种质创育优良系，使我国玉米单交种早日进入第七次更新换代！为国家农业发展努力拼搏，贡献正能量！

王连铮
大豆南繁25载，
育成品种推广超亿亩

王连铮，1930年生于辽宁省海城县。大豆遗传育种专家，长期从事大豆遗传育种研究。主持选育大豆品种34个，包括国审品种10个，累计推广面积1.5亿亩。曾获全国科学大会奖1项、国家发明二等奖2项、省部级科技进步奖8项，2012年获国家科技进步一等奖等。

我从小以"非学无以广才，非志无以成学"为座右铭，努力学习文化，立志报效国家。1963年从苏联回国后，到黑龙江省农业科学院大豆研究所和育种研究所，主要从事大豆遗传育种和栽培生理研究。为了提高大豆亩产，我从矿质营养入手，对不同土壤如何提高肥力，进而提高大豆产量问题进行了专题研究，提出了低产土壤施氮肥效果优于施磷钾肥，高肥力土壤施磷钾肥优于施氮肥的论点。

大豆科研50载，成果惠及万千农民

1970年2月，我回到黑龙江省农业科学院作物育种所工作，接手王彬如同志的大豆育种材料，将其放在不同肥力条件下进行鉴定，培育出黑农26大豆品种，含油量达21.6%，累计推广3 000多万亩，1984年获国家发明二等奖。1970—1978年，我与王彬如、胡立成共同主持育成大豆品种12个，其中黑农35获黑龙江省科技进步二等奖，黑农16获全国科学大会奖，还育成黑农10、黑农11、黑农34等大豆品种，累计推广7 500多万亩，增产7亿多千克。

1987年12月，我调任中国农业科学院院长，组织大豆联合攻关。1995年从行政岗位退下后全身心投入大豆科研生产中，共主持育成大豆新品种22个，累计推广1亿多亩，取得了突出成绩。我选育的中黄13大豆品种，通过了国家及9个省市审定。适宜区域在北纬29°~42°，跨3个生态区13个纬度，是迄今为止我国纬度跨度最大，适应地区最广的大豆品种。该品种光周期钝感，蓝光受体基因（*GmCRY1a*）研究揭示了适应性广的分子机理；该品种在黄淮区域创亩产312.4千克高产，安徽区试亩产202.73千克，增产16.0%，全部区试点增产，列首位；蛋白质含量45.8%，百粒重23~26克。连续8年被农业部列为全国主推品种，连续9年居全国大豆品种年种植面积首位，累计推广近1亿亩，2010年获北京科技进步一等奖，2012年获国家科技进步一等奖。

南繁25载，加速大豆新品种选育推广

自1993年以来，为了加快大豆新品种的选育进程，我在海南省三亚市崖城中国农业科学院棉花研究所南繁基地开始大豆品种海南育种和繁种工作。到目前为止，已累计在海南繁育大豆25代，特殊年份繁殖两代，对加快大豆新品种的选育推广起着至关重要的作用。目前，选育的几个重要大豆国审品种，如中黄13、中黄19、中黄22、中黄35和中黄36等品种均得益于南繁选育工作。

王连铮研究员赴海南三亚调查大豆南繁情况

我每年均对大豆育种过程中的各世代的优良组合在海南基地进行加代工作。每年有几十个组合，数百个大豆单株。经过观察，在海南岛三亚崖城条件下，F_2 ~ F_3进行成熟期和株高的选择是可行的。如能将南繁围场的肥力水平提高结合灌溉施肥等措施，使大豆株高达到40~50厘米以上，对高世代大豆进行产量的选择也是有一定效果的。

除了育种阶段对大豆品种进行加代选拔外，我还对大豆品种的原原种进行海南繁种，并总结出大豆南繁需要注意的关键问题：首先选择土壤肥沃平坦有灌水条件的地块种植大豆，才能保证大豆繁种。因为冬季时海南是旱季，降水量较少，如无灌溉条件，很难获得好的产量，有些年份甚至绝产。其次，试验地周围需要利用塑料围起来，以防鼠害。第三，生育期间的开始30天是关键期，因为在北京地区选育的大豆品种在海南的全生育期仅为90天左右，如果前期株高达不到30厘米以上，整个生育期大豆表现不太正常，不易选择，同时产量也会很低。

经过不断的田间实践，我总结出，大豆生育期前期一般每周要追肥灌水一次，追肥灌水后待土壤表面稍干燥些后要及时松土。另外，生育后期也要加强田间管理工作，保证大豆正常成熟。特别是在生育期要及时防治病虫草害，特别是生育后期，常发生为害豆荚的害虫。如在同一地块进行第二期南繁，害虫将更加严重，需特别注意防治。

陈伟程
我国作物异地培育的创始与发展
——纪念南育南繁60周年

陈伟程，1934年10月生，籍贯广东省佛山市。玉米育种专家，早年作为我国玉米育种奠基人之一吴绍骙的科研助手，协助进行玉米自交系异地培育研究，开创了作物快速育种的新途径。主持育成豫玉22、豫农704、奥玉3202、伟科702等30余个玉米优良杂交种。

利用我国疆土广袤，南北气候差别悬殊，南方秋冬季节温光条件优越，适于农作物生长的有利条件，将原来只在北方就地进行新品种选育的材料，收获后及时拿到南方，进行异地加代选育或扩繁，以缩短育种年限，加速育种进程，加快品种的推广与更新。这一具有创新和实用意义的举措，由著名玉米育种学家吴绍骙教授于60年前首先在玉米自交系和杂交种选育中倡导采用，并在短时间内推广到水稻、棉花、高粱等数十种作物，对我国农作物育种事业的迅猛发展，农作物产量的大幅度提高，起到了十分重要的作用。

由吴绍骙教授主持，豫、桂科研人员合作完成的"异地培育的研究及其在育种和种子生产中的应用"项目，荣获1990年河南省科技进步一等奖，并于1993年被国家科委授予科技成果完成者证书。

倡导玉米异地培育的历史背景

1949年冬，中华人民共和国刚刚成立两个多月，吴绍骙作为河南大学农学院教授，以特邀代表的身份赴京参加全国农业工作会议，并在会议上作了"利用杂种优势增进玉米产量"的专题发言，对我国近期和长远的玉米杂种优势利用发展策略，提出了许多创见。1950年1月7日，《人民日报》全文刊登了吴绍骙的发言。针对当时我国玉米育种科研基础薄弱，玉米生产水平低的现状，他提出，我国玉米杂种优势利用应以发展品种间杂交种为先导，同时指出，玉米杂交优势利用最彻底而基本的办法是选育自交系间杂交种，这是今后玉米育种的主要方向。紧接着，农业部又召开玉米专业会议，研究制订全国玉米改良计划。吴绍骙、李竞雄、张连桂、刘泰、陈启文、唐鹤林等知名玉米育种学家共同草拟了全国第一个玉米改良计划。

为了落实玉米改良计划，尽快选育出优良的自交系间杂交种，1951年，吴绍骙与他在广西柳州沙塘试验站工作的学生程剑萍商定，双方合作开展玉米杂交种选育研究，将在广西利用引自美国的15个自交系配制的一批单交组合，分别在河南省洛阳、开封、南阳和广西沙塘、宜山、田阳等地进行多点产比试验。在洛阳夏播的91个单交组合，平均亩产达到678.25斤，其中有4个组合亩产927.45～1 035.7斤，比当地种植的农家种成倍增产，

吴绍骙教授（右）与科研助手陈伟程（左）在育种圃进行套袋授粉（1957年）

有望在生产上推广利用。最高产量的4个组合及其产量为：①Ill.Hy×C.I.3（1 035.7斤）；②Moc×Ill.Hy（954.25斤）；③Moc×Kan（935.85斤）；④C.I.3A×Ind.P8（927.45斤）。

正当育种者有望获得科研丰收的时刻，1952年，我国开展了对孟德尔摩尔根遗传学说的批判。这一学说被错误地扣上唯心的、反动的、资产阶级的帽子。以此学说为理论基础的玉米自交系选育工作被指责为毫无利用价值。当时，在国内举办的米丘林遗传学讲习班上，担任主讲的苏联专家伊万诺夫对我国育种工作者正在进行的玉米自交系选育横加指责，称之为"徒劳无益的工作"。吴绍骙卓有成效的自交系间杂交种选育工作被迫中断，我国大多数玉米育种单位也同遭厄运。但值得庆幸的是，通过河南与广西这段短暂的科研合作，至少在以下几方面有所收获：第一，河南农学院与洛阳农科所合作，利用在广西配制、在河南进行多点产比试验的91个单交种的越代种，育成了我国第一个在生产上大面积推广的综合品种洛阳混选一号。第二，河南省新乡市农科所以混选一号作为选育自交系的基础材料，育成了优良自交系混517，用以组配出著名单交种新单一号；山西省以之选出优良自交系太183、太184；陕西省育成武102等。第三，在异地培育玉米自交系研究中，供试的208个自交果穗，有90个选

自混选一号，为此项研究提供了很好的试材。第四，河南与广西开展的杂交种产比试验合作，为日后两地再次携手联合进行异地培育自交系的研究，进行了铺垫和预演。

1956年4月，党中央提出"百家争鸣"的方针。稍为宽松的政治和学术环境使玉米自交系选育工作得以重新恢复。吴绍骙的育种科研工作也因之受到人们重视，有关领导为他创造工作条件，以及配备专职科研助手。我此时从河南农学院毕业，被分配担任此职。我做的第一件工作就是打开仓库，取出被封存多年的几大箱玉米自交系种子，进行种植和发芽试验。可惜的是，由于当时缺乏低温和干燥的储存条件，这些种子已完全丧失了发芽力。在广西柳州沙塘试验站以及我国大多数玉米育种单位保存的自交系，也基本丧失殆尽，损失惨重。无可奈何，一切只得从头做起。

南北穿梭育种新路开启

为了夺回失去的时间，必须创新育种思路，打破常规，缩短育种年限，加速杂交种的选育。吴绍骙教授根据1951年与广西合作进行杂交种测配所取得的良好效果与经验，考虑通过异地培育的方法，将北方的玉米育种材料送到冬季气候温暖的南方，利用我国南方这个得天独厚的"天然大温室"，进行自交系加代选育，借以缩短育种周期。

1956年夏，吴绍骙利用陪同来华考察农业的苏联玉米专家肖洛科娃和茹科夫进行考察和座谈的机会，向他们提出："中国南方（如广西、海南岛地区）一年可种两代玉米，为了缩短选育时间，是否可以把自交系材料在南方繁殖后拿回北方利用？"苏联专家认为："如果把北方自交系拿到南方去繁殖培育几代，然后再拿回来利用，可能会变得不适于原来北方的环境条件了。苏联在每个地区都进行当地自交系和杂交种的培育工作，为了加速繁殖可利用温室栽培。""最好是经过试验，再确定是否可以采用这样的方法来缩短育种年限。"

我国当时在学术上盛行着环境决定遗传的外因论错误学说，而进行异地培育研究，利用南方的生态条件选育自交系以缩短育种年限的做法，与此学说是相悖的，因此在进行中难免会遇到阻力。此外，把在北方种植的育种材料拿到南方进行自交系选育，尚缺乏成熟的经验。为了排除外界干扰，并解决育种过程可能存在的种种问题，必须进行有针对性的研究工作。为此，1956年，吴绍骙亲自为开展此项研究收集试验材料，在河南农学院试验农场进行基本株的选择和自交授粉工作，并与广西柳州沙塘农业试验站的程剑萍共同拟定了整个研究计划和试验方案。1957年，由河南农学院、广西柳州市沙塘农业试验站和河南省农业科学院三个单位合作，开展了以"异地培育对玉米自交系的影响及在生产上利用可能性的研究"为题的工作。以吴绍骙选自河南的20个品种及杂交种自交产生的208个So果穗作为供试材料，将同一自交穗的种子，分成两份，分别种在郑州和柳州，继续进行自交和选择，并就同一材料在两地的生育期、抽雄期、株高、雄穗长度、雄穗上小分枝数目及穗位高度等6个性状，进行比较和分析。试验的主要目的在于解答以下三个问题：第一，北方玉米材料在南方能否正常生长，培育成为自交系；第二，以北方材料在南方培育成功的自交系，将来回种到北方之后，能否如在北方就地培育的自交系一样可以正常生长；第三，自交系的配合力是否因在南方培育将来回到北方后而有所改变。

围绕上述三个问题进行的系列研究，以翔实的试验数据证明：第一，来自北方的玉米自交系育种材料在南方秋冬季节条件下能正常生长，育成自交系。第二，在南北两地不同的培育条件下，马齿、硬粒和中间型自交系对环境条件的反应有所差别，即马齿型在南北两地性状差异的幅度小于硬粒型，中间型居于这两类型之间。导致南北两地性状差异的主导气象因素是南北日照长短的差别。第三，源自同一基本株的自交果穗种子，分别在南北两地自交后，同时种在郑州加以比较，它们的形态特征并未发生明显差别，在南方选育的材料回种北方后，没有发生不适于生长的情况。第四，不同基本株产生的自交系在配合力上存在差别，但同一基本株分别在两地选出的自交系，其配合力不因异地培育条件差异的影响而发生明显的变化。在供试的自交系材料中，一些自交系已显示出良好的配合力，并用其已组配出优良的杂交种。

李竞雄院士、戴景瑞院士与陈伟程教授等专家合影

根据系列研究结果发表的论文和报告，在理论上和实践上肯定了利用我国南方冬季光温条件优越的有利条件，开展南北两地穿梭育种，加速自交系和杂交种的选育进程，扩大种子繁殖速度，是多快好省值得推广的好方法，从而为异地培育的顺利开展铺平了道路。1962年4月14日，《光明日报》在头版显著位置以《研究玉米育种简易快速方法——玉米专家吴绍骙在"综合品种"、"异地培育"等方面作出贡献》为题，对吴绍骙的科研成果进行了报道。此外，高等农业院校作物育种学教材及玉米育种学重要专著，对河南与广西合作进行玉米自交系异地培育，加速选育进程的做法，进行了详尽的介绍和评述。

北种南育南繁的快速发展与成就

吴绍骙倡导的异地培育方法迅速引起广大育种工作者的注意。继河南农学院（现河南农业大学）之后，从1958年开始，各主要玉米育种单位陆续开展南育南繁研究（表1）。

表1　主要育种单位开始进行玉米南育南繁的时间

玉米育种单位	开始时间	玉米育种单位	开始时间
河南农业大学	1956年	中国农业大学	1963年
沈阳农业大学	1958年	陕西省农业科学院	1965年
丹东市农业科学院	1959年	吉林省农业科学院	1965年
山东省农业科学院	1959年	四平农科所	1966年
新疆维吾尔自治区农业科学院	1960年	北京市农林科学院	1970年
四川省农业科学院	1960年	华中农业大学	1971年
河南省新乡市农业科学研究所	1962年	四川农业大学	1972年
中国农业科学院	1963年		

注：本表所列各单位开始南繁时间，经过所属单位书面确认。

虽然吴绍骙在1956年与苏联玉米专家的座谈中提到了利用海南岛，但由于20世纪50年代初叶，海南岛处于国防前哨，当地也缺少能与之进行育种合作的科研单位，加之交通不便等原因，各单位开始进行南育南繁的地点主要选在广东广州、惠来县、湛江地区，云南元江，广西南宁等地。1960年之后，由于各方面条件得到改善，才陆续向海南岛的三亚市、乐东县、陵水县等地集中。

河南省玉米育种工作者是利用吴绍骙倡导的"异地培育"最早、最大的受益者。他们通过持续地进行南北穿梭育种，取得了丰硕成果，为促进我国玉米产量的提高做出了重大贡献。最突出的成果有：第一，20世纪60年代，河南省新乡市农业科学研究所于1962年冬在云南省元江县繁殖双交种新双一号亲本，1963年育成单交种新单一号，其亲本自交系于当年和1964年冬季在广东省惠来县进行繁殖。1965年在河南省人民政府资助和广东省人民政府的支持下，在广东深圳、广州、湛江、海康、徐闻至海南三亚、乐东、陵水等地，繁殖这两个杂交种及其亲本自交系数万亩。新单一号迅速成为我国第一大玉米推广种，标志着我国玉米杂种优势利用方式迅速从双交种转变为单交种，从而大大简化了杂交种的种子生产程序，对加速我国玉米杂交种的普及推广起到十分重要的作用。新双一号、新单一号、自交系矮金525均获全国科学大会奖。第二，20世纪70年代，河南省农业科学院和河南农业大学分别育成郑单2号、豫农704等优良单交种，获1978年全国科学大会奖。豫农704亲本自交系早期的扩繁主要是在云南省的元江地区。第三，20世纪90年代，河南农业大学、河南省农业科学院分别育成豫玉22、郑单14等优良玉米单交种。在2001—2003年，豫玉22连续三年被列为全国第二大、黄淮海区第一大玉米推广种，并于2003年、2004年分别获得河南省科技进步一等奖、国家科技进步二等奖。第四，21世纪初，河南省农业科学院育成的郑单958，年推广面积达到6 000万亩以上，是迄今为止我国推广面积最大的玉米杂交种，荣获河南省科技进步一等奖、国家科技进步一等奖。第五，21世纪前10年，河南省浚县农业科学研究所育成浚单20，荣获河南省科技进步一等奖、国家科技进步一等奖。

20世纪50年代末至60年代初，我国生产上推广的双交种农大号、春杂号等，主要是利用国外引进的自交系配成。"异地培育"的普及开展，大大加速了我国玉米自交系杂交种的选育与推广。到70年代，在生产上推广面积较大的44个杂交种的亲本自交系中，我国自选系已占到76.4%，外引系只占23.6%，而且推广面积最大的几个杂交种，如新单1号、郑单2号、豫农704、丹玉6号、白单4号等，主要是利用自选系育成，而且无例外是通过异地培育方法加速育成的。

玉米异地培育开启的北种南育南繁，对其他作物的育种产生了重要影响，短时间内迅速扩张到高粱、水稻、红薯、大豆、春小麦、棉花、向日葵、瓜果、蔬菜类等数十种作物，形成"星火燎原"之势。进行南北异地穿梭育种，已成为我国农作物常规的育种过程。20世纪60年代末，全国在海南省进行南繁南育的面积不足万亩，进入70年代，超过10万亩，1977—1978年达到最高峰23万亩（表2），如此大规模的南繁南育，可以说是举世无双，绝无仅有。

表2 1965—1989年全国各省（自治区、直辖市）在海南的南繁面积

年　　度	面积（亩）	年　　度	面积（亩）
1965年冬至1966年春	202	1977年冬至1978年春	236 432
1966年冬至1967年春	2 563	1978年冬至1979年春	199 381
1967年冬至1968年春	917	1979年冬至1980年春	63 879.8
1968年冬至1969年春	5 182	1980年冬至1981年春	42 184
1969年冬至1970年春	27 450	1981年冬至1982年春	109 479
1970年冬至1971年春	75 012	1982年冬至1983年春	95 127
1971年冬至1972年春	111 700	1983年冬至1984年春	60 084
1972年冬至1973年春	138 697	1984年冬至1985年春	25 000
1973年冬至1974年春	59 260	1985年冬至1986年春	26 000
1974年冬至1975年春	21 632.3	1986年冬至1987年春	63 000
1975年冬至1976年春	15 209.2	1987年冬至1988年春	55 891.5
1976年冬至1977年春	94 177	1988年冬至1989年春	12 000

资料来源：中国种子公司海南分公司，河南农大抄录。

权威育种学家及农业部领导的评价

著名玉米育种学家李竞雄院士1988年在"异地培育的研究及其在作物育种和种子生产中的应用"项目成果鉴定书上亲笔写道："当国内外都习惯于一地一物从事作物育种的静态研究时，吴绍骙教授很早就提出了自己的设想，旨在利用南方冬季优越的温光条件，开展北材南育南繁的研究。最后证明对选育玉米自交系是完全可行的。"

"三十多年前，吴绍骙教授首先倡导异地培育研究，证实了中纬度温带的玉米材料在低纬度亚热带地区条件下能正常生长，育成自交系，它们的形态特征和配合力不受南方异常条件的影响而发生变化。这一发现不仅批驳了主宰当时的环境决定遗传的外因论错误学说，树立起创新的科学论断，而且还具有重要的实用意义，可以利用冬繁加代，开辟南北穿梭育种，加速育种进程，扩大种子数量。从60年代中期开始，全国所有省份纷纷效法，并很快扩大到高粱、大豆、水稻、棉花、蔬菜、瓜果类等，成为一种自觉的农业措施，因而收到无法估量的社会和经济效益。"

异地培育的理论和实践受到了农业部领导的重视和肯定。在1959年召开的全国作物育种工作会议上，农业部常务副部长刘瑞龙指出："在南方利用生长季节长的有利条件，加速繁殖种子的做法值得重视。"农牧渔业部顾问刘锡庚在1983年召开的南繁工作座谈会上的讲话指出：据不完全统计，15年来，各省来海南冬季繁种面积累计达140万亩，南繁人员30余万人次，共计收获种子2亿多斤，主要是杂交水稻和杂交玉米，为全国推广杂交种子奠定了基础。荣获我国特等发明奖的籼型杂交水稻，它的不育系原始材料野生稻不育株，就是在海南岛的崖县南红良种场发现以后，加以转育成功的。杂交水稻育种通过南繁加代，仅用了3年就实现了三系配套，1973年育成

田间工作照

后又连续几年进行南繁，加速繁殖制种，1976年开始推广。1982年全国推广8 271万亩。农业部副部长范小建在2006年召开的全国南繁工作会议上的讲话中指出：南繁在加快新品种选育方面发挥着独特的作用。据统计，我国生产上大面积推广的杂交玉米、杂交水稻和瓜菜品种中，有80%经过南繁加代选育；近年来我国的抗虫棉品种选育出现了重大的突破，不到5年的时间，具有我国自主知识产权的品种推广面积已由2000年的不到20%发展到目前的70%以上，这些品种的选育成功，南繁发挥了至关重要的作用。

"异地培育"理论的思考与启示

吴绍骙教授倡导的"异地培育"，顾名思义，就是在作物新品种选育上，将传统的、固定在当地进行的、一年选育一代的模式，改变为在不同地点进行加代选育，一年进行两代甚至三代的新模式，以空间换取时间。这一概念，赋予育种者以很大的想象空间，育种者可以根据育种对象的生物学特性，选择在最适宜的地点、最适宜的时间进行形式多样的异地选育。其中，在海南省进行的南育南繁是全国性的，涉及的作物种类最多、规模最大，是异地培育在实践上最典型的运用。

除此之外，一些单位还在云南省元江和西双版纳等地区建立育种基地，进行多种作物的秋冬季节加代选育；北方一些春小麦育种单位利用云南省高原不同海拔地区、一年可收3次春小麦，且都能饱满结实的有利条件，进行异地穿梭选育，加速育种进程。

在北种南育成功实践的启示下，对南方一些作物采用"南种北育"的方法，同样起到异曲同工之效果。诸如，在甘蓝型生态雄性不育两系杂交种选育和种子生产上，针对生态型两系杂交油菜在当地配制的杂交种种子质量不稳定、种子生产效益低，以及生态型雄性不育两系的育性转换特性，需进行异地穿梭育种加以解决等因素，江西、湖北、四川、江苏、安徽、贵州等省份近年来在青海东部建立了大规模的生态雄性不育两系油菜制种基地，进行大面积异地制种。这些不同的方式丰富了异地培育的内涵，为促进我国农业生产的发展，种业技术的进步发挥了重要作用。

遗传学研究和长期的育种实践表明，"异地培育"不但加速了我国新品种选育的进程，而且由于不同选育区域存在较大的生态差异，增加了育种材料的选择压力，有助于提高其适应性与抗逆性，特别是有助于提高育种材料的抗病性。此外，在异地培育条件下，能更充分利用基因型与环境的互作关系，提高育种材料选择的准确性，从而提高育种工作的效率。这些方面，是育种工作中值得格外关注和利用的地方。

我国从异地培育概念提出所开启的南育南繁，至今已经历了一个甲子而长盛不衰。可以预期，丰富多彩的作物异地培育方式，将继续为我国农业创造更加辉煌的未来！

堵纯信

逐梦南繁
——莫道桑榆晚，为霞尚满天

堵纯信，1936年12月生，河南省原阳县人。河南省农学院（现河南农业大学）农学系毕业。中国种植面积最大的玉米杂交种郑单958培育者，国家科技进步一等奖获得者，河南省科学技术杰出贡献奖获得者，中国种业功勋人物候选人。

我是农民的儿子，出生在黄河岸边的河南省原阳县。小时候，家乡土地贫瘠，盐碱地居多，父老乡亲们面朝黄土背朝天，辛苦劳作一年，也难以解决温饱问题。在我十四五岁时，还得背着粮食去上学；记忆最深的事情就是人刚走出食堂大门，心想着再来三个黑窝窝能吃饱就好了。饥饿是我人生的第一堂课，苦难是我人生的第一位老师。我热爱家乡的土地，在那艰难的岁月里，怀揣着让这片热土多产出粮食的梦想，我度过了青少年时代。

1957年，我带着梦想和期盼父老乡亲能吃饱饭的朴素心愿，负笈省城，进入河南农学院的科学殿堂，有幸师从恩师吴绍骙教授，开启了我寻梦、追梦和圆梦的玉米育种生涯。早在1939年，恩师吴绍骙教授就提出了"不同来源的自交系杂交比亲缘关系较近的自交系间杂交具有更大的杂种优势"的科学论断；随后他又发表了多篇关于玉米育种理论和实践的奠基性论文，特别是《异地培育对玉米自交系的影响及其在生产上利用可能性的研究》，被公认为玉米南繁的开山之作；我追随着恩师的足迹，不改初衷，默默耕耘……

投身南繁，追赶时间

在中国北方进行玉米育种，由于光热资源的限制，一年只能种植一季，速度很慢、周期很长。因此人们开始把眼光投向光热资源充足的南方，希望能缩短育种周期。老一辈的农业科学家大胆创新，提出了"南繁"这条育种技术路线。通常，培育一个玉米新品种需要8～10年的时间，而采用"南繁"可以将周期缩短到4～5年，几乎缩短一半时间，加快了育种速度。

在20世纪60～70年代，我们对南繁试验地点的选择经历了一个又一个艰辛的过程，最初是到广西柳州、南宁，以及云南昆明、西双版纳这些地方去进行繁育，交通方便，但是实践证明这些地方在冬季总有一段时间的光热条件达不到玉米育种的需求，影响试验效果。所以，南繁试验地点不断地往南转移。从广西到云南，再到海南，最终找到了光热资源丰富、雨水充沛的南繁育种理想之地——三亚。

说时容易，那时难。南繁育种地点选定之后，由于路途遥远，交通不便，需要从郑州坐火车到广州，经湛江到海安，然后乘船颠簸到海口，再乘汽车辗转五指山到达三亚的南田农场，单程便足足需要6天。而每年6个月的南繁生活，则更是"精彩纷呈"：住茅草房、缺水没电、拾柴火做饭，天天"二干一稀"外加咸菜疙瘩；到了晚上，房间里蚊虫飞舞，老

堵纯信研究员在玉米田间

鼠打架，蛆飞蠕动，这些"常客"联合起来狂欢；更让人难以忍受的是在南繁育种的玉米全生育期当中，常常会遭遇不可抗的意外灾害，例如台风、暴雨，我们眼看着刚长出来的绿油油的嫩苗在眼前被冲毁，自己却束手无策，深刻地领会到大自然的无情，而或长烟一空，春和景明，还得重新补种。田间工作是辛苦的，从平整土地到播种、浇水、施肥，从授粉杂交到数据调查、收获种子，从脱粒、晾晒再到运回春播、夏播；我们在烈日下任汗水顺着衣襟往下流淌，在灯光下忍受蚊虫叮咬，汇总试验数据；周而复始，冬去春来，在这半个多世纪的玉米梦中有苦闷，也有彷徨，但更多的是惊喜和快乐。

55载耕耘，深情难舍

我本农民，岂怕耕耘。历经55年的南繁北育，我们培育了C郑单2号、郑单7号、

C郑单7号、郑单13（豫玉17）、白玉109（豫玉19）和郑单958（豫玉33）等一批玉米优良杂交种并应用于生产，曾获国家和河南省科技成果奖8项，先后在《河南农业大学学报》《华北农学报》《河南农业科学》《农林科技译丛》和《玉米科学》等刊物上发表科技论文20余篇。其中高产稳产广适紧凑型玉米单交种郑单958是以科技创新为基础，以耐密性和广泛适应性为攥手培育出来的突破性新品种；2004年以后，郑单958逐渐成为国家玉米区试和主要玉米产区的省区试对照品种，有效地促进了农业增产，很受农民欢迎，迅速普及黄淮海各省份并推广到东北、西北地区，种植面积最多的年份曾达6 000多万亩，15年来不衰。根据农业部统计，截至目前，郑单958在全国累计推广种植面积达7.57亿亩，增产玉米440.5亿千克，增收423亿元，是中华人民共和国成立以来种植面积最大的品种，成为我国第六次玉米品种更新换代的标志性品种，促进了我国玉米育种方向由稀植大穗型向密植中穗型品种的转变。

堵纯信研究员田间工作照

1996年，我光荣地退休了，由于没有固定的试验基地，南繁育种工作面临的困难越来越多，特别是海南省升级为国际旅游岛之后，越来越难租到好的土地，辗转漂泊多处，不仅种质流失，而且生活颠簸，饮食起居都非常艰辛。在农业部、河南省政府的大力支持下，我克服重重困难，于2007年通过南繁北育成功培育出新品种——纯玉958。该品种经过中国农业科学院、华中农业大学、河南农业大学、河南省科技厅、河南省农业厅、河南省农业科学院等单位专家鉴定：母本不育系性能稳定、父本恢复性强，实现了三系配套和不育化制种，做到了玉米制种成本低，种子质量好，且制种产量提高10%～15%。降低成本，提高质量，是中国民族种业发展的方向。

2014年，在海南省各级领导和朋友的关心帮助下，河南省农业科学院粮食作物研究所与三亚市崖城镇拱北村委会签署了租地协议，租用14亩土地，并利用试验地边角部分建设了库房、晒场及试验和生活用房，从此，我这个南飞育种的"候鸟"终于有了栖身之地。

2015年11月，我们这些育种者欢聚一堂，庆贺《国家南繁科研育种基地（海南）建设规划（2015—2025年）》的发布。随着国家对南繁科研育种基地的统一规划、统一建设和统一管理，利用南繁基地"天然大温室""绿色基因库"等优势，引进和培育创新型人才，成为中国民族种业参与国际竞争的关键。三亚的南繁基地，必将成为我们种业科技创新的前沿阵地和国际种业交流合作的重要平台。将南繁基地建成国际一流水平的农业高科技产业基地，立足海南，服务全国，面向世界，功在当代，利在千秋！

　　我已经82岁了，莫道桑榆晚，为霞尚满天。在我寻梦、追梦和圆梦的过程中，玉米不但种在我深爱的这片热土当中，也深深地扎根在我心田；我身边聚集了许多中青年玉米育种者，我的玉米梦和玉米南繁情怀也影响着他们；玉米育种研究有师承，玉米种质创新有累积。

　　难舍玉米育种梦，难释玉米南繁情。

堵纯信研究员田间工作照

欧阳本廉
我与南繁的点滴追忆

欧阳本廉，1938年11月生于四川省资中县。研究员，专业从事早熟陆地棉的良种繁育和栽培工作。先后育成了新陆早2号等7个早熟陆地棉品种。曾获得新疆维吾尔自治区有突出贡献优秀专家、新疆生产建设兵团劳动模范、新疆维吾尔自治区及新疆生产建设兵团科技进步奖，享受国务院政府特殊津贴。

1974年夏末，新疆生产建设兵团农八师农科所安排我去海南岛三亚搞南繁，那是我接触南繁工作的伊始。1982年起，我们课题组每年都有南繁任务，由于工作成绩突出，曾获农业部授予的"农业部'七五'棉花育种先进集体"称号，并参与编写了《中国棉花遗传育种学》和《新疆棉花高产理论与实践》等专著。

确定南繁任务

我们每年的南繁任务，主要包括：①当年的杂交组合加代；②$F_2 \sim F_4$加代；③特异材料加代或扩繁；④苗头材料扩繁。

出发前的准备

1.办理"植物检疫证"。首先要向师（市）农业局主管部门申报检疫材料，经田间检验合格后才开具检疫证。凭师（市）主管部门的检疫证，再到乌鲁木齐新疆植保植检站换取植物检疫合格证。

2.到新疆办理前往海南岛的登岛证明。

3.到师里开具通行证，否则不能外出。

4.换全国粮票。先由单位领导批条子，司务长去上级部门领回自治区粮票，再拿着单位证明和自治区粮票，到师（市）粮食局换取全国粮票。一份证明最多只能换一个人两个月、80斤的全国粮票，而一年的南繁工作时间需要5～6个月，这就意味着要换3次。

5.预支南繁费用和工资。南繁出发前，经所领导批条，再去财务科预支部分费用和工资，不足之款，过后再通过邮寄送到海南三亚。

6.备好行李。南繁工作者的行李很复杂，除带好自己的衣物、食具、钱、全国粮票、工作证（那时没有身份证）、通行证、登岛证明、南繁棉种检疫证外，还要自带被褥等卧具、食用棉籽油、黄豆、绿豆等等。那个年代，外地人到三亚是没有食油供应的，要由户籍所在地供应。再者，市场上根本买不到食用油，所以必须自带。那时，海南岛冬季缺蔬菜，带黄豆、绿豆，可制作豆芽，当菜吃。从农科所可以设法一次性带走一个人食用5个月的食用油（1.5千克）。

艰 苦 行 程

从新疆石河子到位于海南岛三亚的师部农场新疆南繁基地，要乘坐5～6种交通工具，包括马车、拖拉机、汽车、火车、轮船、三轮摩托车、农用三轮柴油车等。

背上背包，用木棒当扁担挑上行李和南繁棉种、食用油、豆类等等，比重庆的棒棒军挑的还多。我们先由所里用马车或拖拉机送到石河子汽车站，再乘坐汽车出发。颠簸3个半小时，行程150千米，到达乌鲁木齐市碾子沟汽车站，又背上背包挑着行李，步行40分钟才到乌鲁木齐火车南站。拿着提前3天买好的火车票，赶紧挤上火车，经过3天2夜，到达郑州火车站，并在火车站附近找招待所或旅馆住下，放下背包、行李，马上又赶回火车站排队买前往广州的火车票。买到票后，需等候1～3天才能挤上开往广州的列车。乘坐24小时的火车到达广州后，在火车站最近的旅馆住下，紧接着去汽车站排队买去海口的汽车票。往往要等候1～2天才有开往海口的汽车（若是遇到台风，要再等待5～6天）。乘坐汽车、渡船过海要24小时才能到达海口。第2天乘坐7～8小时汽车去三亚。到了三亚，再从三亚汽车站坐三亚特有的三轮摩托车或三轮农用柴油车到师部农场新疆南繁基地。

一般，从新疆石河子到三亚新疆南繁基地需10～16天。如果遇到台风，还要更多时日。难怪有人把南繁称作"难烦"，又难又烦。

自己动手办食堂

在新疆南繁基地，由大家选出代表和一位基地管理同志成立小组共同办伙食，轮流值日做饭。做饭的柴火，由大家上山捡拾。每周吃1～2次鸡、鸭、鱼或猪肉，其他时间食用自己种的蔬菜、自己发的豆芽。每年元旦、春节，基地都组织大家聚餐、联欢表演节目。

免费提供劳动工具

1978年以前，即成立新疆南繁指挥部以前，由新疆南繁基地准备好铁锹、锄头、喷雾器等农具，供大家免费使用，当年南繁结束后再归还给基地。若有丢失或损坏，照价赔偿。基地有时还免费提供肥料。

起垄铺膜栽培取代筑畦植棉

1997年以前，我和所有的棉花南繁者都是采用人工筑畦，畦间开沟，畦上种数行棉花，畦间沟作灌水和排水用。这种植棉方式，天不下雨容易受旱，雨下大一点又容易发生涝灾，造成死苗，一旦有台风暴雨，易致全军覆灭。

从1997—1998年起，我就在位于新疆南繁指挥部的2亩多地上，首次采用牛犁开沟起垄，人工再辅助起垄铺膜。相邻垄间中心距离100厘米，膜上穴播两行棉花，膜垄上两行相距30厘米，膜间两行相距70厘米。当时，海南全省都没有植棉用的地膜，在三亚及其附近根本买不到农作物用的地膜，从新疆寄运又来不及。无奈，只好去海南省农业科学院园艺研究所求助，购买到一些大棚用膜，虽然厚了许多，但也能凑合用。棚膜太宽，就切成100厘米宽再用。

起垄铺膜栽培，防旱又防涝，又增地温。地膜保水性好，天不下雨时，膜下的水分不易蒸发，可供棉株用；下大雨时，多余的雨水从膜上淌到垄间的沟里，沟中的水很快就流到地边沟里，排出田外，就是来台风也不怕。不仅如此，相比筑畦露地栽培技术，起垄铺膜栽培技术能让棉花提早成熟。

通信联系，费时费力费钱

平时给家里写信，无论是平信或挂号信，都要半个月左右才能收到，就是航空信件也要一周左右，有急事发电报也需3天才能收到。最快就是打长途电话，但也要1个多小时。去三亚市新建街邮电局打电话、寄信、发电报，还必须步行两个小时。

打电话，虽最快，但太麻烦，要转好几个邮电局。三亚邮电局转海口邮电局，海口邮电局转广州邮电局，广州邮电局转乌鲁木齐邮电局，乌鲁木齐邮电局转石河子邮电局，石河子邮电局转农科所总机，农科所总机最后转到受话人所在的办公室电话机上。大半天的时间，总算接通了。话费每分钟要好几元。

换工互助，抢农时

棉花南繁的播种很重要。播种早了，棉苗容易受台风影响；播种晚了，苗期光热不足，生长发育差，影响现蕾、开花结铃和吐絮，产量不高，更重要的是会推迟采收，从而影响北疆播种。

在三亚，正常年份，10月20～25日为棉花播种的最佳时期。此时，通常当年的台风已结束，温度很适宜播种，出苗快，棉苗能很好地吸收当时的光热资源，棉株生长发育良好。经验证明，适播期内，早播要比晚播者提前3～5天采收，可为回北疆播种争取到更多有利时机。

南繁费用高，各单位一般只来一个人，南繁面积1～1.5亩。在三亚，一人管理1～1.5亩棉花是相当繁忙的。特别是播种期，一人一天最多能播3分地。为了抢农时，最好一天内播完。五六人换工互助，就能抓住最佳播种期，一天播完。特别忙的时候，有时三亚警备区的战士也来帮忙，因为南繁前些年没有打工的人，根本找不到劳动力。

欧阳本廉研究员田间工作照

苦中求乐，自娱自乐

有时师部农场举办篮球赛，新疆基地也组队参加。遇到荔枝沟街上放露天电影，一些同志结伴出行，走乡间小道，跨越小河，跳过沟渠，兴高采烈地去看电影。师部农场有时放露天电影，去观看的人就更多了，除看家者外，几乎都去看电影。80年代初，新疆南繁指挥部有了一台黑白电视机。晚上，大家围坐在一起，边看边聊，也很开心。有时大家聚集到一起吹口琴、吹笛子、弹吉他，也很热闹。常听、常唱的歌曲有《敖包相会》《草原之夜》《在那遥远的地方》等。当然，打扑克也是大家喜爱的活动，也有的同志跳新疆民族舞。

繁杂、严格的南繁报销

南繁开支报销令人难忘。出差报销要真凭实据，从哪天出差，经过多少天回到所里，其中，有无非南繁天数。如果又顺路回老家探亲访友，必须扣除所占天数，不能报差旅费。路途补助每人每日0.3元，住宿补助每人每日0.2元。那时，"文化大革命"后第一次调资前，我的月工资是78.6元。另外，白条是绝对不能报销的，能报销的都要盖公章。

票据要归类。汽车、火车、城市公交、出租车、生产资料、其他等等都要归类，按顺序粘贴在16开白纸（现A4纸）上。如，往返石河子汽车站和乌鲁木齐碾子沟汽车站、往返乌鲁木齐火车南站和郑州火车站、往返郑州火车站和广州火车站、往返广州火车站和海口汽车站、往返海口汽车站和三亚汽车站、往返三亚汽车站和新疆南繁基地等。公交车票，则要按票价由低到高顺序集中粘贴。2分、3分、5分、8分、1角、1角2分、1角5分、2角、3角等。

粘贴好后，交会计审核，再由领导审批，去财务科出纳处领钱。

感恩南繁，助我成功

由于新疆在三亚建立了南繁基地，我的棉花育种材料都可以进行南繁。从1982年起，新疆石河子棉花研究所负责的棉花良种繁育工作改为早熟陆地棉育种，到1999年为止的17年里，得益于南繁基地的帮助，我们先后育成了新陆早2号、新陆早5号、新陆早7号、新陆早8号和新陆早10号等5个早熟陆地棉品种，退休后又育成了新陆早28和新陆早52。我主持育成的这些品种，全都是通过南繁加代，结合定向培育选择育成的，特别是在新陆早7号和新陆早8号的育成中，我的贡献很突出。因此，1998年，新疆生产建设兵团农八师、石河子市人民政府奖励我个人20万元。南繁助力了新品种的选育，也激励着我不断前行。

杜鸣銮
我的南繁经历与感怀

杜鸣銮，1930年2月生，陕西米脂人。九三学社社员。曾任沈阳农业大学教授。先后从事小麦育种、玉米育种和高赖氨酸玉米育种等科研工作。主持选育了辽宁省第一个玉米自交系间杂交种辽双558和高赖氨酸玉米杂交种高玉1号、高玉3号等品种。

忆往昔，1958年冬季，沈阳农学院在广州仲恺农业学校开展南繁，历尽艰辛。一个北方人首次在广东冬种玉米，无任何前人经验可借鉴，就连广东的生活习惯和语言也不适应，孤独与想家的心情不时涌入心头，创业维艰。看今朝，我国南繁遍地开花，成果累累，又有《中国南繁60年》一书将要出版，激动、欣慰的心情油然而生。我作为一个南繁的老战士，对全体参加过南繁的同志及工作人员和《中国南繁60年》一书的编校出版者致以崇高的敬意和衷心的感谢。

中国南繁问题的提出基于加速育种和良种繁育。植物育种的基本原理是获得可遗传的优良变异，并使它稳定地世代相传，成为优良品种或杂交种。要证明变异是可遗传的并使它稳定，就需种植穗行或株行并自交留种，这一过程要经过多个世代才能实现。在我国大部分农作物种植地区是一年一季，或者一种作物一年一季，如冬小麦—夏玉米。所以育种过程中的繁殖进代也只能一年一季，育成一个稳定的品种或杂交种少说也要10年时间，如果一年两季则可用5年育成一个品种。

我作为沈阳农学院徐天锡教授的助手，1958年冬季在广州仲恺农业学校，1959年冬季在湛江、南宁，1960年冬季在海口经三年四地南育大获成功。总结三年四地的经验写成一篇论文《玉米高粱北种冬季南育问题》，从基地选择、播期、生长发育、寒害、遗传变异、种子成熟度、发芽率与收获运输等方面论述南育南繁，是我国早期系统总结论述南育的论文。1959年冬，在湛江我们还做各28个玉米及高粱早、中、晚熟品种的播期试验，探讨南繁最佳的播期，总结出在湛江最佳的播期是10月中旬，开花授粉盛期躲过1月中旬的最低温。当时沈阳农学院被视为"南育圣地"，咨询南育基地与播期者络绎不绝，也有索要论文者。1961年冬，该文第一次在辽宁省农学会年会上宣读，1963年辽宁人民出版社出版。

我认为，我国的北种冬季南育南繁加速育种和良种繁育的方法，有如下的特色和优点：

第一，全国不同耕作制度的地域都适用，春、夏、秋玉米地区都可采用。其南育南繁基地必须选择在北回归线北纬23.5°以南，第一要素是终年无霜。1960年5月，辽宁省农业厅组织人员考察可用的南繁基地。历时两个月我们走了广东、广西、贵州、云南等地近20个城市，发现广西、贵州没有合适南繁的地方，而海口、湛江、元江、元谋进行南繁最为理想。气候以海口最好，土地以元谋最好，为金沙江冲积平原，河淤土。当时因交通不便没有考虑三亚。

第二，繁育时间为每年的10月到翌年的2~3月，越冬繁育，全国春、夏、秋玉米地区都适用。

第三，一季正季，一季反季交替选择，育出的品种也适合正季栽培。李竞雄院士称其为"开辟南北穿梭育种一年两季是世界育种的奇迹"。60年的实践证明选出的杂交种绝对适应正季栽培种植。

第四，有实际育种成果证实。辽宁省的第一个玉米自交系间杂交种辽双558（WF9×大秋36）（W24×W20）就是1959—1962年四年八季经南育育成，1962年审定，是全国第一个用南育的办法育成的审定品种。其程序是1959年春我们从丹东所引进大秋36自交系，从北农大引进WF9、W24、W20自交系，1959年在沈阳组配成单交种WF9×大秋36和W24×W20，1959年冬在湛江组配成双交种，1960年沈阳第一次产比、冬季在海口产量观察，1961年在沈阳第一次参加省区试，1962年参加第二次省区试并进行生产试验，1962年12月辽宁省农作物品种审定委员会审定命名推广。经过3年生产，1965年12月31日《辽宁日报》为辽双558发表长篇通讯和评论员文章，认为"敢于闯新路"，"敢于攀登科技高峰"，"是玉米生产上一次重大技术革命"。

我认为，北种冬季南育南繁有三大成就。

第一，南繁至今已有60多年的光荣历史，成果累累。著名玉米育种家李竞雄院士认为"旨在利用南方冬季的优越温光条件，开展北材南繁的研究。最后证明对选育玉米自交系是完全可行的。"农业部副部长范小建在2006年召开的全国南繁工作会议上指出，南繁在加快选育新品种方面发挥着独特的作用。据统计，我国生产上大面积推广的杂交玉米、杂交水稻和瓜果蔬菜品种中，有70%经过南繁加代选育，这些品种的选育成功，南繁发挥了至关重要的作用。

第二，南育南繁不仅加速育种和良种繁育过程，而且推进了双季稻冬甘薯地区耕作制度的变革。以玉米代替甘薯，产生了一个新的冬玉米地区。沈阳农学院南繁前，广东、海南的主要农作物只有水稻、花生、甘蔗、甘薯，缺少北方的小麦、玉米、棉花、大豆、杂粮，广东、海南冬季只种甘薯。南繁的开展丰富了广东、海南等地种植作物的种类，比如2015年冬黑龙江省在广东遂溪租地种马铃薯，2016年3月大丰收。

第三，没有南繁就没有中国的杂交稻。我国的杂交稻三系配套的核心技术是1970年南繁时在三亚市崖城区南红农场铁路桥附近发现野生稻花粉败育型不育株（后来的野败型雄性不育系）而解决的。从这个意义上讲，没有南繁就没有中国的杂交稻。杂交稻的迅速推广亦得益于南繁。

裘志新
南繁生活，生命中无法抹去的记忆

裘志新，1947年7月生，浙江杭州人，研究员。多次获全国与宁夏回族自治区重大奖励，受县、市、区、全国重大表彰近40次，2001年被评为全国优秀共产党员。第九届全国人民代表大会代表。享受国务院政府特殊津贴。

生命中有些记忆无法抹去，有些情愫难以忘怀，只因为梦想而奋斗，只因对这片土地爱得深沉。

南繁始于20世纪50年代，几代南繁人在这片土地上传递着南繁精神：只争朝夕，甘于吃苦，不惧失败，勇于创新，让生命在追赶太阳中得以延伸。

我是杭州市下乡插队知青，有着8年的农民生涯，能深刻体会到良种对于促进农业生产的重大意义。1973年春开始，我在自家仅有的半亩自留地里搞起小麦杂交育种，1974年开始南繁工作，直至2010年冬，由于身体原因没有再参加南繁工作。回想30多年的南繁生活，大多在辛劳忙碌中度过，而南繁情结，始终无法忘怀。

我们一路翻山越岭，历经颠簸，只为那一颗萌动的种子。

不惧远途，上下求索

刚开始搞小麦育种，从宁夏到云南，由云南再奔海南，一年种三茬麦，行万里路，我与同伴没坐过一次卧铺。到了驻地，不住招待所，设法在生产队保管房或农户家扫开一角就安营扎寨，自炊而食。为了节约开支，田间管理、收获脱粒，我坚持不雇小工；为了赶时间，常常加班到深更半夜。没有测试仪器，就以"借窝下蛋"的方式将材料送至科研单位求熟人帮忙化验，一年三代繁育的经费开支只用了1 108元，仅相当于当时专业育种机构支出的1/3。

在云南、海南岛南繁的日子里，通过向各省专家学习，到有关育种单位取经，结合育种实践，我终于在最短的时间内掌握了小麦育种的基本知识与技巧，建立起一套适合本单位实际需求、摊子小、花钱少、效率高的育种方法。

2006年裴志新研究员住的宿舍

那时候还没有互联网，搜集材料主要是通过书函求援、访友联谊、相互交流等形式。每当从专业书刊上发现某地有珍贵品种资源或新育成的特色品种时，我就去信索取。当时，中国农业科学院，以及云南、浙江、四川等地的小麦育种机构和农业院校的专家，都从千里之外给我邮寄过宝贵的种子和资料。南繁期间，为征集品种资源，只要我知道的单位，不管山多高，路多难行，我都想方设法前去观摩学习，有时为了获得一份重要材料，不惜跋山涉水往返几十里。就这样，我先后收集过国内外各种小麦品种资源8 000多份，并用它们完成杂交组合两万多个，为宁夏小麦育种工作奠定了坚实的物质基础。

不畏艰苦，人定胜天

还记得刚到海南，由于三省气候、土质、栽培条件全然不同，一些意想不到的事常搞得我疲惫不堪。1974年的冬播后，由于墒情不足，小麦不出苗。时逢旱季，水库停水，我只能与助手从百米外的水井担水浇田。由于气温太高，蒸发极快，我种的1.5亩麦田，浇了中间前面的干，浇了后面中间的干。为了使刚萌动的种子接上墒，我们起早摸黑地在地里抗旱，饿了啃几口馒头，渴了喝口井水，肩膀被压得又红又肿，实在不行就改用手提，每天回家时累得浑身骨头都要散了架似的，还得自己去打水做饭。就这样连续奋战了21天，终于使原来光秃秃的黄沙地披上了绿装。一位原来认定我们要"砸锅"又不忍给我们泼冷水的甘肃专家拍着我的肩头说:"你们硬是凭苦干战胜了老天,真是好样的!"

1974年的夏天,为早日繁育出小麦优良品种,我与同事在宁夏小麦试验田收获完材料后,便随身携带小麦材料踏上去云南的南繁之路。那时火车从银川至云南、云南到海南岛、海南返回银川,路途长达近万千米,累计乘车船150多个小时。我们从没有睡过卧铺,即使是硬座票也经常不是对号入座,而是凭力气挤进车厢中。夜间行车时,为防小偷,一人看管装有种子的手提包,一人坐着或钻入椅子底下"美美"地睡上几个小时,然后轮换。如果没有座位,只好站着,因此经常站的双脚浮肿而迈不开步。在一次乘船渡海时,我因晕船而呕吐不止,实在难受,最终昏迷不醒地躺了17个小时。1989年秋,经宁夏医学院附属医院诊断得知自己患有肝血管瘤,且出现异常情况,但因南繁任务及工作需要,只好坚持三次往返于银川与元谋县之间,共乘车318小时,均未睡过卧铺。

裘志新研究员田间工作照

那时候,大家都自嘲我们过着"三无"生活,无电、无柴、无菜。几捧井水解渴,几个干馍混一天。后来与租地农户协商,在农户家借宿,自己做饭。直到2006年12月,在宁夏永宁县组织部领导的关怀下,我们从简易的土坯房搬到砖混房,2009年再次搬到由当地农户仲家楷自盖的楼房里,住宿条件有了很大改善。

愧对家人,芬芳麦花给予慰藉

出门在外,家庭自然就照顾不上了,最对不起的也是自己的亲人。在南繁从事育种工作的33年中,除了因承担领导工作或住院手术不能脱身外,有26年的元旦都是在南繁工作中度过的。育种初期,爱人尚在农村,一个女人带着3个年幼的女儿,既要参加集体劳动，还得操持家务，二女儿因无人照看，从土炕上掉下来右臂骨折；大女儿住院做手术，我正在地里忙着做小麦杂交，结果由于病症检查不细，开刀后发现情况异常，险些造成终身残疾。1968年、1996年父母先后病逝时，均因工作的繁忙而未能赶回杭州送终尽孝。每当想起这些事时，眼中满含热泪，深感愧对家人。

"苦心人天不负，有志者事竟成。"在充满荆棘的道路上，辛勤劳动的汗水终能浇开丛丛芬芳的麦花。1977年，我与徐培培等同志一起育成了早熟高产的春小麦新品种永良1号、永良2号，在生产中发挥了较好的增产作用，受到农民的欢迎，荣获宁夏科学大会"育成春小麦新品种奖"。1981年，我们又育成丰产性突出、适应性广泛的半矮秆良种宁春4号，该品种在1979—1980年区域试验中平均比宁夏对照品种斗地一号增产16.7%，比国外著名高产品种墨卡增产12.7%，大田示范一般可比原推广良种斗地一号亩增小麦50千克，丰产栽培条件下亩产超千斤，使宁夏小麦育种工作获得重大突破。宁春4号的育成，被国际小麦玉米中心的小麦育种专家马丁·金格尔博士誉为"穿梭育种的典范"。

1983年后，宁春4号陆续被内蒙古、甘肃、新疆、陕西、广西等省份引种推广，90年代流入哈萨克斯坦等国家。其中1983—1997年，仅内蒙古全区累计推广宁春4号面积就达2 395万亩。据抽样调查，比当地推广品种增产10.88%～36.79%，最高亩产达666.5千克，共计增产小麦13.03亿千克，增加产值13.03亿元。1981年至今，以宁春4号为主的16个永良系列春小麦良种在宁夏、内蒙古、甘肃、新疆等7个省（自治区、直辖市）累计推广面积接近1亿亩，增产小麦50亿千克，增加产值50亿元。

裴志新研究员育成的宁春4号

宁春4号成为宁夏农业绿色革命的代表性品种，为宁夏耕作改制迎来了新时代，为农业产业化开辟了广阔的前景。其综合性状优良，遗传背景广阔，配合力强，已作为优秀种质资源入选国家种质库，目前各地采用该品种作亲本的研究利用正在广泛深入地进行。

英雄与"狗熊"

为了从专业理论上充实自己，在事业上有更高的追求，1983年我以第一名的成绩考入了宁夏农学院干部专修班。但科研工作让我难以割舍，我坚持每天早起晚睡把学习进度往前赶，一到星期天总要回到试验地忙碌，每年还请假半个月到3 000千米外的云南省元谋县选种。两年后，我又以第一名的成绩毕业，走出大学校门。

在云南南繁后期，常常会遇到刮风下雨天气，造成小麦大面积倒伏。为了不影响选种，必须在当天把倒下的麦子一棵一棵扶起来。每次灾害发生后，我总是第一个冒着雨水跳下泥泞的麦田里扎扶麦子的人，衣服淋得往下直淌水，手都冻木了，请来帮忙的人都冷得往家里跑，但我还是坚持着，直到干完，认为没有大碍了，才摇晃着疲乏的身体回家。夫人有句话："老裘在外是英雄，在家里是狗熊。"我总是把自己全部的精力都投入到科研中，而往往一进家门，便累得无力地靠在沙发上，长时间翻不起身来。

老骥伏枥，志在千里

有人将南繁称之为"育种天堂"，将南繁人称之为"战士"，因为在他们身上诞生了众多神奇。半个多世纪过去，"战士"将毕生的精力奉献在南繁基地上，乐此不疲地战斗着，因为总有种力量驱使着我们不断前行。

老骥伏枥，志在千里。有生之年继续发挥好自己的作用，指导后辈育成比宁春4号更优秀的品种，使农民在种植后再次获得更大的实惠，便是我这辈子最大的心愿！

张瑞祥
南繁北育　梦想成真

张瑞祥，1934年生，江西兴国县人。著名杂交水稻育种专家，享受国务院政府特殊津贴，原赣州市农业科学研究所研究员。

我于1934年出生在江西省兴国县城岗乡下洲村一个贫困农家。因父亲早逝，12岁含泪辍学，一家三口（母亲、我与弟弟）靠母亲卖米果谋生。那时候生活十分艰难，忍饥挨饿是常事，我从小不得不承受起成年人的谋生重担，包括种田（租来的地）、学打铁、做裁缝等，生活艰辛，度日如年。

中华人民共和国成立后，我重获上学的机会，于1956年中学毕业，并坚定了毕生从事水稻研究的信念，据此，我毫不犹豫地报考了赣南农学院作物栽培专业。毕业后我留校，在校实习农场为教学做服务性工作。1968年学校解散，我调到江西共产主义劳动大学上饶分校任教；1974年9月调到赣州地区农科所从事水稻杂种优势利用研究，同年10月正值水稻成熟的季节，我和伍仁山同志到湖南省桂东县农科所等地参观学习，赴杂交水稻育种的"麦加"圣地长沙，向袁隆平老师取经，从此，我致力于杂交水稻研究至今。

40余年南繁北育，栉风沐雨

1969年，我们单位开始从事水稻杂种优势利用研究，是全国最早开展杂交稻育种的单位之一，且45年来利用三亚天然大温室从未间断。我们团队跋涉在南繁北育

171

漫漫征途上，攀登在崎岖险峻科学高峰中，秋赴广西，冬在海南，春归故里，披星戴月，栉风沐雨。南繁北育就像十月怀胎，一季望一季，今年望明年，一年复一年，望断秋水。

育种家要想育成一个合格的水稻品种必须通过十道难关，分别是亲本选择、配组、优势观察、重复测配观察、繁殖制种、产量比较试验、省级预备试验、省级区域试验、生产试验、省级审定。杂交水稻育种的周期最短也得费时6年。但如果利用海南天然温室两年可以种上5季，就能够缩短育种进程。我们每年要做配对杂交1000对以上，其中在内地早、晚稻两个季节做五六百对，海南做杂交四五百对。据不完全统计，40多年来，我们团队累计做杂交配对4万对以上，同时引进水稻品种资源1000多个，育成水稻新品种32个，万分之八的概率。可想而知，育成一个水稻新品种要付出多少劳动代价，流多少血和汗。

张瑞祥研究员田间工作照

赣州地区农科所最初是在崖城开展南繁育种工作的，后来从崖城迁到藤桥。那个年代我们住的是自搭茅草房，做饭用的柴火要自己上山砍，照明用的是煤油灯，而且由于没有建立固定基地，过着"游牧式"育种生活。为了改善南繁工作条件，1977年我们在藤桥赤田部队酱油厂盖了一间50米²的简陋住房；再后来，1994年在荔枝沟师部农场盖了一栋300多米²的工作室小楼房，从此过着安定舒适的南繁育种生活。回顾40多年的南繁工作，历历在目。

神奇三亚，"神稻"现，世界变

在三亚这片神奇的土地上，在南红农场的弹丸之地，在杂草丛生的水沟里，在那傍晚的瞬间，两位有心人，李必湖和冯克珊，发现一块野生稻群落，从中选择到了一株败育型野生稻。就是这株"神稻"，使水稻杂种优势利用研究在经历了将近十年的最后一千米的关键时期，完成了水稻杂种优势利用研究的三系配套。中国杂交水稻研究成果，首次应用于生产，处于世界领先地位。从此，中国乃至世界掀起了杂交水稻开发应用的热潮。

三亚这片神奇的土地变成了风水宝地，"中国南繁之都"，杂交水稻种子生产基地。1976年冬至1977年春，赣南老区18个县（市）中，就有13个县的1500名技术人员进驻海南，在藤桥、英洲等地制种，面积达8000余亩，收种子20万千克；1977年晚季杂交水稻种植面积32万亩，增产稻谷2000万千克。杂交晚稻大面积应用于生产，改写了赣南水稻生产"早稻是宝，晚稻是草"的篇章。杂交晚稻大面积种植成功给杂交水稻育种工作者提出了一道难题：晚稻超早稻，早稻怎么办？

赣州地区农科所杂交水稻育种团队迎难而上，开展了杂交早稻选育攻关计划。主攻"优而不早，早而不优"的杂交早稻选育的难关。1978年冬，在海南进行南繁育种的

插 秧

福建农学院杨仁崔教授应我们邀请，到驻地（藤桥赤田部队酱油厂）给我们团队和赣南5个县（区）海南制种技术人员传授国际水稻研究所（IRRI）的育种经验，并当场送给我们一株国际水稻IR系列秧苗。1979年春，我们团队利用这个IR系列秧苗在海南藤桥进行配组，并于夏季在赣州种植观察，发现V20A/IR50，表现早熟优势明显。1984—1985年该组合参加江西省早稻区试，再经过生产试验、审定，我们育成了第一个高产、优质、抗病、熟期适中的杂交早稻威优测50，实现了零的突破，该品种还获得1986年度江西省科技进步三等奖。

1985年，我们引进安徽省广德县农科所吴让祥育成的协青早不育系，同年在三亚藤桥基地采用不完全双列杂交方式配组，筛选出协青早A/R49强优势早稻组合，并于1986年进行制种，1987—1988年参加江西省早稻区试，两年区试结果，平均亩产471.33千克，比对照威优35增产12.28%，列第一位。1988—1989年参加南方稻区早稻区试，两年平均亩产441.45千克，名列第一位。1988年通过技术鉴定，命名为协优赣7号，获1989年度江西省科技进步二等奖。我还记得协优辐26的选育，恢复系辐26是湖南杂交水稻研究中心何顺武研究员育成的华联2号（辐26）；1988年在藤桥配组；1989年在藤桥进行亲本扩繁；1990年在当地试种示范；1992—1993年参加江西省早稻区试，平均产量470.6千克，比统一对照威优49增产9.99%，名列第一位；1993年通过省技术鉴定；1994年通过江西省审定，命名为协优赣15。至1993年累计推广面积610.55万亩，获1994年度江西省科技进步一等奖。协优赣7号和协优赣15成为当时江西省和周边地区杂交早稻的主推品种，福建省宁德地区霞浦县大面积种植这两个组合，很受农民欢迎。

石破天惊的技术研究成为国家行动

1973年，湖北省沙湖原种场技术员石明松在晚稻"农垦58"大田中发现3株自然不育株，经过多年的研究，育成了第一个光敏感核不育水稻农垦58S。1987年9月在

观察稻粒

杭州的国际水稻研究会上，卢兴桂报告光敏感核不育水稻的部分结果，引起了国内外专家的强烈反响与重视。国家将光敏感核不育水稻的研究列入国家高技术发展计划中生物工程领域"863"计划。全国以农垦58S为种质资源，通过杂交、回交等方式转育了各种熟期的粳、籼型不育材料20多个。同时，由于光敏感核不育水稻的发现与研究，启迪了人们的思维，促进了人们对自然本质的探索，发现光敏感核不育是普遍存在的。随后，一批籼型两用核不育水稻被培育出来，有福建农学院杨仁崔（1986）的5460S和湖南安江农校邓华凤（1987）的安农S-1等。这些用农垦58S为种质选育的粳、籼型光敏感核不育水稻在当地气候条件下，均有明显的育性转换期，正常天气花粉育性稳定。由于两用核不育水稻的发育和育性转换，易受气温条件的影响，不同品种间差异很大，异地或同一地区不同时期种植，其育性稳定性存在不同程度的波动，因此，在生产上应用存在较大的风险，如1989年的盛夏低温的警示。所以，选育对低温纯感的籼型两用核不育系，对研究利用两系杂交水稻具有十分重要的意义。当时我们提出的技术路线是：杂交转育，宜采用遗传行为简单的两用核不育系为基因供体，与广适性强的水稻品种进行杂交转育，采用"定向单株选择法"可以较快获得适应性较广的两用核不育系。

我们用安农S-1与密粒广陆矮于1989年夏季建组，1990年早季赣州种植，F_1表现优势强。1991年早季在赣州种植F_2（株系编号：F131），群体111株，6月6日后陆续抽穗可育株76株，不育株35株，入选不育株23株，7月25日将入选不育株水稻移到网室蓄再生，8个单株自交结实，获得种子315粒，当年带去三亚冬繁加代。1992年3月上旬在三亚抽穗正常结实，植株整齐一致，其中发现1个株系中有1个单株。4月5日抽穗，镜检育性为100%的典败，即将稻蔸带回赣州蓄再生，5月下旬抽穗，自交结实获种子56粒，结实率为54%。7月10日播种，9月14日抽穗，播始历期为65天，抽穗后逐

田间工作照

穗逐日镜检，花粉典败率为100%，56个单株全部为不育株，10月10日后转为可育，套袋自交结实率平均为23%。将自交结实率40%以上的4个单株，当年冬带海南三亚加代繁殖。F131S就是这样南繁北育，经过多年测交配组进行优势观察后于1998年通过省审定，命名为田丰S，是南方稻区8个实用型两用核不育系之一。

1993年春，在三亚测交的118对材料中，田丰S/R402表现早熟，优势明显，抗病性好。复测观察，1994年在赣州早稻种植结果与1993年一致。1995年春季试制种，当年翻秋种植，10月下旬"863"计划中试责任专家卢兴桂教授到赣州市农科所现场考察时，认为田两优402是一个两系法杂交早稻苗头组合，在他的建议下，于1996年破格进入"863"计划中试，同时参加国家南方稻区和江西省杂交早稻区试，两年区试平均比对照威优48-2增产7.88%，名列第一位；1996—1998年试种面积10万亩，1998年通过江西省审定；获2003年度江西省科技进步三等奖。

因开花习性的问题，我们杂交水稻育种团队从1994年开始，采用"定向单株选择法"改造两用核不育系F131S，经过较长时期的选择育成田丰S-2，于2003年通过江西省审定。用田丰S-2为母本育成两系杂交水稻组合4个，其中3个为早稻组合、1个是优质晚稻，并大面积应用于生产。田丰S-2的创制与应用，获2010年度江西省科技进步二等奖，双季两系杂交稻田丰S系列品种示范推广，获农业部2011—2013年全国农牧渔业丰收三等奖。

巧用*eui*基因，育种成果达世界先进水平

杂交水稻大面积生产应用主要归功于野败型雄性不育种质的发现与利用。但是，在生产上种植的杂交水稻亲本雄性不育系普遍存在先天不足的遗传障碍，不育系的包颈问题，已成为制约杂交水稻发展的瓶颈，是遗传学家和水稻育种家关注的世界难题。如何提高杂交水稻种子生产的遗传机制呢？美国遗传学家Rutger等（1981）在粳稻杂交后代中发现一种由隐性单

田间观察稻穗

基因控制的上部节间显著伸长的植株，命名为*eui*基因，作为杂交水稻种子生产的第4遗传要素，*eui*基因的发现研究和利用，一直受到世界各国遗传学家和水稻育种科学家的高度关注。

中国水稻所申宗坦、何祖华等用*eui*基因种质76：4512导入珍汕97B，育成了中国第一个长穗颈不育系珍长A，解除了包颈，对九二O敏感，但是珍长A是将*eui*基

因种质通过杂交，回交导入珍汕97B，因杂交后基因的分离与重组，丧失了原珍汕97B的综合优良性状，未能应用于生产。梁康迳等也对eui基因在杂交水稻不育系的应用上做了研究。

1998年杨仁崔等人提出直接诱变B系、S系和R系，获得eui基因突变体，育成高秆隐性长穗颈不育系，继而育成e型杂交水稻，该技术路线获得成功，并达世界先进水平。我们水稻育种团队于1999年引进该技术，2000年启动研究，2001年江西省科技厅立项，2003年列入"十五"国家科技攻关计划，2005年列入国家农业科技成果转化资金项目，2007年列入"863"计划。

引进育种家所育保持系的干种子后，我们团队采用直接诱变来获得eui突变体，与相对应的不育系杂交回交育成了K17eA和汕eA。我们团队还采用创新的技术路线，"人工制保"创新种质获得新质原eui突变体，育成了有自主知识产权的高秆隐性长穗颈不育系4个，即兴eA、吉eA、瑞115eA和亚22eA，从而摆脱了受产权控制的困境。这6个不育系都完全解除或部分解除了包颈，在种子生产过程中，每亩只需0.5～5克九二〇，不仅降低了成本，提高了种子质量，还减轻了生产中稻米和环境的污染问题。

与颜龙安院士（右）在田间

用K17eA育成了10个e型杂交水稻系列组合，其中早稻组合6个（江西4个，广西2个），比对照增产4.13%；晚稻组合4个，比对照增产3.92%；这些组合已大面积在生产上应用推广。e型杂交水稻不育系K17eA及其系列组合的选育与应用，获2008年度江西省科技进步二等奖。

eui基因育种所取得的丰硕成果，都是在三亚这片神奇的土地上实现的，经过她的洗礼，成就了e型杂交水稻的研究与应用。

高秆隐性eui基因长穗颈不育系的选育，辐射诱变干种子的第一关，必定要在三亚荔枝沟师部农场11月下旬播种，第二年4月收获，赶上当地的春播，6月抽穗获得eui突变体，只有在三亚才能实现eui基因育种关键的第一步。

南繁成就了我，实现了我的梦想。我的人生价值，就是培育出更多高产稳产的杂交水稻品种，让世界仍在挨饥受饿的人能吃上一碗饭，让中国农民富裕起来，这是我作为一名老科技工作者、共产党员、知识分子的崇高使命和终身追求。

张理高
萍乡人在南繁，一路风雨一路歌

张理高，1944年1月生，江西萍乡人。带领萍乡人坚持南繁制种38年。获全国优秀星火企业家奖、江西省农业科技突出贡献奖、全国南繁工作先进个人等奖项，被育种界称为"南繁才子"。

我是一个普通的农民，家住江西省萍乡市湘东区排上镇，祖祖辈辈种田，从小就光着脚丫子跟着父兄在泥里滚、水中泡，过着吃红薯丝饭充饥挨饿的苦日子。多年的种田经验，使我深知"粮食丰收，种子当先""作田不如勤斛种"的道理。因此，当杂交水稻这一科研成果一问世，我就钟情于杂交水稻的繁种制种，希望把这些增产丰收的种子撒向大地，让户户有粮食，人人有饭吃。带着这种朴实的愿望，我如痴如醉地踏上了南繁之路，每年秋末去，翌年夏初归，持之以恒，从未间断。

谈及南繁，我的心情是无比激动的，我们在南繁育种路上40多年如一日，历尽了艰难险阻，尝遍了酸甜苦辣。现在，我就向大家谈谈南繁路上的那些难忘的经历，叙叙南繁育种中的那些可喜收获。

艰难困苦何所惧

海南，祖国的宝岛，那里有得天独厚的光热优势，有广阔肥润的土地条件，是杂交水稻科研成果诞生之地，是杂交水稻种子繁种制种的风水宝地。1975年秋，我作为湘东区排上公社农技员，带领十来个人的南繁育种队，踏上了奔赴天涯海角的南繁之路。那时的交通条件不好，我们从湘赣边界的家乡出发，身背行装，步行到萍乡城里，再坐火车、乘汽车、过轮渡，日夜兼程，长途跋涉，要六七个整天整夜才能到达繁种基地。我们最早育种是落户在距三亚不远的保港公社保平大队。因为是初次来海南，人生地不熟，生活条件很艰苦，住的是茅棚、猪舍、牛棚，洗的是井水、河水澡，睡的是硬棍子床铺，蚊子多、蛇蝎多、蜈蚣多，不时来惊扰，总是弄得睡不好觉。千事万事，吃饭大事，那时粮食紧缺，要定量供应，我们将萍乡的地方粮票换成全国粮票，才能在那里买到粮食。海南风沙多，米饭中往往含泥沙，稍一不慎，就要嚼缺牙齿，吃下去易患胃病。吃菜有困难，我们只得从家乡带来干辣椒、萝卜皮、黄豆子等干货，再在驻地种上一些蔬菜。至于要吃上猪肉、鸡肉等荤菜，除非要等年终春节时，家乡的党政领导来慰问才能打牙祭。那里没有煤炭，育种队员们要轮岗上山砍柴烧火煮饭炒菜，这种活又苦又累，荆棘会刺破皮肉，柴兜利石会穿透鞋底，往往累得汗流浃背，精疲力竭……

我们不仅要经受艰苦环境的磨难，而且要和鼠雀、自然灾害做斗争。南繁育种的每个环节都有风险。早春2月，我们家乡正好是过大年度春节的日子，此时我们南繁育种人忙碌开来了，杂交水稻的父本、母本种子先后下泥，接着育秧、栽禾、耘禾、施肥……海南老鼠多，成群结队；麻雀多，有时成百上千只铺天盖地飞来，它们一来，会把种谷、幼苗糟蹋得精光。面对雀鼠为害，我们想尽了办法应对：在田边地角搭上个棚屋，派员轮岗日夜在棚内守护，棚内备有哨子、铜锣、鞭炮，鼠雀一来，就敲铜锣、吹哨子、放鞭炮，把鼠雀吓逃；秧田上空还系有一杆一杆的彩色线带，随风飘荡，像一根根彩鞭在空中抽打，有效地防止了鼠雀为害。禾苗生长到了中、晚期，海南的天气变幻难测，气温升降差距大，不时雷鸣电闪，暴风雨接踵而至，把禾苗淋淹得倒伏在泥水里。我们为了抗灾救禾，有时晚上也得打着手电冒着风雨去开沟排洪除险。抗灾归来，只见腿上、手上沾满蚂蟥。有一次，我被毒蛇咬伤，好在及时采制草药敷在伤口，伤口红肿起来，疼痛难忍，我忍受着，手扶锄头柄带领队员们在稻田里排涝、扶禾、洗禾、补兜……

在南繁育种的头几年里，我们经历了无数艰难险阻，眼看队员们皮肤被晒黑了，身体消瘦了，有的中暑发痧，有的患胃病，有的得疟疾，有的重感冒。我也被晒伤了，皮肤一层层脱落下来，瘦掉了10来斤。但是，我们并没有动摇，还是坚持不懈地育种。那几年里，全国各地已有数万支南繁小分队在海南三亚等地育种，但他们大都因为经不住那种艰难困苦的考验，陆续迁回。在这节骨眼上，我们萍乡南繁人也有些犹豫不决，全国这么多的育种队都迁回了，我们到底继续留在海南还是也返回呢？此时此刻，我深知，作为团队"领头雁"，是不能有丝毫动摇的。我随即采取了两方面的工作稳定队员们的思想情绪：一是精神方面的鼓舞，我对他们说，"苦不苦，想想红军长征二万五""难不难，忆忆红军当年爬雪山"；二是从物质条件上予以关心，解决队员们生产生活上的具体困难，分配方案的措施是"四保，按组合定产，按比例分成"，即保基本工资，保生产、生活费用，保来回差旅费，保福利、医疗及工伤事故等，实行超产部分制种大户与队员分成。这两方面的工作，卓有成效地稳定了队员们的思想情绪，我们萍乡南繁育种人员有增无

张理高田间工作照

减，像滚雪球一样，队伍越来越壮大，到80年代、90年代，我们的南繁队伍从开初的10多人，增到几百人、上千人、6 000多人，育种面积从开始的几十亩、几百亩，扩大到几千亩、逾万亩、10多万亩，南繁基地遍布三亚、东方两市和陵水、乐东、昌江等县。

艰难困苦何所惧，身怀壮志育良种。80年代、90年代以来，繁育的种子一年比一年多，不仅满足我们江西几百万、几千万亩杂交水稻种植的需求，而且撒遍了祖国的大江南北。在南繁路上，我们虽然饱尝艰辛，历尽风险，但看到用汗水和智慧换来的金灿灿的良种，即便再苦再累，心里也是甜蜜蜜的。

20世纪90年代初，萍乡市委、市政府对我们排上镇南繁的成绩给予充分肯定，并且信任我，将我从排上镇农技员的岗位，调任到市种子公司当经理、种子管理站站长。在这个岗位上，我的担子更重了，任务更艰巨了。我尽职尽责，在南繁工作中取得了一些成绩，获得了一连串的荣誉：1991年获全国优秀星火企业家奖、1995年先后获市劳模、省劳模、全国劳模等称号；1997年获江西省农业厅种子工作先进个人奖；2001年获江西省农业科技突出贡献奖；2004年获江西省粮食生产标兵奖；2006年获全国南繁工作先进个人奖；2010年获市政府南繁制种突出贡献奖。我认为这么多荣誉，并非是属于我一个人的，而是在中央、省、市各级党政的重视下，在农业部和国家南繁办，省、市农业主管部门的引领下，全体南繁人员一年又一年艰苦奋斗的结晶。我十分珍惜这些荣誉，决心把荣誉作为动力，在南繁路上，坚持不懈，奋斗不息。

不断实践攻难关

南繁育种科学性强、技术难度大，与常规水稻相比，无论在播种、育秧、栽秧、植保、施肥、浇灌等各环节上，都大有不同，我在40多年的南繁育种实践中，就有切身的感受。

俗话说万事开头难，我们在南繁伊始的头两年里，在一无前人经验借鉴，二无文字资料查阅的情况下，碰到了许多难点，致使南繁产量很低。开局的第一年亩产只有15千克，翌年为30～40千克。为了改变南繁制种产量低的状况，我们不灰心、不气馁、不退缩，而是坚持"实践第一"的观点。实践，认识，再实践，要在失败中吸取教训，在成功中摸索经验。在那些苦苦求索南繁要诀的日子里，我经常与育种队员们在稻田里徜徉，在田埂上徘徊，看禾苗长势，观父本禾与母本禾是否均衡生长。可以说一心扑在制种上，把私事、家事全部置于脑后，只顾南繁育种的事。那一年，我父亲重病，家人来信要我速归，但南繁育种正是关键时节，我没有回去。子欲养而亲不待，等我农事稍闲，带上海南椰果、马鲛鱼等特产准备孝敬父亲时，父亲已经去世。有一次，正当南繁育种忙碌之日，家人来信说儿子在上学途中不慎摔跤左手骨折，要

脚踏车是每天去基地必备的交通工具

我回去。可是，为了种子，我没有顾及儿子，还是没能及时赶回家里带他治疗，一直坚守在南繁基地，致使儿子成了终身残疾。

功夫不负有心人，我们在不断的实践探索中，终于懂得了杂交水稻繁种的核心技术所在。这个核心技术就是要在花期相遇与调节上下功夫。花期相遇是关键，是制种丰产不丰产、成功与不成功的关键。实践证明，气温高低、光照长短与强弱都直接制约花期相遇，因此我们要善于观天，掌握天气晴阴冷热变化，根据父本、母本生长特征，进行花期预测，掌握主动权，及早进行有效处理。让父母本长势均衡，父本花开了，母本也扬花了，父本的花粉就容易撒落在母本花柱上，才能达到最佳效果。要是长势不均衡，咋办？父本长快了，就得喷洒矮壮素（多效唑）暂控长势，使其缓长；母本慢了，包颈难于吐穗扬花，就巧施920激素，适时晒田、施肥，促其解除包颈，让母本花蕊柱头外露，笑迎父本花粉，达到授粉结实的目的。在禾苗长势上，多是父本花穗要稍高于母本花穗，这样授粉率更高。

核心技术要掌握，其他环节也不能忽略，例如繁种基地区域的选择、父本与母本错期的预算、父本与母本栽种的"行比"、"行向"是否适当，以及水肥管理是否科学，都会制约南繁种子的收获效果。只有切实把握核心技术，又不放松其他每一个环节，围绕核心，一环套一环，环环紧扣，才能使南繁育种丰产增收落到实处。

科学有险阻，苦干巧干能过关。我们在不断实践中掌握了核心技术，产量也就逐步攀升，从开始的亩产15千克、几十千克、上百千克，到1983年突破150千克。在

当时，这个数字创全国南繁制种产量新高，名列全国各地南繁制种队前茅，时任国家农业部部长林乎加同志带领许多专家、学者来海南参观考察，走在萍乡育种基地的田塍上流连忘返，林部长朝我走来，竖起大拇指赞扬说："你们真不错，是南繁育种的才子、南繁状元，像你们这样的育种能手，越多越好。"此后，海南三亚市党政领导将几个市县的

张理高实验室工作照

南繁育种队负责人，召集在我们萍乡育种基地现场观摩，请我们介绍高产的经验。

从此，我们萍乡的南繁团队，就像"高山打锣，名扬天涯"。邻近三亚的几个县乡请我们去传授经验，江西吉安地区请我去当繁制种顾问。吉安地区在海南育种6 800多亩，以往产量总是在四五十千克左右徘徊，我带领萍乡的育种队员实施新技术繁育，亩产种子逾100千克。以后随着制种技术不断提高，种子亩产跳跃式增加，从150千克、200千克，到逾300千克，个别高产田块能有350多千克。

20世纪80～90年代，直至21世纪以来，全国各地许多杂交水稻专家，看到萍乡南繁人繁制的杂交水稻种子产量高、质量好、成本低，带来了显著的经济效益，于是纷至沓来，慕名而至，要求为他们繁制各种类型的杂交稻种。我们接受了这个重任，与他们订立了产销合同，繁育了更多的新组合新品种，从开始的一个系列几十个品种，增加到两大系列200多个组合新品种，这些新品种，适应性更为广泛，既有适应早、中、晚三季栽培的，又有宜于平原、山区、丘陵的品种。这样，"萍乡牌"的杂交水稻良种，辐射的市场就更加广阔，不但满足了我国几十个省份的市场需求，还先后跻身亚、非、拉等国外市场。

勤奋耕耘多收获

40余年来，我们在南繁路上，洒下汗水，融入智慧，辛勤耕耘，有以下几项收获。

一是形成了一项新兴产业。杂交水稻南繁育种，这是一项前无古人的新兴产业。这项产业，是我们南繁人经过几十年的艰苦努力形成的，我们萍乡人则是南繁路上的先行者。当初，南繁育种是小团队、小面积、低产量。随着育种人年复一年的努力，人数不断增多，制种面积跨越式增长。进入21世纪初，南繁已形成6 000多人的大队伍，育种面积从5万亩到10万亩。目前，萍乡南繁人育种面积已达12万亩左右，占全国各地每年南繁育种总面积的85%以上。我们萍乡南繁人组建的江西天涯种业公

张理高田间考察

司、海南春蕾种业公司、海南广陵高科实业有限公司，与全国各地逾百个种业公司订立了业务往来合同。每年大批量的杂交水稻良种销往全国各地，南繁育种已成科技兴农的一项支柱产业。

二是造就了一支庞大的南繁技术队伍。我们萍乡南繁人，在不断的实践中，造就了一批又一批育种技术人员，可谓"在战争中学会战争，在游泳中学会游泳，在繁制种中学会繁制种"。我们已拥有300多名技术能手，能娴熟地把握繁制种各个环节的要领。我为培育这批技术骨干下了不少功夫，花了不少心血，采用的方法是在育种基地现场传授，进行传、帮、带；而且把我的经验写成讲稿，为他们讲课。我出任萍乡市种子公司经理期间，每年还举办杂交水稻育种培训班，使许多技术能手脱颖而出。我带着这批技术能手，还大胆探索繁制杂交种子的技术，不断实践，喜获成功。这样，我们既"南繁"，也"内繁"，基地至今遍及全国各地。南繁与内繁相结合，使杂交稻种子产量更高，生产效益更大。

三是取得了三大效益。经济效益方面，在我们萍乡人南繁35周年之际，市政府于海南三亚召开了一个庆典大会，市农业局统计，我们萍乡南繁人累计生产杂交种子3.45亿千克，可供3亿余亩农田种植，以每亩增产稻谷80千克计算，增产稻谷250多亿千克，社会产值在400亿元以上。其中，我本人直接繁种和制种计118万亩，累计生产稻种4亿多千克，为国家增产粮食50亿千克以上，其社会产值也要达几十亿元。以上这些成果是35年的，加上以后的五六年所创造的经济价值，就更为可观。社会效益方面，我们萍乡南繁人育种40多年来，所覆盖的市场愈来愈广阔，繁育的种子已占有全国种子销量的15%左右，这些良种撒向全国和世界其他各地的一些国家，产生的社会效益可想而知，为解决我国13亿人口的粮食问题和世界粮食安全做出了一定的贡献；我们每年在海南租地繁种，每亩以600～1000多元的地租交付给当地居民，一年又一年，40多年来，为他们增加了多少收入！再是40多年来，我们一批次一批次的制种人员，每人每期育种劳务收入有几万元，或是近十万元，技术能手收入就更多了，他们靠制种收入发家致富。千家万户都盖上了新楼房，过上了有小车、衣食丰裕的小康日子。生态效益方面，我们在海南除租地繁种外，为扩大面积，做大产业，原有的耕地不够，就改造那里的荒地、旱地、盐碱地、高地、砂砾地，投入不少劳力、物力、财力，使不毛之地变成了繁育良种的农田，有效改变了那里的生态环境。每年为海南增加耕地面积两万余亩，提高了复种指数。再是我们在生态防治稻瘟病、灭虫、除害等方面也有一套行之有效的措施，为农业植保提供了好的经验。

张理高田间工作照

回顾我们萍乡人40多年来的南繁历程，风风雨雨，坎坎坷坷。40多年过去，弹指一挥间，如今家乡和海南都发生了翻天覆地的变化，南繁之路，已成了宽阔的金光大道。这是一条增产粮食解决吃饭大问题的康庄大道，是广大农民脱贫致富早日过上小康生活的大道。在这条大道上，我们萍乡南繁人流下了不少汗水，费了不少心血，甚至付出了生命的代价。据不完全统计，萍乡育种人在南繁的抗灾中、运粮车祸中、患病中就有20多人失去了生命。我们当年的青壮年如今已变成了老年，我初去南繁还只是而立之年，如今已是73岁的白头翁。但是，"作田伢仔不服老，今年又想明年好"。我退休之后，仍在萍乡市南繁种业协会荣誉会长的岗位上，尽心为南繁献计、献策、献余热。

在萍乡市南繁制种35周年庆典大会上，农业部的同志讲，"随着杂交水稻的普及和繁制技术的提高，许多省区南繁制种基地的队员逐步内迁，只有江西萍乡南繁制种人，凭着吃苦耐劳的精神和坚韧不拔的毅力，在十分艰苦的环境下，担负起南繁制种的重任。萍乡南繁人为南繁制种业发挥了很好的示范带头作用，功不可没。"这是农业部对我们所取得成绩的充分肯定，对我们艰苦奋斗精神的高度赞扬，给我们莫大的鞭策与鼓舞，我们一定要再接再厉，把南繁产业做得更大更强，为我国13亿人口的粮食需求和世界粮食安全做出更大的贡献。

冯克珊

天涯觅芳草
——只为寻得最美"野败"

冯克珊，1943年12月生，海南琼海人。海南省动植物检疫站原副站长，高级农艺师。"野败"的发现者，获袁隆平农业科技奖，享受国务院政府特殊津贴。

我原是南红农场技术员，主要负责农作物良种繁育和科研工作，1986年8月由于工作调动，离开南红农场，调入植物检疫站（现海南省南繁管理局）工作，直到退休。回想起在南红农场20年的育种工作，记忆犹新，历历在目。

1966年，农业部为了在海南打造南繁科研育种平台，投资建设了南红农场。南红农场坐落在三亚市天涯区凤凰镇妙林田洋家林家村附近，耕地近700亩，土地肥沃、地势平坦、灌溉条件好，是南繁育种的好地方。60年代末到70年代初，中国农业科学院作物所、原子能利用研究所，河北、河南、山东、天津、山西、陕西、内蒙古、黑龙江、湖南、江西、安徽、福建、广东等17个省（自治区、直辖市）的科研单位云集在南红农场进行南繁育种加代，涉及高粱、玉米、水稻、谷子、小麦、马铃薯、向日葵等多种作物。

1970年7月中旬，湖南省安江农校袁隆平老师带领李必湖和尹华奇到南红农场南繁育种，主要进行水稻不育系的研究和选育（当时还未育成系）。在60年代中期，我国利用杂种优势理论，相继培育成功杂交玉米、高粱品种，如河南的玉米品种新单1号、新双2号，山西的高粱品种晋杂5号等。我认为袁隆平老师的杂交水稻研究是很重要的课题，并就其课题的事宜向农场领导汇报，得到了农场领导的支持和重视，指示我一定安排最好的田块给袁隆平老师做科研。经再三考察，我将二号公路的田地安排给袁隆平老师做试验田。农场领导基于种种考虑，安排我和符策豪、郭淑莲到安江农校育种队跟班学习，一是学习杂交水稻实践经验；二是学习水稻雄性不育选育的理论。当时理论课的授课老师是袁隆平，他介绍，从1964年发现水稻雄性不育株以来，他已经对其进行了6年的研究。他讲述水稻雄性不育的选育理论和利用，并讲到远缘杂交理论，如籼粳交、野生稻和常规稻杂交等。

1970年10月下旬，袁老师的水稻雄性不育材料开始抽穗扬花，紧张的杂交工作便开始了。袁老师的研究材料中，C系统由尹华奇管理，W系统由李必湖管理。在我与安江农校育种队跟班学习期间，袁老师在田间和试验中耐心地向我们传授水稻杂交的方法和要领，指导我们如何鉴别水稻雄性不育的花药和怎样使用显微镜染碘花药鉴别不育和可育的镜检方法等。在跟尹华奇学习杂交C系统材料的10天里，我仔细观察到不育材料是一半不育一半可育，杂交的 F_1 也是一半可育一半不育。

冯克珊在水稻田间

1970年11月上旬，在跟李必湖学习W系统期间，我又观察到W系统材料也是一半不育一半可育的现象，我一直反复斟酌这个问题并向李必湖请教，后来才知道，为了解决这个问题，袁老师已经到中国农业科学院作物所请教我国著名的遗传学家鲍文奎教授。这时，我突然想起袁老师上课时讲的远缘杂交理论，在他这个思路指导下，我想起农场周围的野生稻，便向李必湖说："小李，农场周围的野生稻很多，等到11月中旬野生稻抽穗后，拿来试一试，能否解决。"李必湖说："可以，用来试一试。"

1970年11月中旬某一天的上午11点，那是野生稻开花的最"美"的时刻，我和李必湖从南红农场二号公路试验田到一号公路的铁路涵洞的林家村田的水坑里找野生稻，在一处水坑里，我们卷起裤腿寻找不育野生稻。没多久，我发现了一株野生稻的花药和试验田里的不育株的花药一样，便急忙喊李必湖过来，经仔细观察核对后，李必湖大致确定这是一株不育的野生稻，此时，我立即将宝贝一样的野生稻挖出来并捧在手上，急忙运回场部试验基地。回到场部后，李必湖小心翼翼地把这株野生稻的花药拿到显微镜下做镜检。在显微镜下，花粉粒是空泡状呈淡青白色，确实与试验田里不育株的花药相同。当天，李必湖把这株野生稻小心翼翼放在水桶中，下午移栽到试验田地里，细心栽培。

之后，他们电告在北京的袁老师。袁老师怀着激动的心情回到南红农场，经过镜检之后，他十分高兴地说："这株野生稻是不育的！"便将这株野生稻命名为"野败"。这便是"野败"发现的历史。

袁老师对于发现这株花粉败育型野生稻做出这样的评价：这株"野败"为我国杂交水稻的三系配套打开了突破口，使我国杂交水稻研究很快取得成功。这项成果在1981年获得我国第一个特等发明奖，因此"野败"成为科学研究中的一次重大发现。

张延秋　储玉军
为南繁排"难"解"烦"

南繁基地，是我国的农业科研宝地，是唯一的和不可替代的，为保障我国乃至世界粮食安全、推动农业科技进步做出了重要贡献。

转眼之间，南繁已走过了60个春秋。时间是最客观的记录者，也是最伟大的书写者。曾几何时，南繁科研人员遭遇了种种现实困难，科研及生活环境艰苦、人身安全难以保障、种子被盗被毁等问题突出。60年沧桑巨变，现在的南繁虽然仍面临用地难等问题，但从基础设施、管理服务、科研条件等指标不断向好的变化中，我们不仅看到了南繁结出的累累硕果，南繁人拥有了实实在在的成就感、幸福感和安全感，更清醒认识到中共中央、国务院历来高度重视南繁基地建设的正确性，必须坚持在以习近平同志为核心的党中央坚强领导下建设"南繁硅谷"的正确发展道路不动摇、不松劲。

60年的南繁历史，是科学家艰难探索、开拓创新的历史，也是各级政府为南繁排忧解难、保驾护航的历史。

种业新时代，南繁新篇章。回顾为南繁管理和服务做出贡献的同志，是为了更好地推动当前和今后的工作。

改革机制，部省共建机构管理南繁

一切伟大变化，皆肇始于思想。从20世纪50年代中期，各农业科研单位和大专院校科研人员，自发探索发现种子最温暖的"摇篮"在海南伊始，到20世纪70年代，南繁育种呈快速扩张趋势，繁制种人员大量增加，在物资匮乏、基础设施落后的时代，开始出现争地、隔离纠纷、物资供应紧张、南繁种子运输及人员结构复杂等问题。南繁人把南繁戏称"难烦"。

从这一时期，国家开始重视南繁管理，并逐步规范。1972年南繁工作纳入国务院批转农林部的《关于当前种子工作的报告》，1976年中央农林部种子局印发《关于搞好海南岛南繁工作的意见》，1983年农牧渔业部颁布《南繁工作试行条例》。同时，1978年农林部批准成立中国种子公司海南分公司，具体负责南繁组织、管理工作。

到了计划经济向市场经济转轨年代，1988年中国种子公司海南分公司变更为中国种子海南公司，并从事业单位转为自负盈亏的企业，难以承担南繁管理工作。

南繁管理机构的实质空缺，导致出现了很多问题。1995年初，南繁育种家给当时国务院主管农业的国务委员陈俊生写信，反映南繁育种遇到的困难。陈俊生委员做出批示，要求农业部研究解决。农业部立即派中国种子公司副总经理陈萌山和农业司种子处张延秋处长到海南调查。调查组先后到三亚警备区师部农场、乐东、南滨农场调查，并与三亚市农业局局长的江泽林同志交换了意见。调查组了解到，南繁育种人员意见较突出集中在南繁人员的人身安全和南繁种子被盗被毁问题；南繁用地无统一安排，经常出现因隔离区相互干扰问题；南繁进驻办理手续复杂、多头收费、种子运输困难等问题。核心问题是缺少有服务能力、有权威的管理机构。

"应尽快由农业部和海南省政府联合成立管理机构。"调查组的建议得到了农业部领导的重视。1995年3月14日，农业部部长刘江邀请前来北京参加全国人民代表大会的海南省委书记阮崇武到农业部专题研究南繁管理工作，就共同组建国家南繁工作领导小组达成了一致意见。

部省共建机构管理南繁的相关工作推进很快。1995年9月26日，农业部副部长刘成果与海南省副省长陈苏厚，在海口共同组织召开了南繁工作座谈会，会议决定成立国家南繁工作领导小组，统一领导南繁工作，组长由刘成果副部长、陈苏厚副省长担任，成员有农业部农业司、农垦局、科技司、计划司、财务司和海南省农业厅等部门，以及三亚市、乐东县、陵水县政府、中国人民解放军三亚警备区领导。设立国家南繁工作领导小组办公室（简称"南繁办"），主任由农业部农业司派人担任，副主任由海南省农业厅派人担任，成员由三亚市、乐东县、陵水县农业局各派一人组成，每年在南繁季节集中在三亚市办公。

1995年11月23日，南繁办在三亚挂牌办公，南繁人开始有了自己的"父母官"。首任主任由农业部农业司选派马志强副处长担任，副主任由海南省农业厅选派蔡尧亲副站长担任。农业部农业司先后派出张首都、万永红、赵汉阶担任主任，农业司崔世安司长、王智才副司长先后到海南调研指导工作。

不负众望，不辱使命。南繁办逐项解决了南繁育种家强烈反映的治安混乱、收费"多、乱、杂"、手续繁杂、纠纷多等突出问题，社会秩序明显好转，看得见、摸得着的变化也让南繁人真正拥有了幸福感和安全感。

1995—2000年，农业部和海南省有关部门共同派人到南繁办从事南繁管理工作，包括了解问题、搜集建议、反映情况、化解矛盾，为南繁保驾护航。之后到2011年前，南繁开始加强属地化管理、服务，成立了三亚市南繁科学技术研究院、海南省南繁管理办公室。

南繁从一个自发现象蜕变为组织有序的产业，成为托起"中国饭碗"最坚实的底座。

创新发展，部省联合建设国家南繁基地

要实现新时代中国梦，基础在"三农"，农以种为先。2011年4月10日，国务院8号文件《国务院关于加快推进现代农作物种业发展的意见》明确提出"种业是国家战略性、基础性核心产业"，要求"建设国家南繁育种基地"。在我国传统种业迈向现代种业的新跨越时期，南繁基地的建设也被赋予了新使命。

这个时期，南繁也出现了新的变化和困难。南繁人员大量增加，不但有科研院所人员，还有企业育种人员；育种内容不仅是常规育种和繁种，还有材料创制、转基因育种研究等；南繁与海南冬季瓜菜争地矛盾突出；南繁单位生产生活用房未经审批成为违章建筑，迫切需要建立稳定的新基地；特别随着海南城市化发展和国际旅游岛建设，可用于南繁的耕地逐年减少，永久保护问题，依法管理问题提到议事日程。

2011年农业部种子管理局成立，第二年廖西元副局长带队对南繁基地建设管理做了深入调研，建议国家南繁育种基地建设要搞好顶层设计。

农业部与海南省政府开始联合推动国家南繁基地建设，刚刚成立的种子管理局紧锣密鼓筹备部省签订合作备忘录。2012年5月3日，农业部韩长赋部长、余欣荣副部长亲自到海口，与海南省罗保铭书记、蒋定之省长签订了《农业部 海南省人民政府

农业部与海南省签订《关于加强海南南繁基地建设与管理备忘录》

关于加强海南南繁基地建设与管理备忘录》，双方领导表示要共同规划好、建设好、利用好、保护好海南南繁基地。在加强管理方面，调整了国家南繁工作领导小组，由农业部余欣荣副部长任组长，海南省陈成副省长任副组长；之后，海南省相继由何西庆、刘平治任副省长，为南繁工作倾注了心血。海南省农业厅肖杰、江华安、符宣朝、许云等历任厅长，同时任国家南繁办主任，为推进南繁基地建设做出了贡献。

随后，南繁机构力量得以强化。海南省政府将海南省南繁管理局由自收自支事业单位改为全额事业单位，将南繁植物检疫站合并到南繁管理局。农业部相继派出吴晓玲、郭立彬、寇建平、谢焱同志，赴海南省农业厅挂职任副厅长，加强南繁工作领导，其中，郭立彬、寇建平先后兼任南繁管理局局长。在基地建设方面，双方同意共同起草制定基地建设规划。

绘制蓝图，国家南繁大有希望

中共中央、国务院历来高度重视南繁问题，建设好南繁基地是几代南繁人的夙愿。

2011年国发8号文件、2012年国办59号文件、2013年国办109号文件，以及多个中央1号文件中，均明确提出要加强海南南繁基地建设。

思路新，天地宽。农业部党组坚决贯彻党中央国务院的决策部署，韩长赋部长要求将制定南繁规划作为一项重点工作加快推进，部党组分管领导梁田庚同志、余欣荣同志先后多次赴海南专题调研，着力破解科研人员关心的落实用地难、保障生物安全难、配套设施合规难，以及材料易丢失、农田设施差、生活保障跟不上等问题；而解决这些问题的核心，是平衡国家、省、市县、农民和南繁单位的利益关系。

南繁基地建设上升到史无前例的重视程度。2013年，时任副总理的汪洋同志3次召开专题会议，研究解决南繁基地建设问题；2014年11月2日，亲自到海南并连夜召开会议，强调南繁基地用地，是红线中的红线，一定要像保护文物和大熊猫一样坚决守住这块事关我国粮食安全基础、不可再生、不可替代的土地资源；要求一定要把国家南繁基地规划好、保护好、建设好、管理好、利用好。在汪洋同志的亲自协调和推动下，规划起草编制工作快速推进，在此过程中国家发改委、财政部、原国土资源部、水利部等部门和海南省政府给予了大力支持，明确规划投资重点方向，细化资金测算，并明确资金渠道，使规划具有很强的操作性；在基础工作方面，农业部规划设计研究院和海南省农垦设计院发挥了技术支撑作用，确保了规划基础数据的扎实准确。

2015年10月28日，经过各方努力，在深入调研、科学论证和全面征求意见的基础上，经国务院同意，《国家南繁科研育种基地（海南）建设规划（2015—2025年）》（以下简称《南繁规划》）正式印发。规划提出在海南划定26.8万亩南繁保护区，建设5.3万亩高标准南繁科研育种核心区，纳入永久基本农田实行严格保护；力争用

5～10年时间，把南繁科研育种基地打造成为服务全国的用地稳定、运行顺畅、监管有力、服务高效的科研育种平台。南繁规划的出台，在南繁发展历史上具有里程碑意义，成为高标准建设国家南繁基地的新起点。

2015年11月，农业部会同有关部门在三亚召开了全国南繁工作会议，要求扎实贯彻规划要求，全力推进南繁基地建设。两年多来，规划落实工作全面推进，保护区划定工作全面完成，核心区建设全面推进，各项政策措施有效落实，南繁管理体系不断完善，科研人员的"难"与"烦"正在逐步破解。

2018年，南繁再次开启新篇章。4月12日，习近平总书记视察海南期间，亲赴南繁基地调研，再次强调要下决心把我国种业搞上去，抓紧培育具有自主知识产权的优良品种，从源头上保障国家粮食安全。强调南繁基地是国家宝贵的农业科研平台，一定要建成集科研、生产、销售、科技交流、成果转化为一体的服务全国的"南繁硅谷"。4月13日，中共中央、国务院印发《关于支持海南全面深化改革开放的指导意见》（中发〔2018〕12号），强调加强国家南繁科研育种基地（海南）建设。

2018年11月，张延秋司长在陵水调研

"芳林新叶催陈叶，流水前波让后波。"南繁基地建设永远在路上，只有进行时，没有完成时。艰苦卓绝的60载，南繁人创造出无愧于时代、无愧于历史的伟大成绩。蓝图已绘、思想引领、制度保障，从事南繁管理和服务的同志将继续砥砺奋进，助力南繁继续创造举世瞩目的伟大成就。

（备注：张延秋，1995年任农业部农业司种子处处长，2011年任农业部种子管理局局长，2018年任农业农村部种业管理司司长）

马志强 蔡尧亲
南繁管理的核心是服务

  1995年10月,农业部和海南省人民政府联合成立国家南繁工作领导小组,下设国家南繁工作领导小组办公室(简称南繁办),由农业部农业司和海南省农业厅等单位组成。按照要求南繁办每年南繁季节集中在海南省三亚市办公,根据安排,我们作为第一届南繁办工作人员,于1995年10月至1996年4月在三亚市开展工作。我们几位工作人员都是从各单位临时抽调的,均没有管理南繁工作的经历和经验。在半年多的工作中,虽然生活条件艰苦,工作条件简陋,但大家凭着满腔的热情和年轻人工作的激情,深入南繁基地调研,及时向国家南繁工作领导小组反映南繁工作存在的问题和需要加强管理的建议,积极协调解决南繁单位发生的矛盾,充分依靠当地政府维护南繁基地秩序。南繁办半年多的工作得到南繁人员的认同和领导的肯定,南繁人员说:"南繁办才是南繁人员真正的家,我们终于有了帮助解决困难的人,有了可以'诉苦'的地方。"当时担任国家南繁工作领导小组组长的农业部副部长刘成果批示:南繁办做了许多实际工作,应充分肯定。

  近年来,在国家高度重视及各级政府、各部门的大力支持下,南繁事业迈上了历史的新台阶。国家对南繁基地建设进行了全面规划,陆续出台一系列稳定南繁基地、支持南繁发展的政策措施。设立稳定的南繁管理机构,制定南繁管理的规章和制度,使南繁步入法制化、规范化的可持续发展轨道。在纪念我国南繁事业发展60年之际,回顾南繁事业的发展历程,为曾有自己的辛勤汗水而感到骄傲和自豪。回顾所做的工作,将我们的经验和体会与大家分享,希望对南繁管理工作有所帮助。

南繁管理随着南繁事业的发展逐步规范和完善

  我国南繁工作始于20世纪50年代中期,最初只是零星的科研单位自发到海南崖城进行育种材料加代,由于南繁单位少、南繁面积小,南繁主要在国营农场进行,南繁中有问题双方协商就能解决。南繁育种年限短、育种成本低的优势，逐渐得到科研人员的认识和接受，南繁的科研单位和人员也逐年增多，到了60年代中期已形成了一定的规模，南繁区域已由崖县崖城扩展到陵水县和乐东县，南繁用地也由国营农场扩大到人民公社的大队、生产队，南繁人员生活、南繁地公购粮任务及南繁种子运输等开始遇到困难。1965年，农业部和广东省人民政府要求广东省有关部门和南繁基地县做好南繁工作的接待安排、粮食划拨、种子运输等工作，南繁管理初显雏形。

20世纪70年代初期，随着杂交高粱推广和杂交水稻在生产上开始应用，以及提倡杂交玉米快出品种采用异地育种的号召，助推南繁盲目扩张，1971年海南岛南繁的水稻、玉米、高粱等作物制种面积超过25万亩，创历史最高水平。在物资匮乏、基础设施落后的时代，南繁面积迅猛扩张和南繁科研人员骤增，造成海南岛粮食和物资供应紧张，甚至引发其他社会问题。为了维护南繁基地社会稳定，保障南繁育种工作有序进行，1972年10月，国务院批转农林部《关于当前种子工作的报告》，规定"南繁种子原则上只限于科研项目"，"需要到海南岛繁育少量贵重种子，应由省统一办理"，第一次对南繁行为做出了规定。尽管这一时期对南繁工作提出了要求，但并没有专门的机构和有效的手段对南繁进行管理，南繁面积仍比较大，南繁秩序也未得到根本改观。1977年南繁面积又超过24万多亩，其中水稻面积超过17万亩。1974年在海南岛发现的水稻凋萎型枯心病，通过几年南繁种子的外运出岛，迅速在南方稻区扩散，至1977年在水稻主产省蔓延至2000多万亩。为此，南繁管理已不是单纯的保障南繁工作正常开展，而更为重要的是保障农业生产安全。

针对南繁工作的突出问题，1978年4月，国务院批转农林部《关于加强种子工作的报告》，批准中国种子公司在海南岛设立分公司，受地方党委和中国种子公司领导，以地方为主。具体负责南繁组织、管理工作，协调南繁单位落实面积、种子返运、南繁化肥和生产资料分配，至此，南繁管理工作有了正式的机构和人员。同年，农林部在海南岛崖城召开"三杂"（杂交水稻、杂交高粱、杂交玉米）制种推广会议，要求各省"三杂"制种以省为单位适当集中，相对稳定，科研育种尽量安排在国营农场。与此同时，在海口和三亚设立植物检疫站，对进出海南岛的农作物种子开展检疫。由于有了专门的管理机构和队伍，南繁管理得到有效加强。1982年，南繁面积控制到7.4万亩。1983年3月，农牧渔业部再次组织召开南繁工作座谈会议，讨论制定了《南繁工作试行条例》，并提出扶持南繁工作的建议，随后农业部下发了《关于加强南繁基地植物检疫工作的通知》，国家计委单列了《南繁种子专用肥》《南繁种子的粮食指标划拨》《南繁基地建设投资》等，扶持南繁的政策陆续落实。

1988年，经农业部批准，中国种子公司海南分公司变更为中国种子海南公司，公司性质由原来的事业单位改为自负盈亏的企业，受中国种子公司和海南省农业厅双重领导，以中国种子公司为主，虽然继续赋予公司分配南繁种子专用肥、办理《南繁种子准运证》等南繁管理职能，由于这一时期我国处于计划经济向市场经济转轨阶段，农资价格由双轨制逐步向市场过渡，计划经济体制下对南繁的扶持政策作用迅速衰减甚至消失，中国种子海南公司已没有管理南繁的手段，加之公司还需要在市场竞争中谋求自身的生存，这一时期，南繁管理机构处于实质空缺状态，导致无证南繁、争地抢地现象突出，南繁收费"多、乱、杂"现象严重，社会治安案件多发。著名玉米育

马志强同志参加1995—1996年度南繁工作会议

种专家李登海反映，1994年南繁的种子有2/3被不法分子偷盗、哄抢或套购，致使很多宝贵的育种材料流失。而当年一篇《莫让南繁成"难烦"》的报道，反映出南繁基础设施不够完善、育种成本增加、社会治安状况不好的现象，再次引起社会对南繁的广泛关注。1995年3月，农业部部长和海南省委书记在北京一起专门研究南繁管理问题，同年10月，农业部和海南省人民政府联合成立国家南繁工作领导小组，统一规划、协调、管理南繁工作。至此，南繁工作有了省部共建的管理机构。

第一届南繁办开展的主要工作

根据国家南繁工作领导小组要求，第一届南繁办于1995年10月23日在三亚市集中开始办公。我们以服务南繁为宗旨，认真履行职责，主要开展了如下工作。

（一）深入开展调查研究，摸清南繁存在的主要问题

南繁办一开始办公，就接到第一个任务：调研解南繁存在的问题，听取对南繁管理的建议。经过20多天的调研与走访，我们先后与三亚市、乐东县、陵水县的领导和海南省农业、粮食、公安、运输等有关部门交换了意见，与23个省（自治区、直辖市）的170多个种子部门、科研院所南繁人员进行了座谈，摸清了当时南繁主要存在以下几方面的问题：一是南繁手续繁杂。南繁的3～4个月时间，南繁人员要先后到十几个单位办理南繁报到、治安管理、植物检疫、种子外运等证明和手续，由于交通不便，信息不畅，一个证明可能多次办理才能办成，浪费了开展科研的宝贵时间。二是南繁收费"多、乱、杂"。主要表现在收费部门多，几乎与南繁沾边的部门，从

县到乡再到村，都向南繁单位收费；收费标准乱，有标准不执行，如办理暂住证每人30～140元不等，还自定辣椒育种"特产税"、管理费等收费标准；收费项目杂，有各种证件办理手续费、土地安排费、治安劳务费等近10种项目。三是南繁基地治安混乱。南繁种子被抢购或套购，珍贵的育种材料丢失，甚至连南繁人员被殴打、财物被偷抢的事件也时有发生。四是南繁种子运输难。交通部门停办铁路和水路联运的零担货物（即每件重量不得低于30吨），南繁种子基本属零担货物，南繁种子外运受阻。五是南繁纠纷多。南繁用地缺乏统筹安排，隔离区矛盾频发，有些不得不销毁，造成珍贵育种材料损失。

（二）及时向国家南繁工作领导小组反映情况，主要问题得到解决

1996年1月，国家南繁工作领导小组在海南省琼海市召开了第二次会议，专门听取了南繁办的专题汇报，对南繁办提出的问题进行认真研究，会议决定：一是简化规范南繁种子外运手续，取消《南繁粮油种子外运证明书》。二是制止乱收费，规定有关南繁收费项目，除海南省政府有明文规定者外，其他收费项目和规定一律取消。三是加强南繁基地社会治安管理，由国家南繁工作领导小组和海南省公安厅，联合召开南繁基地社会治安管理工作会议，部署南繁基地社会治安管理工作。四是农业部与有关部门协商解决种子运输问题。会后，铁道部运输司、交通部水运司、农业部农业司联合下发《关于南繁种子运输的通知》（运条〔1996〕15号），恢复了水陆联运零散种子的业务；海南省人民政府发布了《关于禁止扰乱南繁育种基地生产秩序的通告》（琼府〔1996〕42号），三亚市、乐东县、陵水县政府专门成立了南繁治安领导小组，南繁基地社会治安明显好转。

（三）树立服务南繁的意识，积极协调处理南繁出现的矛盾和问题

一是将维护南繁基地社会治安作为最重要的工作。南繁基地治安问题是当时影响南繁正常工作秩序的主要因素，南繁办与海南省公安厅联合召开南繁育种基地社会治安管理工作会议，南繁办接到相关情况反映立即向有关部门报告，并第一时间赶赴现场协助处理。如1995年11月11日8：30左右接到在陵水县南繁的重庆人员电话，反映20多个南繁人员10日晚上因《暂住证》问题被乡镇派出所扣留，先后找乡、村领导未果，便向南繁办求助解决，南繁办在电话联系陵水县领导请求协助解决的同时，立即赶赴现场了解情况，上午10点派出所就接县公安局指示送回南繁人员。1996年3月18日，乐东县冲坡镇赤塘管区发生不法分子持刀抢劫南繁人员财物，南繁人员被迫藏匿失踪的恶性案件，南繁办立即向海南省人民政府报告情况，省政府责成乐东县查处，乐东县在冲坡召开南繁基地社会治安紧急会议，成立专案组严查凶手，并通过电视、报纸等媒体对扰乱南繁治安行为进行曝光，多管齐下遏制违法行为。

二是建立南繁管理队伍，协调解决南繁中出现的纠纷。针对南繁单位多，繁殖材料多，繁育种材料隔离、争地、争水纠纷普遍的问题，南繁办积极与各省（自治区、直辖市）农业厅沟通协调，要求各省（自治区、直辖市）南繁季节在海南需任命或指定南繁负责人，及时建立起各省（自治区、直辖市）南繁管理队伍。对南繁中出现的纠纷，省内南繁单位之间由本省负责人协调解决，省际南繁单位由南繁办组织各省负责人一起协调解决，使南繁中最突出的育繁种隔离区纠纷得到很好的解决。如来自陕西、北京、河南、云南、四川、重庆、贵州等7个省份的南繁单位，在乐东县九所镇山脚村因相互争抢南繁用地、隔离区相互干扰等产生的纠纷，各不相让，矛盾一触即发。南繁办接到报告后，立即组织相关省南繁负责人前往事发地共同协调，及时化解了矛盾，圆满解决了问题，受到大家好评；同时树立了南繁办的威信，提升了南繁办的地位和形象。

三是积极为南繁单位排忧解难。黑龙江省南繁单位因不知情，在国家重点工程"亚133工程"（即南海天然气管道铺设工程）施工区段，已种植了玉米、高粱、瓜菜等珍贵育种材料，南繁单位与工程施工单位多次联系没有答复后，向南繁办反映情况并希望协调解决。南繁办经多方联系找到施工主管单位——海南省燃料化学总公司后，立即向施工主管单位去函，反映"亚133工程"部分施工地段造成南繁单位育种材料毁苗，请求推迟施工。同时，南繁办前往主管单位工程指挥部与负责人进行沟通，反映南繁育种材料的重要性，得到了对方理解和支持。经南繁单位、施工单位、南繁办等三方实地考察，共同研究后，施工单位调整了施工方案，施工越过南繁地段，等待南繁材料收获后再返回施工。工程单位不计增加施工难度和成本，保全了南繁材料，这一支持南繁事业的行动，得到南繁单位称赞。

四是及时提供信息服务。当时南繁存在地点分散、交通不便、信息闭塞等问题，南繁办自办《南繁工作简讯》，免费分送到各南繁单位，传达国家南繁工作领导小组的决策，通报南繁办工作进展，介绍南繁相关政策。如通过《简讯》宣传国家南繁工作领导小组第二次会议纪要精神，通报运输部门对南繁种子运输的特殊规定，介绍海南省办理《暂住证》有关规定、南繁市县南繁期间气象预测趋势等，深受南繁人员欢迎。

南繁管理启示及体会

（一）部省共管是符合南繁特点的有效管理模式

南繁是全国各地人员到海南进行种子繁育和生产，南繁最基本的特点是使用海南当地的自然、物质和人力资源，因此，南繁管理离不开当地政府。1995年之前，农业部针对南繁管理下发过有关文件，特别是1978年由农业部批准成立了负责南繁管理的机构中国种子公司海南分公司，随后国家在植物检疫、南繁种子专用肥、南繁种子粮食指标划拨、南繁基地建设投资等方面出台了不少支持政策，但这一时期南繁管理主要是以海南属地管理为主。当地政府在人员接待、用地用水安排、物资供应等管理方面发挥了重要作用，也表现出属地管理的明显优势。但南繁的另一个特点是来南繁的是全国各地人员，各单位南繁的作物不同，即使是同一作物，南繁的目的也可能各不相同，加之南繁单位差别大、人员构成复杂，属地管理缺乏权威性，协调能力弱，检疫对象通过南繁传播、隔离区矛盾频发、盗抢南繁种子现象严重，甚至南繁人员财物和人身安全都受到威胁，南繁主要依靠属地管理的弊端逐渐暴露出来，这就需要国家层面相关部门参与协调和管理。为此，1995年农业部和海南省人民政府联合成立国家南繁工作领导小组，建立部省共同管理南繁新机制。1995—2000年，农业部和海南省有关部门共同派人进行南繁管理，经过几届南繁办努力工作，南繁基地社会秩序明显好转，南繁存在的主要问题得到解决。实践证明，部省共管模式符合南繁实情。

（二）服务是南繁管理的宗旨和核心

南繁办是当时国家南繁工作领导小组在南繁季节（每年10月1日至翌年4月1日），派驻三亚具体负责管理的执行机构。但南繁管理不同于一般意义上的管理，因为与南繁相关的人员，一是南繁基地市县的各级政府、有关部门，以及村组组织、农户，二是南繁的全国各地科研人员、种子企业，这些部门和人员与国家南繁工作领导小组没有隶属关系，不存在管理与被管理的关系，因此，南繁办的职责定位是负责统一组织协调南繁工作。而且，1995年之前计划经济体制下掌握在政府手中管理南繁的"一把米"如南繁专用化肥、粮食指标等已经取消或失去作用了。南繁办改变管理南繁理念，以服务南繁为宗旨，管理工作不是靠"管"，因为与管理的对象没有"人、财、物"的关系，而是靠"理"。理人，即南繁人员有什么困难和问题，千方百计去帮助解决。理事，即处理南繁中出现的矛盾和纠纷，千方百计协调处理。理政，即把国家南繁工作领导小组管理南繁的决策落实下去。南繁办不依靠管理权力和物资调控手段，而是依靠全心全意为南繁服务，得到南繁单位好评，得到领导肯定。

（三）建立健全管理体系是南繁管理的基础

南繁工作的特点，要求南繁管理既要靠南繁基地各级政府相关部门，也要靠各省（自治区、直辖市）南繁管理机构。南繁在海南进行，南繁基地社会治安、南繁种子检疫、南繁种子进出海南，以及南繁用地安排、用水协调、用工调配等，都需要当地政府及有关部门协调解决，南繁办紧紧依靠海南省各级政府及相关部门，解决了南繁中的很多难题。同时，南繁单位又来自各地，单位之间相对独立，省内南繁单位之间、人员之间出现矛盾，各省南繁负责人员就能化解，省际发生纠纷，由南繁办与各省南繁负责人共同协调就容易得到解决。

第三章
各省（自治区、直辖市）
南繁历史

北京市
南繁历史

一、南繁历程

北京市南繁开始于1966年，至今已有50多年历史。1966年，北京市接受农业部委托，与河北、山西两省种子部门及中国农业科学院作物育种栽培研究所、北京农业大学，在海南岛陵水县良种场对从国外引进的95份玉米自交系，种植0.13公顷进行鉴定和观察。北京市南繁工作由此开始。

1983年，《南繁工作试行条例》颁布，北京南繁一系列工作有序开展。1987年，北京市制定《关于夏播玉米新品种南繁计划和示范计划》，通过南繁配新组合21个，繁育玉米自交系5个，运回京9 514斤种子，其中杂交种8 035斤，自交系1 311斤。1988—1989年，北京市南繁种植面积417.5亩，其中玉米单繁和制种357亩，育种材料41.5亩，纯度鉴定19亩。

三亚市师部农场原北京市南繁指挥部

为进一步搞好南繁工作，1989年北京市政府专门拨款40万元，在三亚警备区师部农场院内建立北京市南繁指挥部办公楼，1991年正式竣工，投入使用。1992年，经北京市机构编制委员会批准建立了北京市南繁指挥部和北京市南繁植物开发中心，隶属于北京市种子管理站。1998年12月，按照《农作物种子南繁工作管理办法（试行）》，成立了北京市南繁领导小组，并设立南繁指挥部。2003年，对南繁指挥部进行改、扩建，形成了占地6亩、建筑面积780米²的局部四层办公楼。

1995年，中国农业科学院等单位在海南岛进行了转基因棉花田间抗虫试验，转基因番茄、转基因玉米、转基因水稻等试验开始进入南繁领域，自此南繁进入转基因试验时代。在此后相当长的时间里，北京市南繁面积保持在1 000亩左右，南繁单位20多家。自2010年以来，北京市南繁单位的数量逐年增多，2011—2012年，北京市共有34家科研院所、企（事）业单位的488人进行南繁工作，南繁总面积达3 868.4亩，至2015年年底，南繁科研院所、企（事）业单位已达50家，相关工作人员700多人，南繁总面积达6 724亩，规模进一步加大。

二、南繁成效

50多年来，北京市育成了小麦、玉米、番茄、瓜类等优良品种1 000多个，其中80%以上的品种都经过了南繁选育或加代。北京市南繁工作有效促进了农作物品种的选育和生产，加快了农业科技创新步伐。

北京市南繁育成品种农大108

自开展南繁工作以来，北京市已种植上百万份育种材料。以玉米南繁为例，在北京市南繁育种工作最初，就成功选育出骨干自交系的黄早四。由黄早四组配经省市以上审定推广的杂交种数以百计，累计推广面积高达10亿亩以上，获国家科学技术进步一等奖。中国农业大学戴景瑞教授将多种育种技术相结合，通过南繁选育出了遗传基础广泛、自身产量高、综合抗性好的优良玉米自交系综3和综31，获得国家科技进步二等奖。以许启凤、宋同明等教授为代表的创新研究团队，继续在南繁中不断探索，相继在高产育种、高油玉米等资源创新方向上培育出优良自交系X178、P138、1145以及黄C。依托这些新材料，选育成了国内有很大影响的农大3138、农大108、高油115等重要杂交种。北京市农林科学院玉米研究中心育成大量特色糯玉米品种亲本自交系，国家玉米改良中心育成了W222、W89、W229、W499等一批优良自交系，北京奥瑞金种业股份有限公司通过每年的冬季南繁加代及春季种植筛选，已累计选育和创制出了1 000份左右骨干自交系，有很高的市场推广潜力。

1966年，北京市在海南繁育从罗马尼亚引进的玉米自交系，将其中表现好的引入北京，在生产上示范推广。1969年，北京市在海南繁育了白单4号、反帝101、反帝103三个玉米品种。1977年，又选育了丰收号系列、京黄号系列以及京早号系列

玉米杂交种中单2号，获第一个国家发明一等奖

玉米单交种。1988年，北京市政府同意安排南繁。1988—1997年，形成了以"掖单"号系列紧凑型品种为主，搭配农大60、沈单7、中单8的品种布局。许启凤教授自1973年就开始选育自交系，通过南繁的种植与加代，1991年组配成新品种，定名为农大108。农大108从2000年开始连年成为年种植面积最大的玉米品种，到2008年，全国种植面积累计超过1.9亿亩，增产粮食约95亿千克，增值近100亿元。2001—2008年，北京有关单位开始将特用型玉米材料带入南繁种植，饲用玉米、鲜食玉米等新类型品种不断推出。2009年至今，京郊主栽品种京单28、京科968等都是经过南繁选育出来的。

针对海南气候特点，北京市科研育种单位建立了主要蔬菜南繁加代育种技术体系，南繁加代效率提高2倍以上。利用南繁，选育出中椒105、京欣系列西瓜、京秋4号大白菜、中农38黄瓜、IVF1301加工番茄等一大批优良蔬菜新品种。

三、南繁代表人物

李竞雄：玉米育种学家，中国科学院院士。长期从事细胞遗传和玉米育种研究工作，为了早出成果，他从70年代初就开始到海南进行加代繁育，开拓我国玉米品质育种、群体改良和基因雄性不育研究。育成我国首批玉米双杂交种农大4号、农大7号；利用杂种优势育成多抗性丰产玉米杂交种中单2号，在全国推广3亿多亩，1984年获国家科技发明一等奖。

赵久然田间工作照

许启凤：玉米育种专家，长期从事玉米的遗传育种工作，特别是高蛋白品质品质的遗传与育种。经过20多年的努力探索，利用南繁有利的天然环境，培育出了玉米新品种农大108，在2002年度国家科学技术奖励大会上荣获国家科技进步一等奖。

赵久然：玉米育种专家，"超级玉米种质创新及中国玉米标准DNA指纹库构建研究"主持人，首席专家。自20世纪90年代初开始，每年都进行南繁品种选育，先后选育并通过审定玉米新品种80多个，其中京单28、京科糯2000、京科968被农业部列为全国主导品种。建立了已有26 000多万个品种的全球最大的玉米标准DNA指纹库。

黄长玲：玉米育种专家，长期从事玉米育种工作，20世纪80年代中期开始南繁育种工作。依托南繁独有的气候条件，带领课题组选育了中单909、中单808、中单856、中单859、中单868等19个玉米新品种，累计推广面积超过6 500多万亩。主持、参加国家重点课题20多项，获得国家植物品种权6项。

许勇田间工作照及获得奖项

许　勇：西甜瓜育种专家，国家西甜瓜产业技术体系首席专家。1997年开始南繁科研工作，并带领团队建立南繁基地。先后培育出京欣与京秀等系列新品种27个，获植物新品种保护权2个、发明专利1项。获得国家科技进步二等奖及北京市科学技术一等奖1项、三等奖3项，北京市政府农业技术推广一等奖2项。

潘才暹：玉米育种专家，1965年在海南开展玉米南繁工作，60年代，选育出四平头等玉米自交系和白单4号玉米杂交种。70年代，育出多抗性丰产玉米杂交种中单2号。1984年获国家发明一等奖。尔后又选育出中单12、中单8号和中单2996等玉米新品种。

王义波：玉米育种专家，自20世纪80年代开始，每年冬天都要到海南进行玉米加代繁种。主持育成审定玉米新品种34个，其中国审13个，获植物新品种权44项。获国家科技进步二等奖、三等奖各1项，获省市级科技奖10余项。

张宝玺：蔬菜遗传育种专家，主要从事辣椒遗传育种研究工作。创新和选育了大批优异育种材料和辣椒新品种，育成中椒6号、中椒7号等甜辣椒新品种14个，中椒系列品种在全国推广产生了巨大社会经济效益。先后获得国家科技进步二等奖、北京市科技二等奖、海南省科技一等奖等。主持南菜北运蔬菜品种选育及高效栽培技术研究与产业化示范项目。

天津市
南繁历史

一、南繁历程

　　天津市南繁工作始于20世纪70年代，以天津市农业科学院农作物研究所为代表，至今已有近50年的历史。最初开展南繁工作主要任务是对选育的新品种进行扩繁制种，加速良种的推广，南繁作物种类较少，主要集中在玉米、水稻、高粱等作物上。之后陆续开展加代、组配、种植鉴定、评价等南繁工作，作物种类也增加了棉花、小麦和蔬菜。最初的南繁工作试验点不固定，试验田和科研人员的住宿只能临时租用，到海南开展育种的人数较少，繁种面积也有限。在当时南繁条件艰苦的情况下，科研人员发扬不怕吃苦、敬业拼搏精神，在新品种选育工作中取得突出成绩，先后选育出津稻1187、3优18、津鲜1号等水稻和鲜食玉米新品种，为天津市乃至全国的粮食生产做出了贡献。

二、南繁基地建设与成效

（一）天津市农业科学院农作物研究所

　　天津市农业科学院农作物研究所海南南繁基地坐落于三亚市海棠湾镇，基地建成以来，先后育成国审杂交粳稻品种14个，国审常规粳稻品种10个，市审品种8个。5优280、金粳优11熟期适中、高产潜力大、米质优、抗病、抗倒伏；金粳818是首个抗除草剂水稻品种；津稻263是首个抗水稻黑条矮缩病粳稻品种，津育粳18分蘖能力强、成穗率高、高产、落黄好、出米率高。津稻179米质达到国标优1，是目前天津小站稻、东营黄河口大米、济南黄河大米的首选品种。

工人在做田头杂交

（二）天津科润蔬菜研究所

天津科润蔬菜研究所南繁始于1991年，至今已有27年。主要开展瓜类种子纯度鉴定，经海南纯度鉴定的种子累计40万千克以上。通过南繁，加快了育种速度，缩短了育种周期，选育了西农10号、黑旋风、津花10号、天王1号、津秀王、津密5号等西瓜品种，以及丰雷、花蕾等甜瓜品种。

（三）天津天隆科技股份有限公司

天津天隆科技股份有限公司南繁育种基地位于海南省三亚市吉阳镇，公司自2005年开展南繁育种工作以来，不断加强规范管理，加快了农作物品种育种进程。一是亲本创制。培育了多个配合力高、柱头大且外露率高、活性强的优质三系及两系不育系，如DS（津鉴稻2001001）、L62S（津鉴稻2011002）、L39S（津鉴稻2011003）、L6A（津鉴稻2012001）、隆17A（津鉴稻2013001）、18A（津鉴稻2014001）等。二是组合及品种选育。筛选出一批营养生长期稳定、适合热带地区种植的粳稻资源材料，其中SY29、GY4表现突出，目前正在参加海南省区域试验。同时，公司借助南繁助力"一带一路"，促进国际合作，一是2013年公司与欧洲种子公司在三亚南繁基地签订合作协议，开展选育适宜欧洲种植的杂交粳稻组合；二是2015年公司与越南种子公司在三亚南繁基地签订合作协议，就杂交水稻品种和配套技术开发开展合作。

（四）天津中天大地科技有限公司

天津中天大地科技有限公司（原天津市种子公司）南繁基地位于海南省乐东县

利国镇北，2005年开始动工建设，2007年建成。基地建成后，加速了作物育种进程，提高了作物育种水平。几年来，公司选育的天塔5号、津北288、华农138、津紫鲜糯、花香糯1号等10余个玉米新品种通过天津、山东、河北等省份审定，深受农民欢迎。2017年又有耐密植、适机收、脱水快的天塔619、天塔8318，青贮玉米专用品种津贮100，鲜食玉米品种景颇早糯通过河北省审定。

三、南繁代表人物

邵景坡：从事鲜食玉米育种工作30多年，长期在海南三亚梅山镇开展鲜食玉米科研育种，育成我国第一个鲜食玉米专用品种津鲜1号，荣获国家发明三等奖，1993年获国务院"中青年有突出贡献科技专家"称号。

刘学军：多年来，在海南三亚市海棠湾区开展水稻科研育种工作，先后育成国审杂交粳稻品种16个、常规粳稻品种12个、市审品种9个，累计推广种植3 600余万亩。获得天津市科技进步一等奖2项。

于福安：长期在海南乐东县黄流镇开展水稻科研育种，育成优质水稻品种35个，聚合优质高产多抗广适等综合优势，克服了20世纪以来北方稻区暴发的水稻条纹叶枯病和稻飞虱危害，成果覆盖天津水稻面积90%以上，推广到全国10多个省份，创造了显著的社会效益和生态效益。

河北省
南繁历史

一、南繁历程

河北省南繁始于1965年，至今已有50多年的历史。南繁任务从初期的繁育杂交种转变为如今的品种选育、材料扩繁和加代、种植鉴定、种子繁（制）等工作；南繁基地经历了从最初的几百亩发展到1971—1972年度的4万多亩，后又下降到80年代末的五六百亩，直至现在的3 000多亩的发展过程；南繁工作组织形式经历了从最初的计划经济到改革开放后的市场经济演变过程。

1965年河北省首次在海南繁育制种400亩，到1971年落实面积44 229.4亩，约占全国南繁面积的1/6，涉及单位135个。根据1972年国务院批转的《农林部关于当前种子工作的报告》（国发〔1972〕78号）要求，河北省南繁面积开始压缩，1975年和1976年的南繁面积由1972年18 660亩，分别压缩到4 977亩和4 790亩。到80年代末每年南繁面积只有五六百亩。90年代初至今，河北省的南繁主要是以科研育种为主，主要以省、市开展种子质量种植鉴定（规模小），大规模的南繁制种基本上没有了。2015年河北省海南农作物种子繁育基地建设项目实施方案获批，共租用土地336亩。2016

科研人员田间观察

年，河北省种子管理总站、河北农业大学、河北省农林科学院旱作农业研究所、河北省农林科学院棉花研究所、邢台市农业科学院和石家庄市农业科学院等14家南繁单位的老基地确定纳入核心区，核定面积共计1 019.65亩。河北省常驻南繁人员300多人，还有大批人员不定期去海南进行南繁育种工作，从事南繁育种、加代、鉴定的单位75家，其中管理单位3家，科研事业单位16家，企业单位56家，现有南繁基地面积2 940亩。

二、南繁成效

（一）加快育种进程，保障种子质量

1969—1988年，河北省累计南繁面积94 354亩，约计产种984万斤。目前，常年繁（制）种面积大约稳定在4 500亩。南繁大大加快育种进程。每年通过南繁加代选育出的新组合约16.9万份，1975—2016年，河北省经过南繁选育通过审定的玉米品种583个、棉花品种191个，推动全省乃至全国农作物品种6～7次更新换代，80%以上的农作物新品种因南繁加代而提前投入生产。南繁初期经过南繁加代短期育成的品种有丰七1号、廊研1号、张杂号、2578×白苏玉米杂交种；唐革8号、唐革9号、张杂1号、沧梁3号、沧梁4号、渤白1号高粱杂交种；涿城1号春小麦等品种，目前河北省南繁作物以玉米、棉花为主，其他作物包括谷子、大豆、糯玉米、甜玉米、花生、甘薯、芝麻、黍子、燕麦、牧草和西甜瓜等。南繁保障了种子质量安全。河北省种子管理总站和各南繁单位每年在南繁基地对200多份种子样品进行品种纯度种植鉴定，通过种植鉴定，可在3月底之前完成冬季抽检品种的全部指标检测，对不合格样品，及时报告有关部门进行处理，有效防止了假劣种子入市，净化了种子市场，维护了社会稳定。

抗虫棉育种专家赵国忠在田间记录

（二）设立稳定的南繁机构

根据1977年9月26日全国南繁座谈会会议精神，河北省成立了南繁领导小组。1986年，在海南三亚市设立河北省南繁指挥部，具体负责安排各单位南繁地点及所需土地面积；负责分配繁种所需化肥、农药及农用物资；办理种子运输手续；协调繁种单位与当地关系，处理日常事务。1996—2010年河北省南繁管理一直委托别的单位管理，管理和服务有一定削弱。2011年河北省在海南省三亚市建设了南繁工作指挥部，开展日常南繁管理工作。2014年成立了河北省南繁工作领导小组。

（三）培养优秀科技人员

通过南繁培养了一大批以杂交谷子育种专家赵治海为代表的优秀科技工作者，为河北省作物育种及新品种推广做出了重要贡献。

三、南繁代表人物

齐文进：著名农作物育种家，1999年开始在海南开展南繁科研育种工作，先后育成农作物新品种17个。玉米以高淀粉、高产稳产为主，小麦以节水抗旱为主，产品具备市场前瞻性，符合现代农业优质、高效等要求，累计推广面积超过1.5亿亩。

赵劲霖：1984年开始带领团队在海南开展南繁玉米遗传育种工作，利用传统育种与现代育种技术相结合，在我国不同玉米生态区选育出适应性广、抗逆性强的丰产、多抗的蠡玉系列品种53个，获植物新品种权27个。蠡玉系列品种连续20年累计推广面积4.5亿多亩。

赵治海：著名谷子育种家，20世纪80年代初跟随崔文生先生在海南开展南繁科研研究，利用谷子杂种优势，选育出谷子光温敏不育系和光温敏两系杂交种15个，在我国北方14个省份推广种植面积3 000多万亩，研究成功在北方年降水量只有400毫米的干旱地区亩产达到600千克的品种和技术。

谷子育种专家赵治海在田间工作

赵国忠：国家有突出贡献棉花育种专家，20世纪70年代起在海南三亚从事棉花南繁育种，主持育成棉花品种16个，其中6个通过国家审定，和中国科学院遗传与发育生物学研究所合作，完成了《棉属种间杂交育种体系的创立》，解决了棉属种间杂交不孕、杂种一代不育以及杂交后代疯狂分离的理论和实践问题，育成一批优异的种质资源，被广泛利用。

山西省
南繁历史

一、南繁概况

山西省自20世纪60年代就开始在海南开展农作物种质创新、材料加代、组配育种、种子纯度鉴定、繁殖制种、资源保存、中试试验等南繁活动。开展南繁工作的单位有20多个，包括省农业科学院、省农业种子总站和种子企业等。

山西省南繁主要以玉米品种选育和亲本繁殖为主，另外还有棉花、谷子、高粱、大豆、辣椒、蓖麻、向日葵、西葫芦和西瓜等10余种农作物。年南繁面积3 000多亩，主要集中在三亚市崖城、师部农场，乐东县九所镇、利国镇、黄流镇等地。其中，科研育种和亲本扩繁田1 200余亩，繁殖自交系材料近万份，加代选系约4 000份，测配组合约4 000个；种子质量鉴定田120余亩，年鉴定样品1 000余份，对提高种子质量水平发挥了重要作用。

为加强南繁管理，2006年山西省成立了南繁工作领导小组，由农业、发改、财政、科技、农业科学院等部门组成，下设山西省南繁工作站，全面负责山西省各南繁单位的管理、指导和服务工作，研究制定全省南繁工作的长远规划，加强对山西省南繁工作的组织领导。南繁工作站成立以来，积极配合国家南繁办的

山西省南繁基地海南工作站

各项工作，按要求完成了全省南繁单位情况统计、人员登记、基地排查、植物检疫等工作。积极参加中国种子协会海南制种分会，协助各有关单位开展基地建设，强化基地管理。山西省南繁工作站除每年顺利完成山西省杂交玉米种子纯度海南种植鉴定工作外，从2014年起受农业部委托，还承担了冬季全国种子企业监督抽查玉米种子纯度种植鉴定。

二、南繁成效

山西省现在推广的玉米、棉花、西瓜等作物优良品种，80%经过南繁加代和亲本快速繁殖。据统计，南繁工作帮助山西省选育玉米、高粱、棉花等新品种600多个，为顺利完成国家和省级重大课题提供了重要的支撑作用。

（一）杂交高粱育种

一是20世纪60年代初，开展"二矮"型杂交高粱育种模式的创制，为我国后来高粱杂种优势的利用研究奠定了基础。在海南省育成晋杂1号、晋杂4号、晋杂5号、同杂2号等高粱杂交种，在我国累计推广面积约2 400万公顷，使全国高粱单产由1965年的1 155千克/公顷提高到1977年的2 260.5千克/公顷。高粱中矮秆恢复系晋粱5号和晋辐1号，成为我国高粱恢复系的高产优质和高产稳产两大主干体系，占全国应用恢复系的45%以上。

晋杂15、晋杂16获山西省科技进步一等奖

二是20世纪80年代，开展新型A2细胞质高粱雄性不育系的创制与利用，开创了高粱杂种优势利用的新领域。在海南省育成了新型细胞质高粱雄性不育系A2V4A及其杂交种晋杂12，在国际上首例实现了A2杂交种的商品化生产。A2育种体系建立以来，全国利用A2不育系育成10多个杂交种，全国累计推广面积930万公顷，增产粮食70亿千克，增加社会经济效益100多亿元。

三是"八五"期间，开展高淀粉酿造高粱新品种的选育，在海南省育成晋杂15、晋杂16、晋杂18、晋杂22、晋杂23、晋杂101等系列酿造高粱杂交种；晋糯1号、晋糯2号、晋糯3号系列糯高粱品种，解决了高淀粉高粱和糯高粱三系配套的育种关键技术问题。

四是自1991年起，开展新型优质饲草高粱杂交草的选育，在海南省育成了世界上第一个A3杂交种——晋草1号饲草高粱，之后相继育成晋草系列及"晋牧1号"等饲草品种11个。

五是从2008年开始，开展适宜机械化种植高粱新品种选育，截至2016年已育成机械化专用不育系3个，恢复系5个，实现了机械化高粱从"二矮"到"三矮"的转变。

（二）玉米育种

1978—2017年山西省育成玉米品种都在海南进行过加代选育或组配鉴定，育成了玉米自交系金0-3、H9-21等和太玉339、大丰30、九圣禾2468等玉米品种。

（三）向日葵育种

山西省向日葵南繁始于1983年，经过南繁加快新品种选育步伐。山西省农业科学院棉花研究所先后培育出向日葵新品种11个。

三、南繁代表人物

张福耀：高粱遗传育种专家，在海南三亚、乐东等地开展高粱育种研究，38年来，共育成40个高粱品种，在全国推广种植。提出利用A2细胞质选育高粱杂交种的学术观点，并育成A2V4及其杂交种，在国际上首例商品化生产，开创了高粱杂种优势利用新领域。

段运平：玉米育种专家，1982年开始在海南三亚、乐东等地从事玉米种质改良与育种研究。曾提出"提高玉米在低温下的灌浆能力，

科研人员在南繁基地开展育种工作

延长灌浆时间，提高自然光热利用率，解决极早熟玉米高产问题"学术观点。育成玉米新品种25个，推广面积总计5 000多万亩。

郭国亮：作物遗传专家，1986年至今，每年在海南乐东县冲坡镇、九所镇从事玉米种质改良与育种研究，完成了国家和省部级多项科研项目。30年来共审定玉米品种26个，获省级以上科技成果奖6项，发表研究论文21篇。

内蒙古自治区
南繁历史

一、南繁历程

内蒙古自治区南繁工作始于1966年，70年代进入高峰期，一直延续至今。每年冬季，全区种子企业和科研院所都要派专家到海南南繁。2013年以来，内蒙古自治区农牧业厅开始将监督抽查的杂交玉米、杂交高粱、杂交向日葵种子送至海南进行田间种植鉴定，对质量不合格的种子，及时采取措施，保证用种安全。南繁的主要作物有：玉米、小麦、水稻、大豆、向日葵、高粱、谷子、蓖麻、杂粮杂豆和蔬菜。南繁主要工作有亲本扩繁、杂交组合加代、材料鉴定等。选育的农作物及有性繁殖的蔬菜品种90%以上都经过南繁。

内蒙古自治区农牧业厅南繁基地繁育田

（一）种子产业化发展推进南繁工作阶段（1996—2012年）

南繁机构建设与基地项目投入。1997年自治区成立南繁工作领导小组。1999年成立自治区南繁办，挂靠在种子管理站，负责日常工作。1999年，自治区购买了位于在三亚市迎宾路119号天际大厦（原东吴大厦）第15楼全层作为南繁办公场所。2000年，经三亚市经济合作局批准，自治区南繁办正式成立并开展工作。2002年，自治区安排"内蒙古自治区农作物种子南繁基地建设"项目，在海南省东方市新龙镇华侨农场建立南繁基地，租用南繁用地200亩，并建立相应配套设施。2003年自治区安排"海南良种快速繁育基地建设"项目，用于基地配套设施建设。

南繁工作市场化运作探索。2003年11月30日，自治区决定对南繁办运作方式进行改革，由区内驻海南种子企业出资筹建有限责任公司，对南繁基地进行管理。农牧业厅原南繁基地固定资产及种子工程专项投资作为组建公司部分出资份额，农牧业厅为国有资产出资人代表，区种子管理站受农牧业厅委托，对资产进行管理和监督。2004年6月，由11家法人单位出资，三亚蒙信种子南繁科技有限责任公司在三亚市正式注册，并于2004年9月28日揭牌运转。至2013年，三亚蒙信种子南繁科技有限责任公司一直代行自治区南繁办部分职能。

（二）南繁事业蓬勃发展阶段（2013年至今）

用足用好国家南繁政策。2014年5月内蒙古自治区机构编制委员会办公室批准内蒙古自治区种子管理站加挂自治区农牧业厅驻三亚南繁办事处的牌子，负责南繁日常管理工作。2014年6月30日内蒙古自治区成立自治区南繁工作领导小组，由自治区人民政府副秘书长任领导小组组长。

2014年10月自治区投资在乐东县利国镇建立新的南繁基地，租赁524亩的南繁用地，同时建设必要的生产生活配套设施。按照边建边运行的原则，2015—2016年，基地先后有26家企业入驻开展南繁，共完成25万份组合筛选，产种6万千克，完成种植鉴定72个品种。2017年3月，自治区立项对基地配套进行改扩建，以提升基地的机械化、自动化、信息化水平。

育种企业与科研院所积极开展南繁基地建设。截至2017年年底，自治区有持证种子生产经营企业193家，其中85家种子企业开展了南繁育种，面积较大的有内蒙古巴彦淖尔市科河种业有限公司（200亩）、内蒙古西蒙种业有限公司（86亩）、内蒙古丰垦种业有限责任公司（40亩）、内蒙古真金种业科技有限公司（20亩）、大民种业股份有限公司（50亩）、赤峰市丰田科技种业有限责任公司（45亩）。内蒙古自治区农牧业科学院、通辽市农业科学院、赤峰市农牧业科学院、呼伦贝尔市农科所、鄂尔多斯市农研所、巴彦淖尔市农牧业科学研究院、包头市农牧业科学研究院、兴安盟农研所也在开展南繁育种与基地建设。巴彦淖尔市科河种业有限公司南繁基地，年组配组合1万～2万个，由单倍体加倍获得双单倍体5 000个。

科河种业有限公司育种人员在向日葵繁育基地

科学规划，高标准建设，全力提升基地的服务。计划到2020年，在《国家南繁科研育种基地（海南）建设规划（2015—2025年）》中划定的南繁科研育种保护区内建成2 000亩自治区南繁高标准科研育种基地。推进基地科研育种功能区建设，立足自治区优势特色作物建设相应的科研核心区、标准化制（繁）种基地、种子质量田间鉴定区、科研育种数据采集分析平台；配套生产设施设备，实现播种、栽培管理、收获、测产、储运全程机械化；配备远程视频监控与安防系统，强化基地管理。

二、南繁代表人物

尚春明：蔬菜育种专家，多年在海南三亚等地开展番茄等蔬菜育种研究工作，主持多项课题项目并获奖，选育出番茄、茄子、辣椒等27个新品种，推广面积300万亩以上。2017年获批国家番茄产业化星创天地。

张万海：多年来，在海南三亚崖州区和乐东，开展大豆科研育种工作，主持和参加国家、内蒙古优质高产多抗大豆科研项目，获得国家和内蒙古科技进步特等奖，选育出高蛋白质、高脂肪、高产、多抗和特用大豆品种42个。累计推广面积6 000万亩以上，创造了显著的经济效益和社会效益。

朱国立：1985年以来，在海南三亚崖州区等地开展南繁育种，发现育成蓖麻标记雌性系，创建了蓖麻"一系两用/两系法"杂优利用体系，育成蓖麻品种12个，完成我国北方蓖麻生产5次品种更新，两次大的飞跃：从常规品种到杂交种，从高秆品种到矮秆品种，对蓖麻产业的发展做出了重要贡献。

辽宁省
南繁历史

一、南繁历程

（一）初始阶段（1958—1974年）

辽宁省南繁工作始于1958年，沈阳农学院、辽宁省农业科学院徐天锡等人赴广州开展玉米、高粱北种南育研究。1959年，辽宁省农业科学院、丹东农业科学院派人赴广西南宁和广东湛江市开展了玉米和小麦新品种南繁育种工作。1960年，辽宁省农业科学院小麦室在广东省花县进行小麦良种的冬季扩繁，水稻室在海口农科所购买2亩地进行北种南育。1962年，丹东农业科学院在海南三亚市崖城团部农场开展南繁试验工作取得成功。一直到1966年因"文化大革命"开始而中断。1969年，辽宁省革

辽宁省农作物海南育种中心乐东基地

命委员会号召全省农业"打粮食翻身仗",力争粮食达"纲要"(亩产200千克)、跨"黄河"(亩产250千克)、过"长江"(亩产400千克)。当时正值全国"两杂"(杂交玉米、杂交高粱)热时期,辽宁省农业局组织全省进行大规模南繁。在三亚市成立南繁指挥部,调集各市县农技人员在海南岛陵水、三亚、崖城和黄流等地大面积繁育晋杂5号高粱和丹玉6号玉米,抽调辽宁省农业科学院几位技术骨干负责南繁技术工作。1970年,辽宁省农业科学院在三亚市南红农场租地重新恢复南繁工作,1971年迁至荔枝沟团部农场。1972年,根据国务院文件精神,南繁原则上只限于科研单位研究项目、新品种亲本加代繁育;大面积生产用种应本着自力更生、勤俭节约原则,就地繁育、就地推广。鉴于此,辽宁省农业局决定把南繁的设备转给辽宁省农业科学院,要求省农业科学院负责统一组织全省各农科所南繁工作。当年,全省南繁用地达100余亩,持续到1974年。1973年6月25～26日,辽宁省农业科学院主持召开了全省育种工作座谈会,传达了1972年国务院关于南繁工作的文件精神,即南繁仅限于科研单位品种选育和试材加代等。

(二)调整阶段(1975—1999年)

20世纪70年代中期,辽宁省几大育种单位如辽宁省农业科学院、铁岭市农业科学院、沈阳市农业科学院、锦州市农业科学院、抚顺市农业科学院等相继在海南开展了南繁育种工作。1975年,由于全省大多科研单位集中在荔枝沟,南繁作物种类多,试验用地紧张,隔离区安排困难,省农业科学院决定转移到7021部队农场(海螺农场),建立了比较稳定的作物南繁育种基地。就租用试验地、人员住宅、用水、用电等事宜,与海螺农场签订了50年长期使用合同。

1977年8月,召开了全省海南育种工作座谈会,全省共有15个单位参加。会议主要贯彻农林部全国南繁工作座谈会会议精神,肯定南繁工作对加快新品种选育和促进农业生产发展的作用。同年,辽宁省成立了南繁指挥部,指挥部设在三亚市海螺国营农场(省农业科学院南繁基地),负责全省各南繁单位育种土地面积、育种地点的落实,调配划拨粮食指标,统一购置化肥、农药等南繁物资。当时各单位南繁工作主要是用来加快育种世代,面积小,南繁人员很少。这一时期,全省南繁的作物已由玉米、水稻、小麦等作物扩展到高粱、大豆、向日葵、谷子、蔬菜等;南繁科技人员每年20～30人;南繁用地18～95亩。

1980年5月26日,省农业科学院负责起草了《辽宁省市地以上农业科研单位南繁工作暂行管理办法》,就组织领导、南繁任务及南繁人员学习、生活、福利待遇、差旅费、粮票补助等有关问题做出规定,规范了全省南繁工作。

1987年丹东农业科学院南繁基地迁到三亚市崖城镇拱北小学院内。省农业科学院于1990年9月至1991年1月对海南基地进行了改扩建,后争取到省财政安排的南繁专项经费每年20万元（1995—2005年）。

1990年3月20～21日，辽宁省南繁工作座谈会在沈阳召开。会议认为，利用海南岛自然条件进行育种加代是加速新品种选育进程的重要手段，进而提高了作物育种效率、加快了新品种推广速度。会议还提出南繁工作存在的问题：经费严重不足、工作条件差、没有统一政策可以遵循等。

玉米专家景希强田间工作照

为进一步加强和规范南繁工作，省农业科学院于1996年制定了《辽宁省农业科学院南繁工作管理暂行办法》，从组织领导、南繁任务与要求、后勤管理、南繁人员工作待遇、南繁财产物资管理、南繁人员休假及其家属管理等6个方面做出规定。

（三）发展阶段（2000年至今）

《种子法》颁布实施以来，辽宁省的南繁育种工作出现了新局面，许多农业科研单位和种子企业都相继建立了稳定的南繁育种基地。2004年，省农业科学院南繁基地所在的海螺农场因军事需要，全部耕地回收。2005年在海南省三亚市荔枝沟师部农场建设省农业科学院海南育种基地，省南繁指挥部设到省农业科学院海南育种中心。2012年，省农业科学院制定了《辽宁省农业科学院农作物海南育种中心管理细则》，进一步规范省农业科学院南繁工作的管理和运行。2013—2014年，省农业科学院在乐东县佛罗镇白井村建设了辽宁省农业科学院海南育种基地，于2014年冬季落成并投入使用。

近年来辽宁省从事南繁加代和种子生产的有农业科研单位、大专院校及种子企业50家左右；涉及的作物有玉米、水稻、高粱、大豆、向日葵、蔬菜等，南繁总面积在4 000亩左右；南繁育种人员一般在300人左右，在选种高峰期可达到500余人。2000年以来，省种子管理局每年都对全省具有主要农作物种子生产资质的企业（特别是玉米种子生产企业）生产的种子进行监督抽查，并在当年冬季到海南进行种子纯度种植鉴定，鉴定结果在第二年种子春播前向全省发布，并进行严格的市场监控。

二、南繁成效

（一）农作物新品种选育工作成效显著

一是提高育种速度，加速品种选育进程。辽宁省几乎所有农作物新品种的选育都离不开南繁加代。通过南繁，使品种选育周期缩短3～5年，缩短了1/3甚至一半。

据不完全统计，迄今辽宁省的农业科研单位在玉米、水稻、高粱、大豆、向日葵和蔬菜等农作物新品种选育中，已取得各项科研成果800余项。代表品种有沈单7号、丹玉6号、丹玉13、东单60等玉米品种，铁丰18等大豆品种，黎优57、辽粳326、辽粳454、辽粳294、辽粳9号、辽星1号、沈农9816等水稻品种，L-402等番茄品种。二是引进种质资源，品种多样性群体加大。通过交换及互赠互送等方式获得的育种材料总数达6 000多份，其中：玉米2 000余份，水稻1 000余份，杂粮、油料作物1 500份，蔬菜1 000余份，极大地丰富了辽宁省的种质资源库。

辽宁省农业科学院王延波研究员（左三）与俄罗斯专家在海南基地交流育种技术

（二）种子生产和纯度鉴定，确保了用种安全

近10年，省级质检机构对辽宁省种子生产经营单位的水稻、玉米、大豆、小麦等作物的种子样品进行抽查，通过净度、水分、发芽率三项指标的室内检测和纯度的田间种植鉴定，水稻、小麦、大豆种子样品四项指标全部合格，样品合格率为100％；杂交玉米种子样品净度、水分、发芽率、纯度10年平均合格率为100％、99.5％、99.5％、99.0％。

（三）南繁基地建设投入大幅度增加

截至目前，全省有固定基地的南繁单位42家，总占地面积为2 921亩，用于南繁基地建设的总投入为12 685.2万元，建有科研生活楼、作业室、种子试材储藏库、晾晒场、挂藏场地、网室、泵房和田间渠道等灌排设施，配备了科研用车、拖拉机与配套农机具等设施。

（四）南繁管理机构进一步完善，南繁管理进一步加强

2005年12月，经辽宁省农委批准，辽宁省种子管理局委托辽宁省农业科学院农作物海南育种中心代理行使南繁管理日常工作。2006年2月辽宁省成立了新一届南繁指挥部，2014年2月28日印发了《辽宁省关于调整农作物种子南繁工作指挥部及办公室成员的通知》。总指挥由省政府分管副省长担任，副总指挥由省农委主任、省农业科学院院长担任，成员由省农委、省发改委、省财政厅、省科技厅、省种子管理局、省农业科学院等相关负责人组成。指挥部下设办公室，由省种子管理局良种推广处和辽宁省农业科学院农作物海南育种中心具体负责日常工作。近年来，辽宁省每两年召开一次全省南繁工作会议，对南繁工作进行总

大豆专家杨德忠、傅连舜田间工作照

结，对下一阶段的工作提出要求。2017年6月，辽宁省成立了省南繁工作领导小组，协调省发改、财政、农业等相关部门，推进《国家南繁科研育种基地（海南）建设规划(2015—2025年)》落实。领导小组组长由辽宁省副省长担任，副组长由辽宁省政府副秘书长和辽宁省农委主任担任，南繁办主任由辽宁省农委副巡视员担任，南繁管理办公室设在省种子局良种推广处，并在海南设有常驻专职人员，负责与国家南繁办、海南省南繁局及当地政府部门的协调对接。

三、南繁代表人物

徐天锡：50年代，提出"北种南育"的设想。根据他的提议，沈阳农学院和辽宁省农业科学院于1958—1960年先后派人赴广东、广西、海南进行南繁育种工作，撰写了《玉米、高粱北种冬季南育问题》论文，对北种南育作物的生长发育、产量形成、能否产生遗传变异、基地气候条件、播种期、田间管理以及能否遇到低温冷害等诸多问题作了系统的论述。

吴纪昌：长期开展玉米南繁育种及玉米病害综合防治研究工作。20世纪80年代，在我国首次发现玉米大斑病菌生理小种2号。20世纪70年代以来，多次在海南进行抗性基因转入研究，并于1986—1987年在丹东农科所海南荔枝沟基地成功选育出优良品种丹玉13，该品种是我国20世纪80～90年代的主栽品种之一。主持选育的优良玉米自交系E28，在国内得到广泛应用。

吉林省
南繁历史

一、南繁历程

　　1965年冬，吉林省农业科学院首次开展了农作物南繁尝试。在海南岛崖县三亚镇，租用1亩地，进行高粱品种吉杂26亲本繁育，获得成功，由此带动了农作物南繁育种工作。

　　经过50多年的建设，吉林省南繁面积从最初在海南省南滨农场建设的120.6亩基地发展到目前的近6 000亩，开展南繁科研育种工作的单位有53家，其中教学科研单位9家，包括吉林省农业科学院、吉林农业大学、吉林大学、长春市农业科学院、吉林市农业科学院、通化市农业科学院、辽源市农业科学院、延边农业科学院、白城市农业科学院，还有种子企业44家。

吉林省农业科学院海南试验基地

为方便协调、服务全省南繁单位，吉林省种子管理总站于1971年在南滨农场成立了吉林省南繁指挥部。为了切实保护农民利益，吉林省种子管理总站每年开展玉米种子纯度鉴定工作，对每年生产的玉米种子纯度进行海南异地异季种植鉴定，逐步形成了"育、繁、制、引、鉴"功能齐全的南繁科研育种基地。

二、南繁成效

（一）躬耕数载，"南繁精神"落地生根

探索南繁育种奥妙，铸造陈学求精神。吉林农业大学著名育种专家、全国劳动模范陈学求教授为吉林省海南育种基地建设和发展奉献了毕生的精力。温家宝曾批示"向陈学求同志学习，农业科研一线需要大批的优秀科研人员"。他的光荣事迹感染、激励着一代又一代的农大人从事南繁育种工作。

做好纯度鉴定，保障农业用种安全。从1995年开始，吉林省坚持对入库玉米种子质量全覆盖监督抽查，并派专人赴海南进行纯度异地种植鉴定，据翌年4月的鉴定结果及时召回不合格种子，避免劣种下地，减少农民损失，为保障农业生产安全做出重大贡献。

（二）南繁人前赴后继，培育出一大批优良农作物品种

在玉米新品种选育方面，吉林省农业科学院在20世纪70年代经南繁选育出吉单101，90年代又经南繁选育出吉单159。2000年以来，代表性玉米品种为吉单27、

吉林农业大学校领导看望陈学求及其家属

吉单28、吉单29、吉单136、吉单137等。在水稻新品种选育方面，经南繁选育了超级稻吉粳88、吉粳511。在大豆新品种选育方面，经过南繁加代育成了大豆品种吉林20。

（三）艰苦的"候鸟式"工作模式，培养了大批优秀人才

据初步统计，吉林省每年参加南繁育种工作的科研人员平均人数已从最初10人次左右发展到现在上千人次，累计总人数已达数万人次。这些人中的大部分已经成长为吉林省农作物育种领域的中坚力量，并为新品种选育工作继续孜孜不倦地奉献着。

三、南繁代表人物

谢道宏：著名玉米遗传育种家，20世纪70～80年代在海南三亚南滨农场开展南繁育种工作，先后选育出吉63等10余个玉米自交系，培育出吉林省第一个玉米双交种吉双4号、吉林省第一个玉米单交种吉单101，为吉林省玉米产业发展做出了不可磨灭的贡献。

张三元：水稻育种专家，连续多年赴海南三亚南滨农场基地

吉林省科学技术进步奖一等奖

开展南繁育种工作，先后选育出长白9号、吉粳88等水稻品种。长白9号产量高，耐盐碱能力极强，1984年至今一直是吉林省西部地区推广面积最大的品种。吉粳88是吉林省首个国家级超级稻品种。

王绍平：玉米育种专家，曾在海南三亚南滨农场基地开展南繁育种工作，先后育成四密25、吉单27、吉单50等玉米新品种20多个。其中，吉单27自2005年起连续11年被评为农业部主导品种，种植面积连续十余年居全国前列，四密25、吉单50曾创"亩产吨粮"纪录。

黑龙江省
南繁历史

一、南繁概况

黑龙江农业生产上几乎全部的玉米、大豆和小麦品种，以及80%以上的茄果类、瓜类等蔬菜品种都经过了南繁加代选育。

黑龙江省于20世纪80年代成立南繁工作领导小组，建立了南繁指挥部，负责处理黑龙江省的南繁管理等工作。1997年成立了黑龙江省海南农作物种子繁育中心。2009年，黑龙江省海南农作物种子繁育中心机构规格由副处级调整为正处级，人员编制为10名，主要负责黑龙江省南繁工作组织协调、监督检查、管理服务。黑龙江南繁基地共2处，一处位于崖城镇临高村（原南繁指挥部），占地面积8 000多米^2，建筑面积1 250米^2；另一处位于乐东县九所镇山脚村，耕地面积2 600多亩。

黑龙江省南繁中心

随着黑龙江省南繁的不断发展，南繁单位已由过去的每年十几家、几十个南繁队员，增加到了现在的每年100多个单位，几百名专业育种人员，南繁面积已经达到了7 000亩以上，分布在三亚、崖城、乐东、陵水等市县，南繁作物包括玉米、大豆、瓜菜、烟草等10余种，南繁项目主要包括制种、亲本扩繁、育种材料加代和种子纯度鉴定。

二、黑龙江省农业科学院南繁历史

1956年，黑龙江省农业科学院建院第三年，院南繁育种队就开始了60余年从未停下来的风雨南飞路。1958年对于现在来说是一个遥远的年代，但是对于农业科学院前赴后继的南繁人来说却是值得铭记的一年，南繁开拓者们背上行囊的时候心情应该是忐忑的，遥望当时还是广东海南公署的小县城三亚，一个离乡近万里之遥的地方，也是中国版图上他们能够抵达的几乎最远的天涯，任谁可能都无法平静地入眠，可是这不能阻挡他们坚定走出第一步。

关于那个年代的回忆是那一代南繁人永远都乐此不疲的话题，虽然那时的火车逢站必停堪比龟行、虽然在漂摇的海船上吐得满地狼藉、虽然语言不通道路泥泞、虽然食物匮乏又难合胃口、虽然嘴上说着下次再也不来心里却想着不虚此行，虽然……虽然……作为新时代的南繁人可能很难理解那种苦乐参半的铭记和不舍，但是从他们眼中不经意流露出的欣喜，我们大概可以知道那是一种为科研进步、为农业发展、为祖国建设献身的苦中作乐和奋不顾身，当然还有载誉而归、满载而回的骄傲和幸福。

早期科研人员在海南合影留念

黑龙江南繁指挥部位于崖城，黑龙江农业科学院的南繁事业在这里经历了从无到有、从创业到辉煌的30年。80～90年代来到崖州南繁的年轻科技人员现在大多都已步入事业的高峰期。

进入21世纪以来，有"天然大温室"之称的海南凭借其得天独厚的自然条件逐渐被更多人认识，南繁的领域逐渐从单一的育种制种向多元化发展，从花卉种植到农业观光旅游，从无公害蔬菜生产到各农业体系试验站建设。2007年黑龙江农业科学院成立了海南繁育基地，正处级（编制10人）全额财政拨款。2010年开始了三亚荔枝沟基地的建设，并同三亚市签订了院市共建合作协议。

新时代的南繁人秉承着南繁拓荒者们任劳任怨的恒心，传递着南繁建设者们锐意进取的信心，更流淌着南繁发展者们海纳百川的雄心。

回首一甲子，路漫漫其修远兮，几代农科人上下求索，终得一片沃土。农科人的南繁史就是一部浓缩的黑龙江农业发展史，从三五人的南繁育种队到100多长短期队员的庞大科研创新团队，从一两个研究所参与到17个分院（所）齐至，从单打独斗到与中国科学院、中国农业

科研人员田间工作

科学院、三亚市、国内各农业科学院所的紧密合作，从最初的十几亩地到现在的3个基地几百亩园区，从小麦、高粱、玉米简单的育制种到全学科十几种作物的育繁推一体化，南繁基地的建设和发展推动的不仅是南繁科研工作本身，更承载着农科人国内一流、国际知名农业科学院的梦想。2003年至今黑龙江农业科学院共审定农作物新品种591个，综合全省占比50%以上，育成的新品种及种质资源共获得省部级以上奖励131项。这些辉煌成就推动着黑龙江农业的大发展，是全国粮食安全的压舱石，这些辉煌的成就更饱含着南繁人战酷暑斗高温的汗水和辛劳，激励着南繁人砥砺前行。经过近60年的发展，海南繁育基地已经成为微缩的农业科学院、冬季里的实验室，这里是科技人员进行农业科研创新的天堂，更是农科人取得更大成绩的阶梯。

上海市
南繁历史

上海市南繁基地建设经历了租用、初建、稳定、发展的不同阶段。经过近60年的长期建设、有效管理和高效使用,对上海种植业结构调整、优质稻米工程实施、新品种轮换推广、农作物转基因试验研究、农作物育种基础理论探索和现代种业发展发挥了非常重要的作用。

一、南繁基地建设

1964年,上海市农业科学院率先开始在三亚市羊栏镇租用土地开展水稻南繁育种工作,但没有稳定的南繁基地。70年代初,上海市农业科学院在三亚警备区师部农场租用土地,建立了相对稳定的南繁基地。

70年代后期,上海、川沙、宝山、嘉定、南汇、青浦等县农科所、种子公司等单位陆续在三亚开展南繁育种工作,但基地条件简陋,以租用为主。1982年,上海市种子公司在三亚警备区农场内建造住房,租用土地,用于上海市各县开展南繁工作。1983年,由于三亚警备区农场发生了检疫性病害水稻白叶枯病,育种单位陆续从三亚警备区农场搬迁到陵水地区,建立了相对稳定的南繁基地。

1992年,上海市农业科学院对师部农场基地进行扩建和改造,南繁条件得到了改善。2001年,上海市农业科学院在陵水县光坡镇,新建了189.6亩上海市农业科学院海南试验站。2004年,上海市农业委员会在三亚警备区师部农场租用土地41亩,建立了上海市南繁基地,成立了上海市南繁工作站,各区县的南繁单位也陆续从陵水回到三亚警备区师部农场开展南繁工作。2010年,上海市农业委员会对上海市南繁基地进行整合,面积扩大到100亩。

同时,为加强对南繁转基因试验研究的管控,上海市农业科学院和中国科学院上海生命科学研究院植物生理生态研究所分别于2007年和2012年在陵水建成了两个转基因试验隔离场，面积46亩。2017年3月，上海市农业委员会与陵水县政府签订了《农业领域合作框架协议》，拟在上海市农业科学院海南陵水试验站的基础上，用3年时间，投资1.2亿元，建成1 200亩规模的上海市南繁基地，并将基地打造成"统一规划、统一建设、统一管理、统一运行，设施一流、功能完备、国内领先、高效运行"的南繁育种平台。

2010年整合后的上海市南繁基地

二、南繁成效

（一）建成了上海市南繁科研育种公共平台

经过近60年的努力，上海南繁基地从无到有，从小到大，目前在三亚建成了上海市市级南繁基地，在陵水建成了上海市农业科学院海南试验站和上海市农业科学院、中国科学院上海生命科学研究院植物生理生态研究所两个转基因隔离试验场，总面积335亩。并不断加强南繁基地管理，采取统一对外协调联络、统一田间种植布局、统一农资采购管理、统一农事作业调度、统一后勤保障服务的"五统一"管理服务模式，打造了全国第一个以省市为单位的统一管理服务的南繁科研育种平台。南繁育种人员的科研条件和生活工作环境得到了全面提升。

（二）获得多项植物新品种权及国家发明专利

据统计，上海市各南繁单位共获得植物新品种权30多个，获得国家发明专利40多项。选育了一批水稻、玉米、西甜瓜新品种，如寒优湘晴、花优14、秋优金丰等优质杂交粳稻；沪香粳106、青香软粳、宝农34等优质水稻品种；旱优73、旱优113

等节水抗旱稻。育成沪玉糯系列、申科糯系列等玉米品种。育成东方蜜系列甜瓜、抗病948、金辉1号、黄晶、申抗988等西甜瓜品种。

中国科学院上海生命科学研究院植物生理生态研究所在水稻重要性状包括产量、抗逆（耐盐、抗旱、抗热等）等的调控基因（QTL）分离克隆与功能机理研究领域取得了一系列突破性创新成果，分离克隆了多个基因，获得基因发明专利12项。

上海交通大学育种团队依托南繁基地，在水稻遗传材料筛选、育性发育分子调控机理、育种方法创新、新品种选育与示范等方面取得了一系列创新性研究成果，目前已获得育性调控基因专利12项。

（三）培养了一批优秀人才并获得大量科技成果

通过南繁育种，培养了一批优秀学科带头人，一批育种专家也获得了全国和上海市劳动模范、上海市优秀学科带头人、上海市科技精英、科技功臣等荣誉称号，培养硕士、博士研究生100余名；获得国家科技奖5项，上海市科技奖45项，其中上海市科学技术一等奖8项。分别在国外顶级杂志，国内《分子植物育种》《上海农业学报》等核心期刊发表研究论文130多篇。

（四）通过南繁纯度鉴定确保了用种安全

为确保上海市农业生产安全，上海市种子管理总站在南繁基地，开展了水稻、玉米、西甜瓜、蔬菜等作物的种植鉴定工作，特别对杂交水稻、杂交玉米种子，都必须通过南繁基地种植鉴定合格后，才能销售，确保大田用种安全。

江苏省
南繁历史

一、南繁历程

伴随着国家南繁的成长与发展，江苏南繁大致经历了四个阶段。

一是起步阶段。1964—1975年，江苏省农业科学院及江苏里下河农科所等地区农科所在陵水、乐东等地开展小规模籼稻繁殖加代育种。

二是跨越阶段。1976—1980年，全省各市、县及部分乡镇种子站、种子公司到海南开展大规模杂交水稻制种与繁种。1975年江苏引进杂交水稻，1976年成立江苏省农作物杂种优势利用办公室，负责南繁制种及其他工作。1976年省财政拨出专款300万元，由省农业局与省农业科学院在海南设立联络组，组织6 000余人在崖县、陵水及湛江从事杂交水稻繁制种，面积达2.4万余亩，为历史之最。1980年，省政府投资江苏省农业科学院在三亚警备区农场建设南繁基地。

三是成长阶段。1980—1990年，全省南繁单位主要是省农业科学院、地区农科所、扬州大学和南京农业大学，主要以杂交水稻新组合和杂粮组合选育加代繁育为主，同时开展辣椒和西甜瓜的南繁。1981年开始，除科研、育种加代等外，不再进行大面积繁制种，年南繁面积400余亩，南繁人员100名左右；随着农业产业结构调整，1990年以后，全省每年有200余名科研及辅助人员，在海南主要从事粳稻种子和两系、三系杂交水稻及杂交玉米组合科研育种。1990年省计经委投资在藤桥建立江苏省南繁育种基地，组织管理全省南繁南鉴工作。

四是提升阶段。2000年《中华人民共和种子法》出台后，江苏中江种业、大华种业、明天种业等育繁推一体化种子企业开展南繁科研育种工作，2016年全省有22家种子企业开展南繁育种。2015年利用商品粮大省奖励资金改造升级了藤桥营根洋基地，同时470亩科研用地列入国家南繁核心保护区，同年利用省级现代种业专项资金在林旺落根洋流转基本农田1 155亩作为南繁科研育种用地。2016年8月，制定了《江苏省南繁科研育种基地（海南）建设规划（2016—2020年）》。

二、南繁基地

2003年刘坚副部长为江苏省南繁中心题字

2016年江苏共有17家科研院所，22家种子企业，共46个南繁课题组，在三亚海棠区、吉阳区、崖城区及陵水、乐东从事南繁育种，南繁总面积1 600余亩，主要开展粳稻和两系、三系杂交水稻及杂交玉米组合南繁加代、品种选育及部分新品系、新组合的繁制种工作，育种材料繁殖加代30多万份，南繁高峰时250名左右南繁工作人员，形成了以科研、教学及企业为主体的南繁格局。

江苏南繁基地运行主要有两种模式：一是省建统管模式。省农业主管部门通过统一租地、统一建设、统一管理，为全省南繁单位提供服务，目前有25家单位入驻省南繁基地。二是自建自管模式。由科研院所或种子企业独立租用土地，自建（购置）生活设施、自主管理。如南京农业大学、武进农科所等21多家单位。

基地管理方面，全省按照"集中南繁、统一管理、协作攻关、服务全省"的要求，于1991年成立"江苏省南繁基地（省南繁联络组）"负责全省南繁工作的组织、管理、指导和联络工作；2002年将江苏省南繁基地更名为江苏省农业种子南繁中心，挂靠江苏省种子站，由一名副站长具体分管南繁工作。2015年11月成立江苏省种子南繁南鉴站，负责全省南繁事务的服务管理与基地建设等工作。

三、南繁成效

多年来，江苏南繁科研育种单位围绕市场需求，不断创新育种手段和方法，不辞辛苦，常年赴海南开展粳稻种子和两系、三系杂交水稻及杂交玉米组合等作物的科研育种工作，选育出一批具有产量和品质双突破的粳稻和两系三系杂交水稻组合等，为江苏和全国农业生产发展和粮食安全做出重要贡献。其中特优559、汕优559、协优559、两优培九、Ⅱ优084、丰优香占等杂交籼稻组合的选育，使江苏成为南方稻区杂交籼稻的主要输出省之一；武育粳3号、武运粳5号等品种的育成和推广，使江苏粳稻品种在品质和产量上取得双突破，水稻亩产提高到500千克以上；优质高产品种武运粳7号、南粳36、南粳37等品种的选育，使江苏粳稻品种米质明显改善。2005年实施超级稻推广认定以来，两优培九、Ⅱ优084、扬两优6号、南粳9108等19个品种保持农业部超级稻品种认定冠名，占全国超级稻品种总数的1/6，超级稻品种数量位居全国第一。其中两优培九于2000年成为全国第一个在生产上应用的超级稻品种，分别获得国家技术发明奖二等奖和江苏省科技进步一等奖；Ⅱ优084、粤优938等籼稻组合被东南亚地区广泛引进种植。此外，经南繁加代选育，审定通过了玉米杂交新组合100多个，苏玉10号、苏玉20等品种成为江苏主推品种；棉花品种如泗棉3号、苏棉9号、南抗3号等70多个品种通过省或国家审定；经海南加代选育的苏椒5号薄皮青椒、苏粉9号番茄等一批特色蔬菜品种广泛应用于生产。据统计，江苏推广的水稻、玉米、棉花新品种90%以上来自南繁成果转化，仅"十一五"以来，江苏南繁获各类农业科技成果40多项，其中获得国家和省部级重大成果20多项。

四、南繁代表人物

邹江石：多年来，在海南三亚吉阳区、崖州区等地开展水稻科研育种工作，主持"两系法杂交水稻技术研究与应用"课题项目，获国家科技进步特等奖，选育出两系杂交水稻品种两优培九，累计推广面积1亿亩以上。主持发掘了世界上最早的古稻田，证实了日本稻作由中国传入，并修正了水稻起源一元论学说。

王才林：1986年以来，每年在海南三亚荔枝沟师部农场开展水稻育种研究，经过30多年的南繁北育，育成高抗条纹叶枯病的南粳44等超级粳稻5个，优良食味粳稻系列品种6个，遍布长江下游粳稻区，累计推广面积5 000多万亩。

薛　林：1988年开始，每年冬季都来到海南三亚藤桥开展玉米育种研究，通过南繁加代选育，主持育成苏玉糯11、苏玉糯14等鲜食糯玉米品种8个，以及苏玉19、苏玉30等普通玉米品种6个，是国审鲜食糯玉米品种苏玉糯1号的主要完成人。

浙江省
南繁历史

一、南繁历程

　　浙江省南繁经历了早期零散租用、中期长期稳定租用、目前建设固定基地发展现代种业的不同阶段，最早可追溯到1962年冬，浙江省农业科学院首次派员赴海南岛进行新品种繁育，繁育面积2亩，以后陆续有科研单位前去南繁。为了加强南繁管理工作，1967年3月，浙江省农业厅发出《关于驻海南岛繁育工作组同志生活补贴问题的函》。1970年7月，国家农林部发出《关于改进在海南岛繁育种子工作的通知》，要求去海南岛繁育种子由省农业部门统一组织，试验繁育范围只限于科研项目和有推广苗头的良种。

浙江省南繁办管理用房和浙江勿忘农种业科学研究院科研用地

　　1977年成立了浙江省南繁指挥部，统一协调全省制繁种工作，当年制繁种面积达到3 431.2亩。当时交通十分不便，种子收获后无法运回浙江，后来通过中央军委华国锋主席亲自调度，由东海舰队派军舰将南繁种子运回浙江宁波。80年代至90年代，浙江各有关市、地、县的农业科研单位和种子公司近30家参加南繁，每年在海南建有繁殖基地400亩以上，主要用于育种加代和鉴定。1990年浙江省农发集团在陵水县投入300多万元资金，建设浙江省南繁大楼，由于南繁工作分工由省农业厅牵头管理，该大楼建成后未能发挥南繁作用。90年代开始，中国水稻研究所、浙江省农业科学院、嘉兴市农业科学院、宁波市农业科学院等单位纷纷建设稳定的南繁基地。

为改善南繁生产生活公共基础设施，2014年省财政农业综合开发项目专门支持陵水县椰林镇大洋畈南繁基地高标准农田建设，使1 000多亩南繁科研育种核心基地大洋畈得到有效灌溉。虽然多次遇到强台风暴雨袭击，但基地排水通畅，没有发生洪涝和严重积水现象，机耕路的建成也极大方便了科研育种人员的生产生活，项目完工解决了海南旱季缺水这一长期困扰科研育种的难题。

陵水县椰林镇大洋畈新建的机耕路和渠道及新建的抽水机

目前，浙江省南繁基地面积稳定在2 500亩左右，主要集中在海南省陵水县椰林镇坡留洋（浙江大学在三亚建有基地82.71亩），其中固定基地面积1 736亩，经核定列入国家南繁科研育种核心区面积1 115.9亩。近几年浙江省共有12家科研单位和6家种子企业开展南繁工作。自2013年开始，省财政每年专项补助120万元用于南繁单位的租地补助。南繁工作由省种子管理总站统一组织管理，在陵水县设立省南繁办，长期聘用1～2名工作人员负责南繁管理工作。

二、南繁成效

（一）培育推广大量新品种

50多年来，浙江省通过南繁培育了3 000多个农作物新品种，完成了主要农作物品种6～7次的更新换代，每次品种更新的增产幅度都在10%以上，特别是近些年杂交水稻甬优、中浙优、常规粳稻秀水系列等高产、优质新品种的育成推广，南繁发挥了极其重要的作用。每年有100多个杂交水稻种子抽检样品送海南进行纯度鉴定，确保了农业生产用种安全。

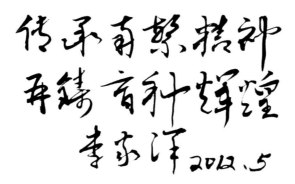

李家洋院士为嘉兴市农业科学院题词

（二）锤炼育种创新队伍，总结提炼出南繁精神

南繁育种同时又是一个育人的过程，全省常年有270多人从事南繁育种工作，主要科研骨干都亲历亲为，每年测配杂交组合20余万个，锤炼了一支育种创新队伍，总结提炼形成了"勇于创新，不断超越；百折不挠，永不懈怠；忠于职守，无私奉献"的浙江南繁精神，这种精神激励着一代又一代南繁人创新创业。李家洋院士曾经为浙江省嘉兴市农业科学院题词："传承南繁精神，再铸育种辉煌"；"杂交水稻之父"袁隆平院士也为嘉兴市农业科学院题词："培育良种，服务三农"。

袁隆平院士为嘉兴市农业科学院题词

安徽省
南繁历史

一、南繁历程

安徽省南繁工作始于20世纪60年代，大体经历了四个阶段。

一是60年代到70年代后期。主要进行杂交高粱和杂交玉米的不育系繁殖和制种，南繁单位主要是推广杂交玉米和杂交高粱的县种子部门，南繁人员最多时达近千人，租用4 000多亩耕地，南繁地点主要分布在陵水、三亚和崖城等地。

二是70年代后期至80年代中期。主要进行杂交水稻、杂交玉米不育系繁殖和杂交一代纯度鉴定，以及水稻、棉花、玉米、西甜瓜等作物的加代育种。

三是80年代中期至21世纪初期。特别是杂交水稻大面积推广后，全省开展南繁工作的单位迅速增加，省、市、县科研院所及种子企业、管理机构100多人在海南开展选育、加代、鉴定等工作，在水稻、西甜瓜、棉花品种选育上取得一系列成果。但南繁单位没有固定的基地和住所，育种科技人员每年都要肩扛行李、手提种子、各找住所、自办伙食，临时租用基地，工作生活条件艰苦。

四是21世纪初期至今。为改善南繁工作条件，提高南繁工作质量和效率，2001年，安徽省在三亚警备区农场启动安徽省南繁基地项目建设，完成7亩建设用地租用、2 700米^{2}综合实验楼建设、60亩试验地的长期租用以及库房晒场等附属工程。2002年项目建成后，有15家南繁单位入驻。2007年省农业科学院在陵水县建成了

安徽省农业科学院南繁基地

安徽荃银高科种业股份有限公司海南生态试验站

140亩固定基地。2009年、2010年合肥丰乐种业公司分别在三亚吉阳镇罗蓬村和海南乐东县建立208亩水稻、旱作科研南繁基地。2008年和2011年安徽荃银高科种业股份有限公司分别建立了槟榔、南丁及九所水稻、旱作育种基地123亩。目前全省约有40多家科研院所、高校、企业和部分市县人民政府所属单位，300多名育种专家和农业科技人员从事南繁科研工作，拥有南繁基地2 300亩，配套设施占地42亩。

二、南繁成效

（一）创制了一批优异种质资源

多年来，通过南繁创制了一批突破性育种材料。如80年代中期在海南育成的水稻三系优质新质源不育系协青早A，避免了由于生产应用品种质源单一而带来的风险，为全国三大不育系之一，所配的杂交组合种植面积占我国同类型品种的1/3；2000年以来在海南加代育成的两系杂交水稻不育系广占63S、1892S、新安S配合力强、米质优、适应范围广；2011年选育的三系不育系荃9311A，株型合理、配合力强、异交率高、抗倒、优质，目前该不育系已配组审定10个品种，有望成为未来长江流域杂交水稻的主要不育系；选育出具有海岛棉血缘的高品质陆地棉种质材料，筛选配组出短果枝1号等具有短果枝、高品质、早熟的短季棉新品种；通过南繁育成第一个黄淮海区大豆三系质核互作不育系。

（二）育成了一批优良品种

20世纪80～90年代育成的杂交组合协优63、协优64种植面积占我国同类型品种的1/3。配组育成丰两优1号、皖稻153、新两优6号、两优6326等系列优质高产杂交水稻品种，2010—2011年占我国两系中籼杂交水稻市场的40%以上。近几年来，玉米品种隆平206年种植面积达800万亩，成为全国十大玉米品种。高蛋白大豆皖豆28自2010年以来连续5年被农业部推介为黄淮海地区主导大豆品种。

（三）取得了一批科研成果

合肥丰乐种业、安徽荃银高科种业和安徽省农业科学院水稻所等单位通过南繁加快育种进程。安徽荃银高科种业现有授权发明专利3项、植物新品种权14项，育成的新两优6号获安徽省科技进步一等奖；合肥丰乐种业获得国家科技进步一等奖1项，省部级科技奖13项；获得发明专利3项，获得植物新品种权保护23个，丰两优1号获安徽省科技进步一等奖。安徽省农业科学院水稻所获植物新品种保护授权24项、获国家专利授权29项，共获得省级以上科技成果奖励15项。

（四）成为鉴定加代的重要基地

"十二五"以来，种子企业和管理机构在海南安排种植种子生产纯度鉴定和市场质量抽检鉴定30余万份种子样品，及时筛查出不合格种子5 000多万千克，避免因质量不合格造成大田损失260亿元。在海南加代生产余缺调剂种子600万千克，保证农业生产需求。

（五）促进种子企业做大做强

南繁加快了农作物新品种的选育进程和推广步伐，大大提高了种业创新能力和市场竞争力，培育出合肥丰乐种业和安徽荃银高科种业两家上市公司，目前全省拥有国家级育繁推一体化企业4家，省级育繁推一体化企业5家，拥有科研、生产、加工、销售和服务体系的种子企业60家，全省种子企业注册总资本40亿元，年销售收入60亿元。

三、南繁代表人物

李成荃：水稻育种学家，是我国南方杂交粳稻、两系杂交水稻育种奠基人之一，也是安徽荃银高科种业股份有限公司和安徽华安种业有限责任公司联合创始人之一，多年在海南开展育种研究。主持撰写《安徽稻作学》专著等。她带领的研究团队曾被原国家科委、国防科工委评为"863"计划"先进集体"。

吴让祥：20世纪70年代，参与杂交水稻全国协作攻关，先后育成了V20、V41优良水稻保持系。在海南，他与袁隆平成为战友，参与全国籼型杂交水稻协作攻关，成为我国最早开展杂交水稻研究和从事南繁育种的主要成员之一。20世纪80年代中期，利用江西野生稻选育出水稻新资源矮败型协青早A，解决了我国水稻三系不育系细胞质资源单一的难题。协优系列组合脱颖而出，选育的代表组合有协优64、协优63。

张家宪：棉花育种专家，农业推广研究员，1980年开始进行棉花育种工作，1984年开始每年在三亚进行南繁，1988年至今共培育出国家及省级审定的品种11个，其中近几年审定的省工2号及短果枝2号为两熟机采棉品种。

福建省
南繁历史

一、南繁历程

20世纪60年代末，省农科站（福建省农业科学院前身）水稻育种组（福建省农业科学院水稻研究所前身）开展杂交水稻课题研究。

1971年9月，水稻育种组组建了福建省水稻雄性不育与杂种优势利用研究协作组。1971年冬，省水稻育种组杨聚宝从湖南省海南育种基地引进了野败×广矮3784的F_1稻头。

1975年10月，福建省委批准水稻育种组提出冬季到海南开展杂交水稻繁殖、制种的报告，成立了福建省南繁工作小组。同时，省农办发文要求各地、市农办组建南繁队伍。10月下旬，相关同志奔赴海南找地、租房。11月下旬，第一批800亩试验基地在海南三亚藤桥镇（现海棠湾镇）实施。12月下旬农林部召开全国杂交水稻推广会，决定由湖南省提供不育系种子600千克，福建省在海南再扩大1 200亩的制种任务。随着福建各地、市的南繁队伍先后到达，人数达到800人，繁殖、制种任务达到2 000亩。南繁队住的藤桥旧旅社成为福建省在海南开展南繁工作的指挥部。经过这一年开拓性的南繁工作，福建省的杂交水稻得到迅速发展，1975年试种71亩，1976年5万亩，1977年248万亩，1978年800万亩。发展至"八五"期间，福建省彻底扭转了过去水稻品种"北靠浙江，南靠广东"的供种局面，由过去的育种小省向育种强省跨越。1996年，在海南省三亚市藤桥镇建设了福建省海南农作物南繁育种基地，试验田面积46.93亩（租期50年）。2014年，对综合大楼进行了改造。目前，试验地已扩大到近400亩，每年有10多个南繁育种单位20多人常驻南繁育种基地。

二、南繁成效

（一）育成了当时国内四大不育系之一的V41A

1971年冬引进湖南省海南育种基地野败 × 广矮3784的F_1稻头，用V41A进行测交，测交一代有4株，1株全不育，3株可育，选不育株回交。1972年冬，回交二代有244株在海南加代。历经连续回交，到回交八代选五个株系混收，1975年秋在埔垱繁殖4亩，收获种子390千克，平均亩产近100千克，表现出育性稳定、配合力强、异交率高、米质优等特性。

（二）实现三系配套，育成四优二号等组合

1974年，在福州试验农场种植的利用不育系 V41A 和强恢复系 IR24、IR661、IR26、印尼矮禾配成的杂交水稻组合四优 2 号、四优 3 号、四优 6 号、闽优 3 号等表现出杂种优势强、米质优、适应性广、制种产量高的特点，实现了三系配套。这批组合成为当时福建省杂交水稻先锋组合，其中以四优 2 号表现最好。

（三）大规模开展技术培训，有力推动了福建省杂交水稻的发展

1971年福建省成立杂交水稻育种协作组，1975年在海南对全省各地、市南繁队技术指导和培训。1976年大年初五，海南归来的雷捷成在漳州给全省各地、县农业局局长讲了福建省推广杂交水稻的第一课。此后，杨聚宝、雷捷成在八闽大地的地、县、公社、大队进行巡回讲课，全省数以万计的人都了解并种植杂交水稻。两人还主笔写成《福建的杂交水稻》，有力地指导并推动了福建省杂交水稻生产的发展。

（四）牵头组织全省水稻育种攻关，实现杂交水稻转危为安

1980年、1981年，福建省稻瘟病大流行，仅1981年早季失收面积达19.95万亩，损失稻谷0.75亿多千克。当时的主要推广组合四优2号抗性衰退，福建的杂交水稻推广受到威胁。1982年省农办提出由水稻研究所牵头组织全省水稻育种攻关。从1983年开始，水稻所组织全省科研院所，经过17年育种攻关，成绩卓著。三明市农

汕优63荣获1988年度国家科技进步一等奖

业科学研究所育成的汕优63表现高产、抗病、优质、适应性广，育成了汕优77、威优77、汕优70、特优70、Ⅱ优明86、汕优82等大面积推广组合。水稻研究所育成抗稻飞虱、稻瘟病、白叶枯病的四优30、威优30；汕优016表现优质、抗病。漳州市农科所育成了配合力强的不育系龙特浦A和特优63。宁德市农科所育成特优420。龙岩市农科所育成特优898。汕优63的大面积推广，解除了杂交水稻推广受稻瘟病影响的威胁，有力保障和促进了杂交水稻事业的稳步发展。

（五）福建省南繁基地的建立，为杂交水稻创新插上腾飞的翅膀

1996年福建省南繁基地建设以来，南繁单位在南繁基地年加代繁殖（配制）各类育种小材料10多万份，杂交稻种子及亲本纯度种植鉴定2000多份，加代生产种子20多万千克。育成了当时全国育性最稳定、制种安全的两系不育系SE21S和稻瘟病抗性最强的三系不育系福伊A，以及配合力强、综合性状优良的恢复系，如早恢89、明恢2155、闽恢3301、福恢673、航1号等，配组出两优2163、宜优673、Ⅱ优航1号、天优3301、T78优2155等一批高产、抗病、优质、适应性广的杂交稻组合，为加快水稻新品种的选育和推广，确保农业生产用种安全做出了重要贡献。

美国科研人员考察福建南繁基地

三、南繁代表人物

杨聚宝：20世纪70年代初开始开展水稻南繁科研育种工作，先后育成V20A、V41A、SE21S等多个不育系及闽优1号、四优6号、四优30、两优2186、两优2163

等品种。曾任联合国粮食及农业组织杂交水稻顾问组长，全国先进工作者、全国"五一"劳动奖章获得者，获国家科技进步特等奖1项，全国科学大会科技成果奖1项和第五届袁隆平农业科技奖。

陈如凯：一直关心和帮助海南甘蔗育种场建设和发展，不但争取建设资金和制定发展规划，而且从国内外引进大量亲本充实到该育种场，使之成为全国甘蔗杂交制种基地；同时按遗传设计配制组合，并利用数量遗传学方法进行性状遗传与亲本、组合评价研究。研究成果"甘蔗品种的资源鉴定、利用及新品种选育"获国家科技进步一等奖。

王　锋：20多年来，在海南三亚崖城、藤桥等地开展水稻育种研究工作，主持育成水稻优良恢复系闽恢3301，获福建省科技进步一等奖，育成40多个杂交稻新品种并通过审定，累积推广3 000万亩以上。在 *Nature* 主刊上发表研究论文，首次提出在水稻增加淀粉产量基础上减少稻田甲烷排放的方法，为破解粮食安全和遏制全球变暖的科学难题提供了新的思路和途径。

江西省
南繁历史

一、南繁历史与成效

  江西省早在20世纪60年代开始到海南进行南繁育种，主要在三亚市藤桥镇和陵水县英州镇。

  1970年，杂交水稻之父袁隆平的助手李必湖在海南发现"野败"，为我国杂交稻三系配套奠定了基础。江西的颜龙安、伍仁山与新疆、广东、安徽、广西等有关单位及人员共18人去海南岛湖南南繁基地跟班学习，参加研究活动，后萍乡市农科所颜龙安、文友生等人利用湖南提供的"野败"不育材料分别与二九矮4号、珍汕97等7

20世纪70年代江西省南繁人员合影

个品种杂交，通过变温处理打破种子休眠，苗期进行遮光处理，经过南繁加代，至1972年冬，育成了珍汕97A和二九矮4号A，宣告我国首次野败细胞质的雄性不育系选育获得成功。

1972年，由萍乡市农科所牵头，赣州农科所、宜春农科所、省农科所组成了江西省水稻三系研究协作组，由颜龙安任组长、邹国华任副组长。同年，"水稻雄性不育研究"在江西省科委立项。

1972年冬，颜龙安在海南介绍珍汕97不育系

1972年冬，萍乡市颜龙安、李汝广等人利用二九矮4号、珍汕97回交四代不育株，与593个中外品种（株系）进行测交。1973年杂种F_1种植，结果归类分析发现，从地理分布来讲，热带地区的品种对野败恢复的比例大，亚热带地区的品种对野败恢复的比例较小，北纬30°以北地区的品种对野败恢复的比例极少；从品种的类型看，籼稻品种恢复的较多，粳稻品种恢复的极少，从生态类型看，晚稻品种恢复的较多，早稻感温品种恢复的少。已测交筛选出的7101、7039、萍矮58等3个品种为强恢复系。1973年10月在苏州市召开的全国水稻科研生产经验交流现场会上，颜龙安提交了《利用"野败"选育水稻"三系"的进展情况汇报》论文，宣告野败三系杂交水稻配套成功。

1973年江西省协作组测出的恢复品种有古154、IR24、IR20、IR8、萍矮58、7101、7039等强恢复系。1973年冬，颜龙安等人育出了强优势组合汕优2号，为我国第一个大面积推广的杂交水稻组合。

20世纪70年代杂交水稻三系配套成功后，江西人就开始在三亚天涯、保港、水南等地制种，1972年冬，萍乡市农科所在海南用二九矮4号不育系与7101、7039进行了小面积制种，这是全国开展最早的制种技术研究。1973年冬，萍乡市农科所在海南崖县沙埋村采取剥蘖方法进行了二九矮4号A和珍汕97A的小面积繁殖，这是最早开展的野败不育系繁制研究。

南繁制种开始的几年，产量很不理想，第一年亩产只有15千克，后来几年大多数还是在30～40千克徘徊，每年繁殖的种子远远不能满足广大农民的迫切需求。颜龙安说："我们搞良种的目的很简单，就是让群众吃饱饭、吃好饭。"为了这个朴实而神圣的愿望，江西人在海南三亚建立了制种基地，像候鸟一样在江西和海南之间"轮飞"。

张理高（中）介绍江西省南繁制种情况

1977年3月，江西省云山垦殖场在海南进行汕优2号制种，为了解决制种时珍汕97A不育系包颈问题，增加穗外露率，减少包颈现象，动员所有工作人员并雇请当地农妇下田剥苞，每人一畦一字排开，既要剥去苞叶又不能伤害穗头，主要保证质量不求速度，这项作业是水稻栽培史上的一项创举。当时杂交水稻制种喷施920后，亩产不过二三十千克，经人工剥苞后平均亩产达到45千克，最高亩产达60千克。

1979年冬，江西萍乡南繁制种面积198公顷，收获杂交种子38.9万千克，平均亩产135.65千克。到1983年南繁制种亩产突破150千克，之后逐步上升到200千克。当年，时任农牧渔业部部长林乎加带领专家、学者考察萍乡制种基地，对制种能手张理高说："你们真不错，是育种才子，像你们这样的人要越多越好"。就这样，江西人在海南的制种队伍像滚雪球一样，越滚越大。到20世纪80年代，制种队员多达3 000余人，90年代增加至5 000余人。21世纪以来，发展到30多个制种专业村、100多个专业户、6 000多人的制种大军，高峰期达到8 000余人。每年制种面积达6万亩以上。

2007年，江西省成立南繁工作管理站作为南繁常设专门机构，挂靠江西省种子管理局。2009年，萍乡市南繁管理站升格为副县级建制，派专人常驻三亚加强南繁管理。目前江西省南繁杂交水稻制种已形成了有对内、有对外、有政府、有民间的比较健全规范的产业体系。

2010年，萍乡市在海南三亚举行了杂交水稻南繁制种35周年庆典活动。这一年，在原萍乡市排上镇制种协会的基础上成立了萍乡市杂交水稻南繁制种协会，是全国首个杂交水稻南繁制种协会。以萍乡市为主的杂交水稻制种产业大军每年繁制的杂交水稻品种达200多个，年制种面积近13万亩，年制种生产总量达2 300万千克以上。自

20世纪70年代起，萍乡农商行不断加大对南繁育种户的扶持力度，累计发放南繁育种户贷款1.68亿元，累计支持南繁育制种专业户400余户。

萍乡市杂交水稻南繁制种35周年庆祝大会

自20世纪80年代以来，江西省蔬菜品种的南繁育制种得到快速发展，选育了一批如早熟杂交辣椒早杂2号、常规豇豆之豇28-2等品种，每年南繁生产杂交辣椒种子2万～2.5万千克、豇豆原原种3万～3.5万千克。

2014年，由江西省农业厅牵头，联合三亚市及乐东、陵水等县农业局，跨省成立了江西省南繁工作领导小组。其主要职责是实施国家及省南繁基地项目的建设，制定南繁年度任务和长远发展规划，协调南繁土地、水利、质检、调运、生产生活安全、人员往来联络等相关工作。

目前江西省共有南繁单位34个，其中科研院所11个、种子管理部门5个、种子企业18个，南繁制种农民专业队72个。在海南建有简陋基本设施的有21个，其中具有长期租用农田、建筑设施有一定规模、影响较大的南繁基地有3个。分别是位于三亚市凤凰镇水蛟村的江西省农业科学院南繁基地、位于三亚市海棠湾镇湾坡村的江西现代种业与江西农业大学共建的南繁基地及位于三亚市天涯区槟榔村的江西天涯种业南繁基地。

据不完全统计，1974—2010年，仅江西萍乡人就有逾14万人次到海南制种，制种面积8.58万公顷，占全国南繁制种总面积的80%左右，累计生产杂交水稻种子2亿多千克。培养和造就了一批南繁专业制种队伍和创业先锋，数千名制种专业人员足迹涉及全国多个省市，每年为农民工带来6 000万元收入。

二、南繁代表人物

陈大洲：筛选和利用东乡野生稻的强耐冷和耐淹基因育成了江西自然越冬粳稻新品种东野 1 号和耐淹不育系 G4-96A，先后主持选育了协优 2374、优质稻赣晚籼 37（926）、早籼超级稻 03 优 66、赣香 A 等 21 个新品种，成为江西乃至长江中下游晚籼稻主推品种，应用推广累计 6 000 余万亩。

贺浩华：提出了"温度在光敏核不育水稻育性转换中的作用"、"光温敏不育水稻育性转换的两个光温模式"、"水稻籼型核不育系育性转换具四个临界温度阈值"等学术观点，得到了同行的认可、引用和高度评价。选育江西省首个超级稻淦鑫 688 和其他水稻新品种 20 多个，选育的新品种产生显著的社会和经济效益。

山东省
南繁历史

一、南繁历史与现状

山东省南繁科研育种始于1959年，山东省农业科学院等单位到广东湛江、海南、广西北海、云南等地进行加代选育农作物新品种、杂交亲本种子及杂交一代种子的制种。1971—1972年，山东省组织农业技术人员到海南岛进行了一次大规模的杂交高粱南繁制种，南繁人员近万人，面积达3万余亩，对普及杂交高粱良种、增加粮食产量、缓解粮食困难发挥了积极作用。改革开放以后逐步形成了省地县、农业科研院所、大专院校、种子经营单位和民营企业等多层次、多渠道的自发南繁育种。

近年来，山东主要南繁作物为玉米、棉花、水稻等。全省每年有60多个单位到

山东省南繁指挥部

海南进行南繁育种，包括农业科研院所、大专院校及种子企业，每年常驻南繁人员200余人，南繁科研用地2 000余亩，其中长期固定用地1 000亩左右。南繁用地主要分布在三亚、乐东和陵水，分散在偏远的农场、村庄。

2014年，山东省出台《关于贯彻国办发（2013）109号文件 深化种业体制改革提高创新能力的实施意见》，提出支持南繁科研育种基地建设；2015年底，省政府常务会议通过了《山东省农作物种业产业提质增效转型升级实施方案（2016—2020年）》，同意加强种子基地建设，在海南省新建核心育种繁育基地1 000亩。2017年9月在乐东县黄流镇抱孔洋国家南繁核心基地内流转1 000亩土地，建设省级南繁科研育种基地。

二、南繁管理与服务

山东省机构编制委员会办公室于1995年批准农业厅设立山东省海南种子繁育工作站（以下简称"南繁站"），1996年，山东省农业厅在海南省三亚市警备区师部农场建设山东南繁指挥部。2013年底，南繁站并入山东省种子管理总站。2014年，成立山东省南繁工作领导小组，省农业厅厅长任组长，省农业厅、发改委、财政厅、科技厅的分管负责同志任副组长，领导小组办公室设在省农业厅，承担领导小组的日常工作。

山东南繁指挥部同志到基地看望李登海老师

三、南繁成效

据统计，近10年山东省经国家和省级审定的玉米、棉花、水稻、大豆新品种达600多个，在省内外生产中大面积推广使用的登海、天泰、鲁单、鑫丰、金海等系列玉米品种、鲁棉研系列棉花品种以及圣丰大豆、华盛蔬菜等基本都经过南繁选育，南繁科研在山东现代种业发展中起到了加速器、助推器的作用，一批优秀种业品牌享誉省内外。李登海作为我国玉米育种方面的领军人物，自1978年开始进行南繁育种，

40年如一日始终坚守在南繁科研育种第一线，始终致力于紧凑型高产玉米杂交品种的选育，通过不懈的努力和创新缩小了我国杂交玉米品种与世界的差距。

多年来，南繁站在做好南繁管理、服务的同时，还承担着农业部和山东省的冬季玉米抽检纯度鉴定田间种植工作，共种植鉴定样品4 000余份，代表数量9 000余万千克，通过鉴定查出不合格种子1 100万千克，其中报废种子700万千克，减少因使用劣质种子造成的经济损失计9 800多万元，对强化种子质量监管、保护农民利益、确保农业安全生产发挥了重要作用。

四、南繁代表人物

宋宪亮：棉花遗传育种专家，多年来先后在三亚、乐东、陵水等多个市县开展南繁科研育种工作和研究，逐渐明确了不同作物适宜的南繁地点、播期和管理方法，在棉花分子遗传和育种方向方面有较深的研究。通过南繁加速了育种进程和科学研究，先后育成棉花新品种7个，发表研究论文100余篇，获山东省科技进步一等奖一项。

刘治先：玉米遗传育种专家，多年来，在海南三亚崖州区开展南繁工作，对热带、亚热带玉米种质的改良和创新利用、南繁育种技术的创制、高配合力玉米自交系创制和强优势杂交种选育等进行了较为详尽的研究。先后选育出一批高配合力的玉米自交系和多个强优势杂交种并应用于生产，累计推广面积1.5亿亩，产生社会经济效益50亿元以上。编写《中国玉米品种及系谱》等著作7部，发表研究论文70余篇。

赵延明：玉米育种专家，从事玉米杂种优势、抗病种质资源研究及高产优质、稳产、适应性广、抗逆性强玉米杂交种选育工作。先在海南崖县荔枝沟、后在乐东县九所镇开展玉米育种研究，探索出根据南北气候特点与玉米不同品种特征特性的栽培技术措施，南北两地可实现玉米一年种植3季，加快研究进程。经过多年南北穿梭育种，创制出高抗玉米粗缩病种质资源并利用其育成了高抗玉米粗缩病的玉米杂交种。

河南省
南繁历史

一、南繁历程

自20世纪50年代由河南农业大学吴绍骙教授提出"南繁北育"理论以来，河南省教学科研育种单位、企业和个人陆续到海南开展农作物种质创新、组合测配、材料加代、种子质量鉴定、扩繁与制种等活动。

20世纪60～80年代，在南繁理论的指导下，全国各地农业科研教学等单位，陆续到海南岛三亚等地区开展南繁育种。

最早进行南繁育种的作物是玉米，逐步扩大到水稻、高粱、小麦、棉花、大豆、甘薯、麻类、瓜果、蔬菜等数十种作物。通过南繁北育，以河南农业大学、河南省农业科学院为主体科研团队，先后选育出花生如豫花7号、远杂9102等，棉花如豫杂35、豫杂37等，大豆如郑196等一大批新品种，为河南乃至全国的农业发展做出了贡献。

二、南繁基地

2010年河南省政府决定在海南省建立省级南繁基地。省南繁基地位于海南省乐东县九所镇抱浅村，基地实际面积为795.58亩，租期为30年。按照省政府提出的"政府主导、企业化管理、市场化运作"管理经营模式，2013年在海南省乐东县注册了海南豫育农业科学研究院有限公司（以下简称豫育公司），由省农业厅授权其具体负责基地的规划、建设、管理和运营。目前，豫育公司共有19家股东，均为省内优秀的种子企业。

三、南繁成就

60年来，南繁为加快品种选育进程发挥了独特的作用，70%以上的优良高产品种经海南选育。多年来，玉米科研育（制）种南繁加代是河南省南繁工作的主流，先后培育出了浚单20、郑单958、豫玉22、伟科702等优质品种。鹤壁市农业科学院原院长程相文研究员自1964年起坚守南繁基地53年，选育出了以浚单20为代表的浚单系列品种，成为南繁育种的标杆人物，2015年被农业部评为"全国种业十大功勋人物"。河南农业大学陈伟程教授在20世纪90年代选育出豫玉22，进入21世纪后又选育出新品种伟科702，2006年被农业部评为"中华农业英才"。河南省农业科学院堵纯信研究员通过南繁选育的郑单958，主导黄淮海夏玉米区15年，辐射东北、西北春玉米区，年最大推广面积超过6 000万亩，目前累计推广7.4亿亩，是我国玉米生产历史上推广利用时间最长、面积最大的品种。

四、南繁代表人物

吴绍骙（1905—1998）：著名玉米育种学家，一级教授，中国玉米育种奠基人之一。他长期从事玉米杂种优势利用研究，在国际上最早提出根据自交系类型异同或亲缘远近合理配制玉米双交种，在国内倡导玉米品种间杂交种和综合种的选育利用，倡导采用异地培育的方法以缩短育种年限。他主持育成中国第一个大面积推广的玉米品种洛阳混选1号，并先后主持育成豫农704、豫单5号、豫双5号等优良玉米杂交种。

宋秀岭：从事玉米科研工作44年，以农家良种为材料选育玉米自交系，在国内首创用自交系作测验种，于1963年育成新单1号，获全国科学大会奖。新单1号作为单交种首先在全国大面积推广，带动了全国选育推广单交种，与美国同时将玉米单交种应用于农业生产上，居国际领先地位。50年代末从事玉米南繁工作，是玉米南繁北育理论的重要实践者。

湖北省
南繁历史

一、南繁发展历程

（一）起步阶段

早在 1965 年 9 月，湖北省原荆州地区农科所、恩施地区农科所的科研人员就远赴海南岛的崖城、陵水开展棉花和玉米育种材料加代繁殖工作。到 1969 年，每年 9 月至翌年 5 月，湖北省农业科学院、各地区农科所和部分县级农科所纷纷效仿，自发到海南岛进行水稻、棉花、玉米、大豆等作物的育种材料加代和新品种选育。

（二）发展阶段

1970 年 9 月，原湖北省农业局组成湖北省南繁工作领导和技术小组，带领全省各地区种子站、农科所和部分原种场的科研人员在海南开展杂交玉米、杂交高粱的技术攻关和新品种选育以及亲本繁殖和试制工作。1973 年 9 月，由湖北省农业厅成立湖北省三系杂交水稻协助攻关组，在海南岛开展三系杂交水稻协助攻关。

（三）繁盛阶段

1976 年 9 月湖北省农牧厅在海南陵水县城成立了南繁指挥部，全省 17 个地市、79 个县农业局也分别在陵水、三亚、乐东等地设立各级南繁指挥部。除湖北省三系杂交水稻协助攻关组带着全省大专院校、科研院所的技术人员开展杂交水稻科研攻关以外，各级南繁指挥部带领由每个生产大队选派的 1 ~ 2 名青年农民到海南进行一个冬春的杂交水稻亲繁制种技术培训，同时承担所在公社、大队的亲繁和制种任务。据统计，1977 年冬至 1978 年春，全省 79 个县南繁人员逾 2 万人；带动湖北省杂交水稻推

湖北省农业科学院粮作所游艾青所长90年代在海南陵水南繁基地

广面积从1977年的114万亩，发展到1978年的450万亩以上，有效促进了全省农业生产发展。

（四）低谷阶段

1978年由于杂交水稻受气候影响减产，各级政府对杂交水稻推广种植出现"杂音"，杂交水稻发展进入低潮，1979年全省推广面积下降到不足50万亩。自1979年后，湖北省只有极少数地区和县派出人员开展南繁，南繁人员下降到120多人。

（五）恢复阶段

1981年12月，农业部在湖南省岳阳地区召开了南方杂交水稻考察汇报会。会后，湖北省政府分析总结了前三年杂交水稻生产经验和教训，出台了《恢复和发展湖北省杂交水稻生产的意见》，明确指出要恢复和发展南繁工作。此后，湖北省南繁工作逐渐恢复，管理逐步规范。

（六）强化阶段

1993年，湖北省农业厅在三亚市荔枝沟师部农场建成南繁大厦，长期租地40亩开展南繁工作。2003年，湖北省种子管理站建立了湖北省南繁基地，进一步强化了南繁管理工作。2004年，省政府成立了以分管副省长为指挥长的南繁工作指挥部。

（七）发展新阶段

2010年，湖北省机构编制委员会办公室批复成立了湖北省农作物种子南繁管理中心（副处级），与湖北省种子管理局合署办公，湖北南繁有了专职管理机构。2010—2012年省政府共拨出1 500万元南繁专项资金，进一步加强南繁基地建设，南繁基地建设和保障水平迈入新的阶段。2015年，国家出台《国家南繁科研育种基地（海南）建设规划（2015—2025年）》后，结合湖北省实际和南繁事业发展需求，制定了《湖北省南繁基地建设实施方案》，力争用3～4年时间，建设一批拥有核心科研育种用地面积2 100亩以上，用地集中稳定、运行顺畅、监管有力、服务高效的南繁科研育种基地，建立社会化南繁基地投资、建设、运行、管理及服务新机制，推动南繁事业全面步入快速、可持续发展轨道。

二、南繁成效

（一）加快了新品种选育

据统计，通过南繁加代，湖北省40多年来自主选育的水稻、玉米、棉花品种，其中有80%是通过南繁加代选育而成的。

（二）确保了种子数量安全

利用南繁基地进行冬季制种，调剂补缺，是确保当年生产用种的有效途径。2004年在湖北省杂交水稻制种因灾减产的情况下，省政府安排专项资金进行南繁制种，当年冬季全省在海南落实制种面积33 000多亩，产种约480万千克，为大灾之后满足全省农业用种起到了至关重要的保障作用。据不完全统计，50多年来，湖北省南繁制种面积累计15万亩以上，共繁殖水稻、玉米、棉花、大豆、蔬菜等作物种子2 000多万千克。

（三）促进了种子质量提升

从1995年开始，湖北省狠抓"两杂"种子南鉴，组织或要求企业对自行生产的种子分户、分田块取样进行种子纯度种植鉴定，年鉴定样品数量1万多份。通过南繁鉴定，提前对当年拟入市种子进行质量判定，有效阻止不合格种子流入市场。目前，湖北省水稻、玉米杂交种子样品合格率达98.5%。

（四）增强了育种创新能力

目前，全省常年在海南开展南繁工作的单位在40家以上，常驻南繁基地科研人员在300名以上。在半个多世纪的南繁历史中，湖北省不仅走出了以朱英国院士、石明松先生为代表的一批农业科学家，也取得了"两系法杂交水稻技术研究与应用"、

"湖北光敏感核不育水稻的发现及利用"、"红莲型杂交水稻"等为代表的一系列重要科技成果，为湖北省农业发展做出了突出贡献。

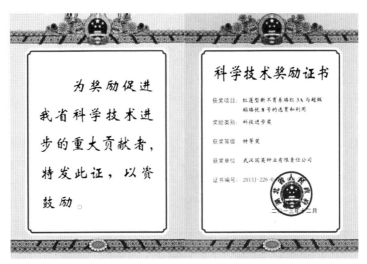

通过南繁选育的红莲型不育系珞红3A和珞优8号
超级稻获省政府科技进步特等奖

三、南繁代表人物

游艾青：水稻育种家，在海南陵水县扎根水稻南繁育种工作近30年，参加"两系法杂交水稻技术研究与应用"项目获国家科技进步特等奖，牵头组织湖北省水稻育种攻关，主持、参与选育水稻新品种15个，累计应用面积8 000多万亩。

段洪波：农业推广研究员，曾获农业部"振兴农业"先进个人、国家南繁先进工作者。1976年，参加杂交水稻"三系协作组"赴海南陵水从事科研育种，42年来把青春献给了南繁事业，育成水稻品种28个，通过国家或省级审定，推广面积1亿多亩。

湖南省
南繁历史

一、南繁历史

  湖南省南繁工作从20世纪60年代袁隆平院士率先在三亚开展杂交水稻研究开始，历经了近半个世纪。1970年，袁隆平院士的助手李必湖和冯克珊在三亚市南红农场找到了野生稻雄性不育株，为培育杂交水稻打开了突破口。1973年，实现了三系配套。1974年，选配强优势籼型杂交水稻组合并试种成功。1975年，攻克制种技术关，同年冬季，组织全省各县8 000余人赴海南制种。年末，国务院副总理华国锋在中南海小会议室听取袁隆平等人关于杂交水稻的发展情况的汇报后，当即拍板，在中央支持杂交水稻推广的150万元资金中，特别明确其中30万元用于购买15部解放牌汽车，装备一个车队，运输"南繁"种子。1978年，湖南省南繁人员达18 900人，南繁面积55 643亩，生产种子411.2万千克，推广杂交水稻351万亩。1985年，张继仁团队在海南成功选育全国第一个杂交辣椒品种湘研1号。2001年，湖南杂交水稻研究中心邓启云课题组在海南成功选育Y58S不育系和Y两优1号组合。2002年，湖南亚华种业、湖南隆平高科等种子企业开展大规模南繁种子生产，面积达10万亩。2009年，湖南省农业厅在师部农场建设湖南省农作物种子南繁中心。2015年，成立湖南省南繁工作领导小组，分管农业的副省长任组长。《国家南繁科研育种基地（海南）建设规划（2015—2025年）》发布，两任省长到海南调研南繁工作，决定在陵水县安马洋核心区建设湖南省南繁科研育种园，规划建设南繁基地2 000亩。

  目前，湖南省有48家单位和1 500多名科研育种专家在三亚、陵水、乐东开展南繁科研育种和种子生产工作，科研育种面积达2 268亩。其中省市科研单位15家，面积547亩，种业企业33家，面积1 721亩，种业企业的科研育种面积占总育种面积的75.9%，为南繁科研育种的主体。常驻南繁工作人员300人左右，高峰期达1 500人。

南繁人员在海南陵水县收获杂交种子

靖县南繁人员在海南崖县落笔大队的晒场

南繁作物为水稻、棉花、玉米、辣椒等10大类，其中水稻占总面积的90%。湖南省每年在海南生产种子面积5万亩左右，占海南种子生产总面积的一半左右，其中水稻两系种子生产面积占当季海南种子生产面积的60%以上，生产杂交水稻等种子1 000千克以上。种子纯度鉴定的样品数量有1万多个。

二、南繁成效

一是加速了新品种的选育进度和更新换代。"十一五"期间湖南省审定的547个品种中，有520个经过了南繁加代选育，占比达95%。"十二五"以来，除油菜之外，几乎所有新审定的主要农作物品种都经过了南繁加代选育。就杂交水稻而言，海南三亚更具有全国绝无仅有的冬季光温资源优势。袁隆平院士曾经指出："杂交水稻的成功，一半的功劳应该归功于南繁，因为南繁，超级稻亩产700千克、800千克、900千克连续取得突破，时间至少提前10年。"

南繁人员在制种田里考察

二是保证了种子的质量。从1997年开始，湖南省每年生产的水稻、玉米、棉花等主要农作物种子都要扦样送到海南进行南繁纯度种植鉴定试验，经鉴定合格后才允许进入市场销售。目前，湖南省每年在南繁基地鉴定水稻种子样品6 000余个，每年转商处理不合格种子约200万千克，有效杜绝了劣质种子下田。

三是保障了供种安全。湖南省自然灾害高发频发，每年主要农作物的制种基地，都有因灾减产的情况发生，有的年份，减产还比较大。在这种情况下，仅靠救灾储备很难满足生产的需要，而利用南繁基地在秋、冬季组织种子的应急生产，是保障灾后来年生产用种有效供给的避险途径。如1988年湖南省因水灾造成杂交水稻制种大幅减产，省政府决定拨款支持在海南制种6.08万亩，生产种子585.92万千克，确保了来年农业生产的用种需求。

南繁制种丰收，正抓紧装车运回湖南

"民以食为天，粮以种为先"，湖南南繁人用湖南人特有的"吃得苦，霸得蛮"的精神，在千里之外的海南大地上辛苦劳作60载，孜孜不倦，为湖南的用种安全、种业的发展做出了杰出贡献。

三、南繁代表人物

李必湖：作物育种家，长期致力于杂交水稻的育种和推广工作，曾在崖城、荔枝沟从事南繁工作。1970年南繁时，在海南南红农场发现"野败"，为选育水稻雄性不育系，实现杂交水稻三系配套做出了巨大贡献。1973年，与袁隆平等一起在世界上首次育成强优势杂交水稻。1981年，荣获国家特等发明奖。1989年，他的助手邓华凤发现安农S-1，开启两系法籼型杂交水稻的研究。

邹学校：蔬菜学家，中国工程院院士。主持选育辣椒新品种50余个，在全国各地广泛应用，全面提升了我国辣椒品种早熟、丰产、抗病、抗逆、耐贮运、加工、机械化采收水平。获国家科技进步二等奖3项，湖南省科技进步一等奖2项。先后出版著作16部，发表学术论文160多篇。从1986年开始，每年冬季一直在三亚及周边地区从事辣椒育种、制种、栽培研究，为全国辣椒产业的发展做出了重要贡献。

杨远柱：水稻育种专家，参加工作37年，一直从事水稻育种工作，曾在海南三亚荔枝沟、藤桥、陵水椰林镇开展南繁育种研究，共育成国审水稻品种75个，省审水稻品种143个，育成株1S、湘陵628S、隆科638S、晶4155S等优良不育系13个，育成品种累计推广面积超过5亿亩。获省级二等以上科技进步奖8次。在国外重要学术期刊上发表论文多篇。

广东省
南繁历史

一、南繁历程

早在1932—1937年，"中国稻作学之父"丁颖院士就开始利用广州的南方气候条件对水稻进行周年播植生育观察，他在担任中国农业科学院院长时，充分认可异地培育，曾在1961年2月《关于一九六〇年农业科学研究的情况和一九六一年试验研究的意见》中指出，异地培育成为各地探索缩短育种年限，加速良种选育的重要方法，为南繁事业的发展奠定了理论基础。

广东南繁历史悠久，距今已有60多年的历史，是全国最早开展南繁工作的省份之一。甘蔗是广东省最早在海南开展南繁育种的作物，1953年，通过勘察，国家轻工业部广州甘蔗糖业研究所（现为广东省生物工程研究所）确定在海南岛最南端崖城建立大陆第一个甘蔗育种场——广州甘蔗糖业研究所海南甘蔗育种场，占地1 118.5亩，为国家划拨、永久使用的土地，主要用于甘蔗育种及杂交制种。广东省南繁工作由此开始。

20世纪60年代，广东开始在海南开展水稻育种工作，广东省农业科学院在崖县农业科学研究所建立了稳定的水稻育种试验基地，在黄耀祥院士带领下，一批育种人员在海南开展水稻育种加代试验研究等工作。

20世纪70年代末到80年代，杂交水稻发展迅猛，南繁队伍不断发展壮大，每年广东到海南开展杂交水稻育种研究和繁制种工作的人数近1 000人，南繁制种面积最高达5万多亩。

20世纪80年代末至20世纪末，广东南繁工作进入平稳发展阶段，广东省农业科学院、华南农业大学、广东省生物工程研究所等科研单位先后到海南三亚、乐东、崖县等地建立育种基地，开展种质资源收集、科研育种等工作。

随着《种子法》的颁布实施，作为商业化育种的主体，从事杂交水稻、玉米、蔬

崖县广州甘蔗糖业研究所海南甘蔗育种场

菜繁制种的种子企业也纷纷加入南繁育种，创世纪种业有限公司、广东华农大种业有限公司、广东天弘种业有限公司、深圳市兆农农业科技有限公司等10多家种业企业先后在三亚、乐东、万宁等地建立南繁科研育种基地，既改善和提升了科研育种的基础条件，加快了商业化育种的步伐，又取得了显著的经济效益和社会效益。

2011年，国务院出台《关于加快推进现代农作物种业发展的意见》，广东的南繁工作进一步得到省政府及相关部门的重视和支持，省领导多次到南繁基地视察，并做出重要指示、批示，成立广东省南繁工作领导小组，保障和推动南繁工作的顺利开展。

目前，广东在海南开展科研育种的科研单位和种子企业有10多家，科研用地租期在10年以上的约有1 000亩，主要集中在乐东县、三亚市及陵水县，育种涵盖的作物有水稻、玉米、甘蔗、棉花和蔬菜等。广东每年到海南开展科研育种和制种的技术人员200多人，常驻人员60多人。开展南繁科研育种及繁制种，大大缩短了育种周期，加快了广东省主要农作物新品种选育的进程，同时，保障了杂交水稻生产晚稻用种及鲜食玉米、蔬菜等作物生产用种的周年供应。

二、南繁成效

60多年来，广东省育成了一系列甘蔗、水稻、玉米、蔬菜等优良品种，广东省南繁工作在一定程度上促进了优良品种的选育和生产，加快了广东省农业科技创新步伐。

（一）甘蔗

南繁开展至今，广州甘蔗糖业研究所海南甘蔗育种场为全国10多个省份、20多家科研育种单位，累计提供优质杂交花穗10万多穗，在我国甘蔗优新品种选育中发挥了不可或缺的支撑作用。

通过南繁，广东省生物工程研究所（原广州甘蔗糖业研究所）先后培育出30多个适于不同土壤、不同生态类型的甘蔗新品种；其中粤糖93-159、粤糖00-236、粤糖53等甘蔗优良新品种在粤、桂、滇、琼等省份累计推广面积达500万亩以上，社会和经济效益显著。

（二）水稻

借助南繁育种，经过丁颖院士、黄耀祥院士、卢永根院士等老一辈育种家的努力，广东省水稻育种硕果累累。

广东省农业科学院水稻研究所通过南繁加代育成了水稻不育系天丰A、五丰A、广8A和恢复系广恢128、广恢998等；育成了培杂双七、天优998、博优998、秋优998、五优308、广8优169等一大批高产、优质、抗病的杂交水稻新品种。五优308、天优998等9个品种被农业部认定为超级稻品种；天优122、秋优998、博优998等9个品种被农业部列为农业主导品种；丝苗型优质不育系广8A系列品种对外转让累计收益2 598万元，创国内杂交水稻品种转让价格新纪录。广东省农业科学院水稻研究所育成的品种在广东、广西、江西、湖南、湖北、福建等省份大面积推广应用，累计推广种植面积超2.5亿亩，为杂交水稻产业的发展和保障国家粮食安全发挥了重要作用。

华南农业大学卢永根院士在水稻遗传资源、水稻半矮生性、雄性不育性、杂种不育性与亲和性等方面的遗传研究，取得了重大突破。他提出水稻"特异亲和基因"的新学术观点以及应用"特异亲和基因"克服籼粳亚种间不育性的设想，被认为是对栽培稻杂种不育性和亲和性比较完整和系统的新认识，对水稻育种实践具有重大指导意义。

（三）玉米

20世纪80年代，广东省农业科学院作物研究所在海南实施甜糯玉米种质的扩繁、选育和加代等，有力促进了广东省鲜食玉米的品种选育。目前，已成功培育了甜玉米品种13个、糯玉米品种15个，其中国家审定品种10个。粤甜9号、粤甜16、粤甜22、粤甜13的选育及推广获得国家发明二等奖；粤甜3号、粤甜9号、粤甜10号、粤甜16的选育及应用获得广东省科学技术二等奖。粤甜系列等品种在全国累计推广超过1 000万亩，创造经济效益超过50亿元，有力支撑了我国鲜食玉米产业的发展。

华南农业大学经多年南繁加代，培育出超甜43、华美甜系列、农甜系列等超甜玉米新品种，为广东甜玉米新品种的选育及推广应用做出了重要贡献。

三、南繁代表人物

王鉴明：我国著名甘蔗育种家，是甘蔗南繁育种的奠基者、开创者。1953年，在海南崖城创立了甘蔗杂交育种基地，从此开创了中国大陆甘蔗杂交育种历史，为新中国甘蔗育种事业及糖业的持续健康发展奠定了良好基础。通过南繁甘蔗育种和栽培研究，育成粤糖54-143、粤糖54-474、粤糖57-423、粤糖63-237等优良品种，并开展良种良法配套研究，在生产上取得显著效益。

丁　颖：中国稻作学之父，农学家，中国科学院院士，曾任华南农学院教授、院长，中国农业科学院院长。利用广州的南方气候条件对水稻进行周年播植生育观察，充分认可异地培育是各地探索缩短育种年限，加速良种选育的重要方法，为南繁事业发展奠定了理论基础。

黄耀祥：中国半矮秆水稻之父，水稻遗传育种及其应用基础理论研究专家，中国工程院院士。50年代开创水稻矮化育种；80年代先后开创的"半矮秆早长"和"半矮秆根深早长"株型模式构想，培育出特高产、超高产大穗型的水稻新品种，是水稻育种的重大突破。主持育成推广面积较大的有50多个优良品种，创造了巨大的社会效益，并为"中国超级稻"育种奠定坚实基础。

1971年3月，卢永根院士在海南崖县荔枝沟南繁育种时住的茅草房前

卢永根：作物遗传学家，中国科学院院士，曾任华南农业大学教授、校长。20世纪60年代初跟随丁颖院士研究稻作遗传资源，划分我国水稻品种的光温生态型和气候生态型，曾在海南崖县荔枝沟开展育种研究，后主持总结该项工作并参加撰写《中国水稻品种的光温生态》专著。之后，提出"特异亲和基因"的新学术观点，首次建立原产我国3个野生稻种的粗线期核型。

广西壮族自治区
南繁历史

一、南繁历程

广西农业科学院从20世纪70年代开始在海南开展水稻南繁工作，育成的杂交水稻恢复系桂99是我国第一个利用野生稻资源的优质恢复系。

2008年8月，广西农业科学院在海南省三亚市海棠湾镇建设广西甘蔗杂交育种（海南）基地，租地103亩。

2011年9月，成立自治区南繁工作领导小组，区人民政府分管领导为组长，政府副秘书长、区农业厅厅长、广西农业科学院书记为副组长，区农垦局、发改委、教育

广西南繁基地管理中心

厅、科技厅、财政厅、农业厅、水产畜牧局、广西农业科学院、广西大学为成员单位。领导小组下设办公室（办公室设在广西农业厅），负责执行南繁工作领导小组决定。领导小组办公室下设南繁管理工作站和南繁育种基地管理办公室，南繁管理工作站设在自治区种子管理局，负责广西南繁管理和指导；南繁育种基地管理办公室设在广西农业科学院，负责南繁育种基地的日常运行管理。

2011年12月，广西农业科学院与乐东县中灶村、抱浅村村委会和农户签订了土地承包或租赁合同，租地面积793.26亩。同年，广西壮族自治区人民政府与海南省人民政府在海口市签订了《桂琼两省（自治区）加强南繁工作合作框架协议》，明确双方共同推进广西南繁基地建设。广西南繁基地在海南省乐东县九所镇奠基动工建设，至2017年12月，广西南繁基地建成基地管理服务中心（占地40亩）、旱地作物区（413亩）、水田作物繁育区（140亩）、水产鱼类繁育区（163亩）、温室大棚区（15亩）、良种展示区（37亩）等功能试验区。

二、南繁成效

自2010年正式投入使用以来，甘蔗基地为甘蔗育种科研单位配制提供杂交花穗种子共计7 479个，保存来自美国、澳大利亚、巴西、法国、菲律宾、泰国等世界各地的材料974份。

2014年年底，广西南繁基地全面建成投入使用，至2017年年底，累计有广西壮族自治区内外61家单位132个课题组，利用2 641亩次土地开展广西特色种养新品种选育和南繁关键技术研究。以南繁基地为平台育成并审定水稻、玉米、蔬菜、水果、罗非鱼等新品种35个，育成苗头组合3 083个，创新培育优良材料10 000余份，完成育种材料加代繁殖、组合测配121 797份，研发集成多套新技术，为广西现代特色农业发展提供了强有力的科技支撑。

广西种子企业自80年代中期开始在海南生产"双杂"种子，年生产杂交水稻面积最高达5万多亩，生产杂交玉米面积最高年份达3 000多亩。近几年来，广西有10来家种子企业在海南的乐东、陵水、临高等地生产"双杂"种子，生产杂交水稻面积约2万亩，生产杂交水稻种子约400万千克；生产杂交玉米面积约2 000亩，生产杂交玉米种子约40万千克。

三、南繁代表人物

李丁民：水稻育种专家，多次赴海南三亚等地开展杂交水稻研究，率先在全国筛选出1、2、3和6号恢复系，育成了全国第一个具野生稻血缘的优质恢复系桂99，系

科研人员检查甘蔗种子后熟

列组合累计推广面积2亿多亩，形成了独创性的一整套学术理论体系。

莫永生：水稻育种专家，多年来，在海南陵水县、崖县荔枝沟等地开展水稻育种研究工作，主持"杂交水稻野栽型恢复系系列与组合的选育及其推广应用"项目，荣获农业部"中华农业科技奖"一等奖，选育出特优253等系列杂交水稻品种，累计推广面积近两亿亩。创造性地提出培育"高大韧稻"的新学术观点。

韦裕廉：作物遗传学家，多次到海南崖县荔枝沟开展育种研究，1973年参加全国籼型杂交水稻优势利用研究协作攻关，其主持的协作攻关组首先测配筛选出籼型野败不育系的强优恢复系IR24（2号恢复系），宣告杂交水稻三系配套成功。后利用三系配套先后育成和推广多个水稻主栽组合，推广面积超7 000万亩。

重庆市
南繁历史

一、南繁历程

重庆市南繁工作始于1975年，最初由四川省永川地区农科所（1985年更名为重庆市作物研究所，2005年组建重庆市农业科学院后更名为重庆市农业科学院特色作物研究所）水稻专家王昌伦、张廷光、沈茂松等为代表的团队，赴陵水县提蒙公社光坡大队进行水稻南繁。1993年，该所将水稻南繁基地迁到陵水县椰林乡华北村。1997年，又迁至陵水县英州镇红草坡村，并于1998年在该村兴建重庆市南繁南鉴基地，2000年正式投入使用，2012年进行改扩建。

1986年重庆市农科所（2005年合并组建重庆市农业科学院后更名为重庆市农业

重庆市南繁基地

科学院蔬菜花卉研究所）开始在陵水县提蒙乡进行玉米南繁，首批南繁人员有马克勤、徐红智等。1992年迁至三亚市保港镇临高新村，2002年迁到三亚市崖城镇畜牧场。

1989年，重庆市作物研究所汤文志开始在陵水县进行玉米南繁。2001年迁到陵水县英州镇红草坡村。2009年后，重庆市农业科学院玉米研究所在位于乐东县九所新区镜湖村的南繁基地开展玉米南繁科研工作。

1996年，重庆市农科所蔬菜科研人员黄任中、马庭明等开始在三亚市保港镇临高新村进行蔬菜南繁。2005年，在三亚市崖城镇畜牧场建成重庆蔬菜南繁科研基地。2014年迁到三亚市崖城镇港门村和乐东县九所新区的重庆蔬菜玉米南繁基地。2017年经重庆市发改委立项，重庆市农业科学院蔬菜花卉研究所在乐东县利国镇秦标村建设重庆南繁南鉴蔬菜示范基地。

2009年，重庆帮豪种业股份有限公司玉米专家王业明带队开始南繁科研工作。2011年，在椰林镇坡留村坡留洋改扩建南繁科研育种中心，成为重庆市最大的南繁南制基地。

基地早期田间照

基地2015年田间照

2002年，重庆市三峡农科所、西南大学、重庆渝东南农业科学院等陆续在海南开展南繁科研工作。重庆市重农种业有限公司、重庆皇华种业股份有限公司、重庆大学、重庆科光种苗有限公司等科研机构也相继在海南开展南繁科研工作。

二、南繁基地分布及现状

重庆市南繁科研每年平均用地2 000亩以上，已纳入国家南繁核心保护区的共有3个基地，面积1 792亩。

重庆市南繁南鉴基地：位于陵水县英州镇红草坡村，面积213亩，进驻育种单位有重庆农业科学院水稻研究所等数十家。每年玉米和水稻育种组合8 000余组。基地还承担该市"两杂"种子纯度田间质量鉴定工作，每年南鉴面积50余亩。

重庆市农业科学院玉米育种南繁基地：位于乐东县九所新区镜湖村，面积101.95亩，进驻的育种单位有重庆市农业科学院玉米研究所等数十家。基地主要用于玉米、蔬菜等作物科研工作，年均玉米育种组合3 000～5 000组，蔬菜育种组合2 500余组。

重庆南繁南制基地：位于陵水县椰林镇坡留村，隶属重庆帮豪种业股份有限公司，面积897亩，2017年1月在陵水花石洋新增租赁土地580亩，基地总面积1 477亩。

其他基地4个：重庆市农业科学院蔬菜示范基地、重庆市三峡院南繁基地、渝东南农业科学院南繁基地、西南大学南繁基地，共198亩。

三、南繁成效

一是加快了农作物良种选育。10多年来通过南繁育成并通过国家和重庆市审定的有Q优系列、渝优系列、渝单系列、渝糯系列、万薯系列等500多个水稻、玉米、甘薯等品种。目前，重庆在海南开展南繁南鉴的蔬菜品种主要为辣椒、茄子、番茄等。

二是确保了粮食生产用种质量。通过南繁基地共鉴定杂交水稻、杂交玉米品种1万多份，通过对品种真实性、种子样品纯度

李贤勇专家团队在田间育种

进行异地异季鉴定，确保全市粮食生产用种质量。

三是保证了农业生产用种需求。通过开展小规模的水稻、玉米、甘薯、蔬菜等作物制繁种、应急种子生产，解决了当年市内亲本材料繁育不足而使翌年生产用种不够的问题，成为种子调剂、备荒的重要补充。尤其是1998—2000年，重庆中一种业有限公司对生产中的主要杂交水稻亲本G46A、II-32A、K17A进行了连续提纯和扩繁，解决了当时杂交水稻亲本严重混杂、种性退化问题，保障了全市杂交水稻种子质量。

四是开启了南繁专家大院＋农业科技示范基地模式。2016年创建重庆市南繁科技专家大院，进一步完善了本市技术交流和成果转化机制，初步建立以市场为导向、科技为支撑、企业为主导的产学研合作的有效对接机制，已逐步成为新型职业农民培育的实训基地。

五是培养了一批种业工作者。南繁工作锻炼培养了一大批先进农业科技工作者，如李贤勇、李经勇、杨华、田时炳、何光华、王业明、霍仕平等，在新品种选育工作中贡献突出，成长为全市的学科技术带头人，现在仍坚持不懈南繁。历代南繁科技人员不辞辛劳，克服困难，战胜寂寞，专注科研，把最美好的青春年华献给了育种科研事业，"忠于职守，勇于创新，吃苦耐劳，无私奉献"的南繁精神已成为重庆农业宝贵的精神财富，激励着全体农业人不断开拓创新，书写着重庆农业发展的新篇章。

四川省
南繁历史

一、南繁历程

　　四川省农业科学院 1962 年首次在崖县崖城良种场冬繁玉米获得成功，1965 年四川农业大学在四川雅安和海南陵水开始采用地理远缘杂交选育三系杂交稻不育系，并于 1975 年冬在海南实现三系配套，即冈、D 型杂交稻，1977 年春在海南陵水由四川省农业厅和四川省科技厅组织，四川农业大学牵头与省内科研和生产单位联合成立冈、D 型杂交稻协作组。60 年代中期到 70 年代，省内科研育种单位相继在海南开展了南繁育种工作，但面积小，南繁人员也较少。

周开达院士在南繁基地开展南繁科研育种工作

20世纪90年代中期"种子工程"项目实施后，特别是《种子法》颁布实施以来，一些有实力的种子企业和民营科研院所加盟到南繁队伍，南繁队伍不断壮大，南繁作物从玉米、水稻扩大到棉花、高粱、甘薯、花生、蔬菜等。

目前，四川省有40余家科研单位和企业、400多名科研人员在海南开展南繁工作。为加强南繁建设和管理工作，分别于2005年、2014年成立了四川省南繁工作领导小组，统一组织、协调、管理南繁工作。

二、南繁成效

（一）加速世代繁育，缩短育种年限，加快农作物育种进程

一是育成了一批杂交水稻、杂交玉米及其他作物的育种材料，近十年来因产生显著的社会和经济效益而获得国家科技进步奖和四川省科技进步一等奖的育种材料均是通过南繁育成的；二是育成了一批杂交水稻、杂交玉米及其他作物新组合（品种），育成的近600余个杂交水稻和杂交玉米品种都经过了南繁；三是获得了一大批有价值的育种资源材料，育成的多数有省外血缘杂交水稻新材料和新品种均是通过南繁的材料交换而来，大量优异的不育系和高配合力恢复系都申请了品种权保护。

（二）解决种子生产企业急需，确保种业市场稳定健康发展

种子生产企业每年都需要大量亲本材料来进行种子生产，保证市场用种需求。但往往由于恶劣的气候条件、病虫害的危害、基地不能及时落实、仓储运输损失等原因导致种子生产企业亲本材料用种缺口，加之某些生产用亲本材料必须在海南等特殊地域才能繁殖（如杂交稻两系不育系等）。当这种需求缺口出现之时，种子生产企业就可以利用南繁于冬季在海南进行亲本繁殖和种子生产，以满足第二年生产用种和市场供应。

（三）种子纯度种植鉴定，保障农业生产用种安全

近年来，四川省财政安排专项资金，连续多年对川优6203等重点品种进行监督抽样，分批次于上年年底送样到海南进行种植鉴定，第二年种子春播前，待鉴定结果出来后，严禁鉴定不合格的种子上市销售，有效杜绝了不合格种子流向市场。

三、南繁代表人物

黎汉云：作物育种学家，20世纪70年代初起，从事水稻遗传育种、良种繁育和

推广等研究，曾在海南陵水县城南开展育种工作。先后参与发明了籼亚种内品种间杂交培育水稻雄性不育系的新方法，主持选育易繁制的抗稻瘟病强优组合 D 优 63，首创人工制保聚合杂交选育大穗型高配合力不育系的新途径。主要论著有《冈型杂交稻的选育及利用》等，参编《作物良种繁育学》。

荣廷昭：作物遗传学家，中国工程院院士。20 世纪 60 年代以来，一直从事作物遗传育种教学和科研工作。曾先后在广西南宁、海南陵水、云南元江和西双版纳开展南繁育种工作。设计并成功实施了自交系、杂交种选育与群体遗传组成研究、群体改良同步进行的育种新方法，提出了西南地区玉米育种利用热带种质的新途径。

张　彪：遗传育种专家，研究员，曾任四川省农业科学院作物所所长。20 世纪 80 年代以来一直从事玉米育种研究，多年在海南崖城堡港镇等地开展玉米南繁工作。通过南繁加代，在"三高"自交系和强优势杂交种选育上取得突破，育成了 29 个品种并通过审定，推广面积 5 000 多万亩。

贵州省
南繁历史

一、南繁历程

贵州省南繁育种工作始于20世纪60年代，由全省各级农业局、种子公司及科研单位、企业自发到海南开展新品种选育工作，贵州南繁主要分散在海南的乐东、临高、东方、三亚等地。到1984年贵州省农业科学院水稻研究所以长期租赁协议，在三亚市荔枝沟师部农场建设约500米²的工作、生活用房，并租赁16亩土地用于科研育种，其后，又对房屋进行改造并配套简单的科研设施。师部农场基地的建设标志着贵州省南繁育种基地建设拉开序幕。

2002年10月，省政府在三亚市召集财政厅、科技厅、农业厅、省农业科学院等单位负责人现场办公，决定租用三亚市东河区海螺村160亩土地建设水稻育种基地，并在三亚市商品街七巷购置民房1栋，将其改造为南繁服务工作站。

2008年省科技厅设立重大专项（贵州省农作物南繁育种创新平台建设项目），由贵州省农业科学院旱粮研究所主持，在三亚市乐东县九所镇镜湖村租用土地209亩建设贵州省旱作南繁育种基地，主要从事玉米、高粱等育种工作。2013年，贵州省启动水稻南繁育种新建基地选址工作，于2014年6月选定三亚市海棠湾区风塘村330亩连片土地建设基地，租期19年，目前基地正在开展相关建设工作。2015年1月，省政府主持召开专题会议，研究贵州南繁核心基地建设事宜。会议决定支持设立贵州南繁育种管理中心，负责统一组织、协调南繁管理有关工作，在乐东县九所镇抱旺村新建400亩育种基地，由省农委负责牵头管理。2016年，在乐东县九所镇抱旺村完成流转南繁新基地432亩，租期30年。同时成立了贵州省南繁工作领导小组和南繁育种管理中心，明确了相应的机构和编制人员，协调推进南繁基地建设。《贵州省南繁科研育种基地建设规划（2015—2025）》（黔府函〔2016〕116号）已获省政府批复。2017年

2月省政府明确新增预算，支持南繁基地和配套设施建设。目前，贵州省每年到海南开展南繁工作的单位有30余家，派驻海南的育种人员达300余人，租期稳定的重点建设基地总计1 403亩。

二、南繁成效

（一）品种选育

通过南繁加代加速了贵州省玉米、水稻、高粱、辣椒、薏仁、番茄、甘薯等作物遗传育种进程，自1984年在海南建立固定南繁基地以来，累计种植育种加代材料129万份，配制杂交组合材料67万份，选育出具有优良性状的材料3.5万份，获得国家审定品种9个和省级审定品种174个。

（二）企业制种

贵州省每年约有20家企业到海南省从事水稻、玉米、蔬菜等制种工作，从1984年至今累计制种面积15万亩，共生产杂交玉米种子1 400万千克，杂交水稻种子900万千克，蔬菜种子10万千克。

抗旱耐瘠玉米自交及新品种选育研究与应用项目获得贵州省科学技术进步奖

（三）知识产权及技术成果

在知识产权及技术成果方面，科研单位、种业公司通过开展材料加代、改良、新材料创制、新组合测配鉴定、良种扩繁工作，取得了突出成效。自1984年以来，获得品种保护452个，制定技术标准9个，在各级期刊发表文章1 422篇，获得国家级奖励5项，获得省部级奖励53项。

三、南繁代表人物

傅同良：先后主持近20项科技项目，多年在海南崖城、云南元江等地开展南繁育种，选育出70多个糯玉米自交系和80多个普通玉米自交系，主持育成并通过国家和省级审定筑糯5号、筑黄1号等玉米新品种20个（糯玉米品种9个、甜糯玉米品种2个、甜玉米品种1个、普通玉米品种6个、青贮玉米品种2个），仅筑糯系列糯玉米品种就已在我国南方推广种植230多万亩，率先提出"糯玉米杂优遗传距离理论"。

科研人员在田间观察玉米生长情况

陈泽辉：主持省级重大和重点项目8项，荣获贵州省科技进步一等奖2项，在国内外期刊发表中、英文论文30余篇并出版专著。长期在三亚市崖州区、乐东县等地开展玉米科研育种工作，育成了高产稳产玉米杂交种黔玉1号，在生产上大面积推广，获得良好的社会和经济效益。为解决杂交玉米优质与高产、优质与抗病的矛盾，与其他研究人员一起育成了优质蛋白玉米杂交种黔单11，在贵州、广西等山区旱地大面积推广。

黄宗洪：主持完成国家和省级多项科研课题，获得国家科技进步特等奖1项，贵州省科技进步一等奖1项、二等奖1项、三等奖2项。从20世纪80年代开始，一直在三亚市从事杂交水稻品种选育工作，选育通过国家和省级审定水稻新品种22个，其中金优785被评为超级杂交水稻品种，获国家农作物新品种保护授权3项，参编《贵州稻作》和《中国稻作及其系谱》，独立或合作撰写并发表研究论文80余篇，培养硕士研究生8人。

云南省
南繁历史

一、南繁基本情况

云南省南繁育种始于20世纪70年代开展的滇型杂交稻选育工作，南繁工作主要在三亚、陵水等地开展。南繁高峰期是20世纪80年代初至今，参加南繁单位以云南省农业科学院、云南农业大学、昆明市农业科学院、昭通市农科所、大理农科所、曲靖市农科所、玉溪市农业科学院、文山农业科学院、红河农科所、丽江市农科所为主，个别区县有的年份也有少量南繁工作，南繁作物以水稻、玉米为主。以育种材料加代和试验、示范用种及有苗头新品种的扩繁为主。早期云南省的南繁工作没有固定的基地，科技人员住在当地农民的家里或自己搭建窝棚进行南繁工作。1987年1月1日云南省农业科学院粮食作物研究所与海南三亚警备区师部农场签订了《创办南繁基

云南省农业科学院南繁基地

地合同书》。1990年云南省在三亚市荔枝沟师部农场建立云南省海南南繁育种基地。该基地于1993年冬建成投入使用，占地5亩，建筑面积1 200米^2，固定租用试验地20亩。

二、南繁成效

20世纪70年代初至今的30多年来，南繁加速了新品种的推广，促进农业增产。云南省水稻、玉米品种的更换及单产大幅度提高都与南繁有着密不可分的关系。在品种更换的历程中，每个时期的主要品种都经过南繁来加速选育和推广。尤其是"十五"以来，云光系列两系杂交稻的选育及示范推广取得了突破性进展，所选育的云光系列品种不仅在云南省发挥了重要作用，每年约有500吨杂交种出口越南等东南亚国家，显示了云南两系杂交稻品种在东南亚国家的应用前景。

南繁为科研育种提供宝贵种质资源，是一座极其丰富的植物天然基因库。云南省农业科学院粮食作物研究所利用海南天然温室稳定的气候环境条件，开展稻属野生近缘种有利基因发掘和利用研究及栽培稻种间杂交育种研究工作，1998年至今在海南基地从未间断，在深入探讨栽培稻种间杂种生殖隔离及有利基因发掘利用研究方面取得突破性进展。

科研人员在田间工作

云南省农业科学院在海南育种基地保存种植了稻属23个种的所有野生资源，大量远缘杂交后代也得以多代种植保存，为后续的深化研究提供了宝贵材料。

南繁育种基地每年冬季南繁期间，通过参观访问、座谈、讲学等活动，互相学习，交流经验，取长补短，互通有无，交换材料，极大地促进了云南省农业科学技术的发展。云南南繁育种基地还被定为华南热带农业大学教学实习基地，每年都有本、专科学生到基地观摩实习。中国农业大学、中国农业科学院等多年来一直与云南省农业科学院海南基地开展合作研究。国际水稻研究所（IRRI）、西非稻作发展协会（WADAR）、法国国际农艺研究合作发展中心（CIRAD）等国际机构的水稻专家20余人次到基地指导、交流和开展相关研究工作。

三、南繁代表人物

胡凤益：主要从事多年生稻技术研发工作，曾在海南三亚开展多年生稻技术研究，提出利用长雄野生稻地下茎繁殖特性培育多年生稻的理论和技术，研究成果在 *Science*、*PNAS* 等学术期刊发表，培育出第一个通过省级审定的多年生稻品种，已经在云南推广应用，并在全国南方8个省试验试种，同时在"一带一路"沿线的老挝、乌干达等国家试验试种。

李小林：水稻遗传育种和种子科学专家，云南省水稻育种重大项目负责人。长期负责云南省海南冬繁育种工作，带领的团队选育出多个在云南生产上广泛应用的水稻骨干亲本和品种，团队选育的以云恢290为代表的优质软米材料和资源被育种界广泛应用。获国家科技进步二等奖1项，省级科技奖励3项。

谭学林：多年来，率云南农大滇杂团队从事滇型杂交水稻育种，常年赴三亚南滨农场开展滇型杂交水稻南繁育种工作，育成的滇杂31、滇杂32、滇禾优34等滇杂品种在云贵川及湖南、湖北、陕西粳稻区示范推广，深受农民欢迎，振兴了滇型杂交粳稻，提升了滇型杂交粳稻在我国和世界的影响。

陕西省
南繁历史

一、南繁历程

起步阶段（1965—1970年）：从1965开始，在原陕西省农林科学院著名玉米育种家林季周的带领下，一批玉米专家开启了陕西南繁加代的先河，成为全国较早进行南繁的省份，地点主要在广东湛江一带，主要进行玉米双交种选育。

陕西省南繁育种基地

发展阶段（1970—1980年）：在人民公社化时期，育种地点移至海南陵水县三才公社一带。这个时期，主要有两大任务，一是自己选育新品种、新材料，作物主要有玉米和高粱，二是指导陕西有关县、公社、生产队技术人员共计300余名开展海南玉米制种工作。1979年正式在陵水县三才镇散山村建立玉米试验站，之前一直在该村进行玉米育种加代。

稳定阶段（1980—2000年）：育种人员数量不断增加，常驻人员15位左右，育种加代作物主要为玉米和谷子。

快速发展阶段（2000年至今）：随着《种子法》颁布实施，民营种子企业成为主力军，一些企业也开始进行南繁，并建立相对稳定的南繁基地。2007年，西北农林科技大学又在三亚南滨农场新建育种基地。2011年陕西省政府决定建设陕西省南繁科研育种平台，并于2014年在位于海南省乐东县利国镇的黄流农场，建设了陕西省南繁育种基地，占地136亩，有效改善了南繁育种条件。2014年成立了陕西南繁工作领导小组，以农业厅厅长为组长，厅相关处站、乐东县、黄流镇、利国镇负责同志为成员；年底成立了南繁管理科，设在省种子管理站，主要职责是组织开展南繁管理日常工作，贯彻执行上级有关决定。2016—2017年，陕西省出台了《陕西省贯彻落实南繁规划实施方案》。

目前，陕西省南繁基地主要集中在乐东、三亚及陵水，其中乐东县约占70%，参与南繁育种的单位有30多家，南繁技术人员近100人，常驻人员有40多人。

二、南繁成效

20世纪60～70年代选育的玉米双交种陕玉661取代当时的农家种；70～80年代，选育的玉米品种主要有陕单1号、陕单7号、陕单9号，选育的武105、武109玉米自交系在全国组配的玉米品种10余个；80年代至90年代末，选育了户单4号、户单2000、陕单902、陕单911、陕单8410、陕单8413、陕单11（高农1号）、陕资1号、陕单16等品种，K12、K22等自交系成为全国骨干自交系，以其为亲本选育的品种达20多个，武314玉米自交系得到广泛应用；2000年后，选育了陕单609、陕单606等陕单系列、秦龙11、秦龙14、秦龙18等秦龙系列，榆单9号、榆单88、万瑞1号、万瑞10号、兴玉998、延单2000等一系列优良品种。

三、南繁代表人物

郭秦龙：玉米育种专家，在海南陵水、乐东等地从事玉米育种30多年来，先后选育出了户单、秦龙两大系列不同类型的玉米优良品种20多个。户单1号、户单4号、秦龙14分别获陕西省科学技术一等奖，咸阳地区科技进步特等奖。

胡必德：1965年起，在广州湛江及海南陵水、乐东等地开展南繁育种工作50余年，获8项重大科技成果，其中武105和陕单1号获全国科学大会奖，武206和陕单7

号获省、部科技进步一等奖，武109和陕单9号选育获省科技进步二等奖。

玉米育种专家郭秦龙在玉米田间观察

玉米育种专家薛吉全教授在玉米田间观察

薛吉全：长期在海南陵水、乐东等地坚持南繁育种，主持选育玉米品种5个，如国审品种陕单609，省审品种陕单606、陕单616，机收品种陕单636等优良品种。主持国家、省部级项目10项，发表论文50篇，出版专著3本，获得省部级以上科技奖励15项。

甘肃省
南繁历史

一、南繁历程

　　甘肃省南繁工作始于20世纪60年代，甘肃省农业科学院粮作所成县玉米育种试验站的吴光泰同志于1964年冬季在海南崖县崖城良种场，开展了玉米自交系加代、扩繁以及组合配制等工作。1972年，省农业科学院在云南元谋开展以春小麦为主的南繁育种工作，持续至今。1972—1974年，省农业科学院先后组织了多名科研人员在海南崖县荔枝沟抱坡岭开展小麦、谷子、胡麻、西瓜、高粱、绿肥等作物南繁工作。1972—1983年，武威地区农科所春小麦育种课题组在云南元谋县和海南崖县进行了春小麦一年南繁加两代的选育工作（即：8～11月在云南元谋县加一代，11月至翌年2月在海南崖县加一代），显著提高了育种效果。1975—1997年，甘肃省定西市旱农中心在云南省元谋县开展了春小麦、豆类、莜麦、胡麻等粮食作物新品种选育、异地南繁加代工作。

　　1992年甘肃省农业科学院在三亚市荔枝沟抱坡岭三亚军分区守备二营原卫生队营地建设了生活配套设施，用来解决南繁人员最基本的生活住宿问题。之后，武威市农科所、甘肃五谷种业、敦煌种业、酒泉田旺玉米研究所等单位陆续在崖城城西村、利国镇、南滨农场、九所镇建立稳定的南繁基地。2015年甘肃省政府投资在乐东县九所镇建设甘肃省南繁科研和鉴定基地，科研用地208亩，租期50年。基地面向省内优秀种子企业开放。截至2016年年底，甘肃省6家单位共550亩南繁基地被纳入国家南繁规划核心区。据初步统计，2016年甘肃南繁规模2 229亩，南繁的作物主要有玉米、瓜菜、向日葵等，从事南繁的企业42家，常年从事南繁的工作人员100多人。

　　为加强南繁管理，甘肃省于2006年成立了甘肃省南繁工作管理领导小组，负责协调处理南繁工作中出现的重大问题，领导小组下设甘肃省南繁工作管理办公室，具体负责全省南繁工作管理的日常事务。2014年，甘肃省成立甘肃省南繁工作领导小组，由省政府秘书长任组长，省农牧厅厅长任副组长，省发改委、财政厅、农牧厅多个处室单位领导为小组成员，领导小组下设办公室。

二、南繁成效

一是培育了一大批优良品种，保障了农业连续丰收。1959年编入《中国小麦品种志》的甘肃省小麦品种只有28个，1977年以来，《全国小麦、谷子、高粱、亚麻等作物品种资源目录》中甘肃省地方品种小麦已达384份、谷子材料448份、高粱品种18份、品种资源84份；《中国小麦、谷子、高粱、亚麻等作物品种志》中甘肃省小麦品种42个、谷子品种10个、高粱品种22个、亚麻品种20个；这些品种的选育与南繁加代选育息息相关、不可分割。近年来，通过南繁加代选育出来的以凉单1号、武科2号、吉祥1号、五谷704、五谷568、陇单339等玉米新品种，定西35、定丰12等小麦新品种，定亚17、陇亚11、陇亚杂1号等7个陇亚系列胡麻新品种，定莜5号莜麦新品种，陇糜13糜子新品种，谷子15谷子新品种等为代表的农作物品种达300多个。

二是开展种质资源鉴定，丰富了种质资源库。1978—1982年有关单位在海南开展农作物品种资源材料鉴定，"九五"以来，又开展南繁加代农艺性状综合鉴定和品种真实性鉴定，通过鉴定筛选出一批优异种质资源，实现了对现有品种资源的综合鉴定、评价和分类，完善了甘肃省农作物种质资源库，为新品种的选育提供了丰富的基础材料。

三是造就了一批种业科技人才，有效推动品种的科技创新。50多年的南繁实践，甘肃省涌现出很多优秀的育种家和南繁先进工作者。甘肃省武威市农业科学院副院长万廷文通过南繁选育的玉米新品种吉祥1号和武科2号在国内年种植面积达到5000万亩以上。2011年武威市农业科学院将吉祥1号玉米品种部分生产经营权以2680万元转让给甘肃省敦煌种业股份有限公司，这是国内育成的生产经营权转让价格最高的农作物新品种。甘肃五谷种业股份有限公司，先后选育出五谷系列玉米品种22

玉米新品种金凯2号获奖证书

个，在全国不同省份先后取得35个品种审定证书。甘肃金源种业股份有限公司选育的以金凯3号为主的金凯系列玉米品种种植面积逐年增大，年推广种植面积在100万亩以上。

三、南繁代表人物

万廷文：玉米育种专家，坚持南繁育种22年，自1996年以来每年在海南崖城加代育种，育成了国审、省审玉米品种30多个，获省科技进步奖7项，仅吉祥1号和武科2号两个品种累计推广面积2.53亿亩。

李世晓：自2003年开始南繁育种，实行海南—云南—甘肃黄河谷地渐进式驯化穿梭育种法，先后筛选出8个核心自交系群，育成并审定27个玉米新品种，其中国审11个，申请植物新品种权保护50多项，获得授权27项。

郝　铠：从80年代初至今一直从事玉米育种和栽培研究工作，主持育成审定玉米品种20个，主持完成科研项目20多项。获得省科技进步奖7项，参加撰写《农作物杂种优势》和《玉米病害概要》专著2部。

宁夏回族自治区
南繁历史

一、南繁历程

　　宁夏南繁工作起始于20世纪70年代，开展宁夏—云南—海南的一年三代南繁，主要以春小麦育种为主；1978年11月，宁夏农林科学院农作物研究所为了加快玉米育种进程，在海南开始玉米繁种加代，之后，水稻、向日葵、西甜瓜、蔬菜课题组等陆续加入海南育种队伍。直至2014年，宁夏科研南繁单位的主要形式为"游击式南繁"，南繁地点分别涉及崖城、乐东、陵水、三亚等地，一般是临时租用农户土地，各个作物分散不稳定，没有形成集中管理。2014年，宁夏农林科学院在海南乐东九所镇抱浅村建设宁夏农作物南繁育种基地，占地114亩，科研用地88亩。

　　2017—2018年度，宁夏回族自治区开展南繁育种的单位共22家，其中企业18家，科研单位4家；南繁用地675亩，其中海南645亩，云南30亩。海南基地集中在乐东

宁夏南繁基地

县九所镇、利国镇、黄流镇，三亚市海棠湾镇、南滨农场、吉阳镇、崖城镇等，主要开展玉米、水稻、向日葵、西甜瓜、大豆、小麦、蔬菜等作物育种、鉴定、扩繁、加代等。基地建设采取多元投入，市场运作投入机制，以政府为主导，以企业为主体，充分发挥政府和市场两方面的作用，在自治区财政加大支持力度的基础上，调动南繁单位基地建设的积极性，由政府负责基地的规划、建设、监管，由企业承担基地的建设、运营和管理，采用相对集中、分片管理的建设模式。同时加强监管、强化服务，完善南繁管理机构，充实管理队伍，健全相关管理办法和各项制度，确保工作经费，提高南繁管理能力和服务水平，促进南繁科研育种基地规范有序健康发展。

据不完全统计，自1974年以来，宁夏南繁育种的人数累计超过600人次，南繁面积近5 000亩。

二、南繁成效

通过海南育种、加代、品系鉴定、扩繁、制种、纯度鉴定等，创新育种优良材料100多份，育成各类农作物新品系200多份，年扩繁种子20 000千克，先后育成一批优新农作物品种，其中，玉米品种50个，水稻、小麦品种各近60个，向日葵品种6个，西瓜品种2个，为宁夏种植业结构调整提供了品种支撑，为农作物品种更新换代奠定了基础，保障了农业生产用种安全。

科研人员在田间记录

三、南繁代表人物

许志斌：玉米育种专家，一直从事玉米育种工作。80年代初开始在海南三亚、乐东等地开展玉米自交系创新研究，利用海南优越的自然条件，南繁北育，历经30余载，育成了玉米新品种宁单9号、宁单10号、宁单11、宁单19在生产上大面积推广，为宁夏农业做出了重要贡献。

魏亦勤：小麦育种专家，20世纪80年代末开始在云南省元谋县南繁村以及海南省乐东县九所镇等地开展春小麦新品种选育的南繁加代和种子扩繁工作，选育出的宁春16、宁春50等小麦新品种在西北春麦区大面积推广。

新疆维吾尔自治区
南繁历史

一、南繁历程

1963年西南农学院毕业的女技术员鲁友章，率先带领几位年轻科技人员赴广东，经连续几年南繁北育全国农垦系统首先育出的双杂交玉米新品种军双1号。之后，八一农学院多名教师、阿克苏地区农科所以及伊犁地区农科所技术人员先后到广东、海南进行新品种选育活动。1972年新疆南繁队伍先后在三亚崖城和师部农场筹建了永久性的生活工作基地。

20世纪70年代初，新疆每年从地方兵团组织二三百名各族科技人员，背着行李、种子，提着清油，长途跋涉，经过半个月（有的县城赶到乌鲁木齐就要7～10天）时间赶到三亚，住农户，建草房，进行四五个月的南繁活动，直到1978年。

1978年自治区在海南三亚筹建永久性南繁基地，并从长远战略角度考虑，选当时师部农场作为基地。同时，筹组自治区南繁指挥部，由自治区党委书记处书记任总指挥，领导小组由有关部委厅负责参加。指挥部下设办公室（处级），统一组织管理全疆南繁工作。

二、南繁成果

南繁基地建设经验丰富。

1978—2000年，每年都有100多名各族科技人员用近半年时间集中从事南繁活动，在组织、管理方面摸索和总结出一套有效的办法。

①制订南繁计划。在吃、住、工作后勤保障、安全纪律以及学习提高等方面形成一套管理模式。

②形成了"艰苦奋斗、团结协助、重视科学、尊重专家、努力攀登育种高峰"的新疆南繁精神。

③根据农忙、农闲、节假日开展活动，形成新疆"南繁文化"模式。

④把基地办成大学校。进行人员培训，科技交流，办成一个科技人员心目中的"世外桃源"。

首次提出"南繁空间利用理论"。

完成第一部反映新疆南繁科技人员工作的纪录片《无悔的年华》拍摄。

在海南首先筹建育种大棚，通过大棚保护地栽培，使哈密瓜等作物成功完成二季育种。

在海南率先建成了设备先进的高水平南繁育种实验室。

南繁使新疆产生了区内第一个中国工程院院士吴明珠。

新疆南繁基地成为科技人员的摇篮。

黄明安等人在20世纪70年代一年三季、两年七季连续南繁北育，最早在全国完成粳稻三系配套，获全国科技进步一等奖。

几十年来，新疆推广、使用的新品种80%以上来自南繁。

三、南繁代表人物

蔡仁盛：80年代在海南南繁指挥部从事管理工作几十年，总结南繁工作，参与规划新疆南繁基地建设，经过长期的研究提出"南繁空间利用理论"，在主持南繁基地工作中撰写《新疆南繁志》《南繁研究文集》（尚未出版）《沁园春·南繁》，92岁高龄还在关注南繁基地的建设及《新疆南繁志》的编写和出版工作。

陈顺理：20世纪50年代跟随王震进入新疆，是新疆最早一批从事南繁科研育种的专家之一，在海南三亚崖城长期从事棉花育种事业，参与南繁北育几十年，先后选育出胜利1号、军海1号等长绒棉新品种。在其影响下，邓福军年年坚持南繁北育工作，育成北疆地区第一个海岛棉品种，在南繁育种、管理中取得突出成绩。

曹　兵：作物育种专家，长期跟随水稻专家黄明安从事杂交水稻育种，开创了为南繁和育种家服务的新领域，创办了三亚南繁科学技术研究院，依靠南繁科研平台为育种科研单位、企业、农民服务。

新疆生产建设兵团
南繁历史

一、南繁历程

第一阶段：1963年秋至1966年春，因是首次开展南繁，参加单位、人员都比较少，作物单一，主要是玉米双交维尔156三系配套，转育军双一号，经4年9个世代（含复播）基本转育成功军双1号玉米新品种。

第二阶段：1970年秋至1984年春，这一阶段参加南繁的单位和人数多，土地面积大，作物种类多，经费比较充足，主要是水稻杂种优势利用研究以及小麦、水稻、玉米、棉花雄性不育系等作物新品系的繁殖，常规品种的选育，先后取得了野稗粳型水稻"三系"配套和新一批杂交组合。

第三阶段：1984年秋至2000年秋，在自治区南繁指挥部的统一组织、统一计划、统一管理下开展工作。1982年兵团恢复，当年成立了兵团种子公司，南繁工作的组织、协调、实施等业务由兵团种子公司具体负责。1985年兵团种子管理总站成立，从而全面加强了南繁工作的组织领导和计划管理，整个南繁工作步入制度化、规范化阶段，参加的单位、人员、地点逐渐稳定、集中，南繁材料以科研育种为主，加速了新品种的选育进程，从1985年开始，兵团将大面积当年制种收获的种子取样集中后，组织在南繁基地鉴定杂交率，为生产上使用优质种子提供了科学依据，保证了生产上用种的质量。

第四阶段：2000年至今，2000年兵团在海南省三亚市南田农场北山羊高效农业开发区成立了兵团海南农作物种子繁育中心，隶属于兵团种子管理总站，每年总站派出工作人员对基地进行管理与服务。在"十五"、"十二五"期间，兵团南繁基地累计完成育种材料加代、鉴定、扩繁127 500份。南繁项目主要包括棉花、玉米、小麦、黑小麦、西甜瓜、向日葵、番茄、辣椒等作物新品种选育、鉴定和扩繁。

1979年12月，国务院副总理王震在海南崖县师部农场与新疆农垦总局南繁人员合影

二、南繁成效

（一）培育大批优良品种

52年中南繁的作物有春小麦、水稻、玉米、大麦、大豆、棉花、西瓜、甜瓜以及番茄等，据不完全统计，全兵团累计参加南繁的土地面积258.7公顷，单位559个，承担课题613项，各作物品种材料167 698余份。南繁所育新品种在兵团各垦区全面推广，推广面积达到90%以上，并已成为各垦区农作物的主栽品种。

（二）培养大批技术骨干

通过南繁北育，兵团在科研领域不仅取得了丰硕成果，而且培养了一大批技术骨干。从1963年开始南繁，先后约有1 300人次参加，其中绝大部分是青年科技工作者，他们通过南繁工作的实践，不但提高了理论水平，而且掌握了一定的技术知识，在多年的工作中积累了丰富的经验，成为兵团科研、良繁单位技术骨干。很多人通过努力和坚持不懈的工作热情，加上自身的勤奋好学，专业水平大大提高，有的后来走上领导岗位。如原农垦科学院党委书记尹飞虎、原兵团科委副主任高彤山、原经贸委曲新亚、原海南省农业科学院院长黄明安、现农垦科学院党委书记刘景德及副院长李保成、第七师总农艺师田永浩、第十师总农艺师魏建军、海南省三亚市科技局局长曹兵，以及陈福龙、陈寅初、邓福军、李家胜、王友德、余渝、林海、秦江宏等同志都是南繁工作中的杰出代表。

附：中国农业科学院
南繁历史

一、发展历程

中国农业科学院海南南繁综合试验基地建设经历了起始创业、稳定发展、繁荣兴起三个阶段。

第一阶段：起始创业阶段（1959—1998年）。1959年，中国农业科学院棉花所原所长汪若海到海南东方县开展棉花育种，利用当地"四季棉"与海岛棉进行杂交组合。之后，中国农业科学院原子能所、品资所、作物所等陆续派人到海南开展南繁活动。1965年，农业部种子管理局委托中国农业科学院组织有关部门在陵水县良种场对国外引进的95份（其中罗马尼亚16份）玉米自交系进行鉴定。1965年，中国农业科学院麻类研究所在广东热带研究所开始南繁，1974年移至三亚市师部农场。1982年，中国农业科学院棉花所在崖城建立海南野生棉种植园和南繁基地，负责全国野生棉种质资源的保护利用和南繁育种研究，同时承担起棉花所和全国多家农业科研院所在海南的冬季南繁工作，为我国的棉花繁育事业和国家"粮棉安全工程"做出了巨大贡献。1998年，中国农业科学院南繁工作逐步进入正轨。水稻所试验A区建成，合计2 786米²，建有一座建筑面积1 770米²的科研人员住宅楼、试验工人住宅楼及食堂等配套用房。

第二阶段：稳定发展阶段（1999—2005年）。2004年，中国农业科学院棉花所在三亚市郊荔枝沟购买了38亩土地，并获得土地权证书，同时成立了中国农业科学院棉花研究所海南繁育中心。目前，荔枝沟基地已成为从事南繁管理人员办公、科研住宿的总部。荔枝沟基地的建成对于中国农业科学院在海南开展南繁育种工作具有里程碑的意义。2005年，中国农业科学院棉花所又在三亚市吉阳镇大茅村长期租用土地500亩，为棉花冬季南繁再上一层楼夯实了基础。中国农业科学院作科所于2006年在海南三亚市南滨农场开始修建试验农场海南试验站，占地面积172亩，其中包括5亩建筑用地。同年，水稻所试验B区开始修建，中国农业科学院生物所、油料所、麻类所等研究所也纷纷租地进行科研实验，至此，中国农业科学院海南基地建设进入稳定发展阶段。

第三阶段：繁荣兴起阶段（2007年至今）。2007年和2010年，中国农业科学院棉花所的海南繁育中心获得了农业部修缮项目支持，分别完善了荔枝沟基地和大茅基地的基础设施建设，为科学实验的顺利进行奠定了良好的基础。农业部于2008年批准了中国农业科学院海南综合试验基地建设项目。同年，中国农业科学院作科所建成了一座2 550米^{2}的实验楼，为南繁工作人员提供食宿、试验等后勤保障。2011年年底，中国农业科学院作科所又新增试验面积157.35亩作为转基因作物南繁试验基地，试验总面积达到324.35亩，课题总数达到了20个。

2012年，中国农业科学院海南综合实验楼在荔枝沟基地建成。2013年，为配合院科技创新工程，开始打造中国农业科学院海南科技创新中心、经济作物南繁中心、南繁公共试验平台和作物活体种质资源保存中心，中国农业科学院棉花所海南繁育中心正式更名为中国农业科学院海南科研中心。中国农业科学院各所在海南的试验基地建设开始有序发展，迈向繁荣阶段。

二、发展现状

目前，中国农业科学院作科所、生物所、水稻所、棉花所等4个研究所在三亚、陵水、乐东等地建有8块试验基地，面积共1 401亩，其中有产权面积128.6亩，中国农业科学院植保所共享棉花所大茅基地16亩用地（附表1）。蔬菜所、麻类所、油料所、烟草所、郑果所等5个所零星或短期租地。另外在文昌市的中国农业科技创新海南（文昌）基地中，中国农业科学院有250亩试验用地。

1. 棉花所基地

棉花所现有基地3处，即荔枝沟基地、大茅基地、崖城基地。

荔枝沟基地是中国农业科学院海南综合试验基地的科研实验中心，占地38亩，筹划于2002年，并于2004年以转让形式获取土地权证书。建有1栋51 000米^{2}的5层综合科研楼，科研配套大楼3 100米^2。拥有Thermo scientific高速离心机、Eppendorf PCR仪及Bio-Rad电泳仪等各类仪器设备160余台（件），设备总投资近2 000万元，实验室常驻科研及管理人员10人左右。

附表1 各研究所海南基地现有面积

研究所	基地地点	总面积（亩）	产权面积（亩）	租期（年）
作科所	南滨农场	325		30
生物所	乐东县、南滨农场	127	1.4	23
水稻所	陵水基地	326	4.2	20
棉花所	荔枝沟基地	38	38	永久
	大茅基地	500		17
	崖城基地	85	85	永久
合计		1 401	128.6	

注：租期从2013年年底计算。

大茅基地主要开展棉花、水稻、玉米等作物育种、繁殖，是中国农业科学院冬季南繁面积最大的基地，也是中国农业科学院在海南田间试验的主要场所。大茅基地距三亚市15公里，拥有标准化试验田500亩，田间工作用房720米^2，科研人员工作用房1 600米^2，总面积20 000米^{2}水库1座。目前，该基地尚有17年使用权，为保障基地的可持续发展，棉花所正与地方政府协商，拟将土地租期延长至50年。

2017年11月21日，沈晓明省长考察中国农业科学院棉花研究所南繁基地

崖城基地位于三亚市崖城镇北郊3公里处，始建于1982年，占地85亩，标准化试验田70亩，承担野生棉种质资源保存、收集研究任务，是中国唯一的野生棉种质资源圃。棉花所与三亚市良种繁育场有相关文件约定，对试验地具有永久无偿土地使用权。

2. 作科所基地

作科所基地位于南滨农场，紧临三亚市崖城镇，总面积325亩，租期30年。基地建有2 550米^{2}的实验楼1栋，在建转基因基地宿舍楼和工作间650米^2。主要开展水稻、玉米、大豆、谷子、麦类等作物南繁试验。

3. 水稻所基地

水稻所基地位于陵水县椰林镇，面积326亩，租期20年，主要开展水稻南繁试验。其中4.2亩建设用地具有产权，建有1 770米^{2}的房屋，水田总面积313.1亩，坡地总面积8.7亩。

4. 生物所基地

生物所有两处基地，分别位于乐东县和南滨农场，总面积127亩，全部为租赁土地。其中，乐东基地100亩，2012年8月开始建设，租期23年，主要开展玉米、棉花等南繁试验；南滨农场27亩，主要开展棉花南繁试验，其中建设用地900米^2，生物所拥有永久产权。

5. 其他所基地

蔬菜所基地位于三亚市吉阳镇，按年租地50亩，用于15个课题组开展黄瓜、番茄、西瓜、甜瓜、辣椒、胡萝卜等的加代与区试等。植保所没有独立的基地，目前与棉花所共享大茅基地16亩，由植保所独资企业北京中保兴农种业高新科技有限公司使用和管理。油料所基地在三亚市吉阳镇，按年租地20亩，用于大豆、花生、芝麻及特油作物育种等。麻类所现零星租地，无固定基地，约50亩，用于黄麻、红麻种质资源繁种和育种材料的加代与鉴定等。另外郑州果树所、烟草所也在海南租用零星地块，开展田间试验工作。

三、成效与经验

（一）提升基础设施建设水平，切实改善科研人员的工作生活条件

中国农业科学院海南基地历经30多年的建设与发展，扩大了试验基地规模，提升了基地基础设施和田间设施水平，提高了试验地标准和水平，改善了科技人员工作和生活条件，扩大了以南繁科研为核心的综合试验基地的功能。目前中国农业科学

院海南综合基地长期拥有1 400亩土地中，水田313.1亩、坡地8.7亩、标准化试验田500亩；建有一座占地38亩的综合试验平台，包括2栋综合科研楼、5 000米^{2}的工作生活用房。

（二）搭建科研公共技术支撑平台，为南繁课题提供开放服务

中国农业科学院初步建成了以荔枝沟基地为中心的基地公共试验平台和共享交流服务平台。该平台采取先进的管理模式和创新性运行机制，通过进一步加强条件建设，提升公共服务能力，有条件为中国农业科学院在海南的科研试验工作及全国南繁机构提供开放的实验室服务，有利于科技创新成果交流合作与转移，有能力成为全国农作物种业科技成果交流孵化中心，能够有效促进我国现代种业的发展和农作物新品种的升级换代。

（三）建立基地后勤服务保障体系，不断积累运行经验，创新基地管理模式

中国农业科学院非常重视海南基地管理的运行方式和模式，深刻认识到科学有效的管理是各项工作快速稳定发展的保障。其中，棉花所特色鲜明的管理模式最为突出，为其他所海南基地的建设提供了很好的参考经验。主要体现在三个方面：一是后勤工作定位明确，以服务科研工作和科技人员为核心；二是研究所领导高度重视、长抓不懈，根据自身科研工作特点和当地情况，建立了特色鲜明的管理运行模式；三是通过设立专门机构和选用优秀管理团队，保证了基地工作高效顺利开展。

（四）加速了品种选育进程，为农业生产快速发展提供了强有力的科技支撑

中国农业科学院历年育成的水稻、小麦、玉米、大豆、棉花、油菜、蔬菜和水果等900多个新品种中，有80%经过了南繁的选育或者加代。在育种材料的加代繁殖和田间鉴定、自交系繁育制种、种质资源保存等方面，南繁工作都发挥了不可替代的作用。近年来，有关研究所在南繁工作中做了许多积极探索，特别是棉花所探索出的大田、温室与实验室相结合的南繁科研工作模式，不仅实现了棉花等作物每年3～4代的加代繁殖，而且有效促进了育种与基础研究的紧密结合、室内试验与室外试验的紧密结合，使南繁工作的价值得到升华，功能不断拓展。中国农业科学院南繁基地正由过去单纯的加代繁殖基地，向多功能研发基地的方向发展。

第四章
南繁大事记

1956—1957年

1956年，河南省农学院吴绍骙与广西柳州农业试验站程剑萍、河南省农业科学院陈汉芝等开始主持"异地培育玉米自交系"课题研究。1957年春，吴绍骙等人在广西柳州沙塘培育玉米自交系，以探讨是否可以利用南方生长季节长的条件来为北方培育玉米自交系，以缩短玉米自交系培育时间。由此，拉开了我国南繁理论研究和实践探索的序幕。

1958年

10月，沈阳农学院、辽宁省农科所徐天锡等人赴广州开展玉米、高粱北种南育研究。至1961年，他们先后在湛江、南宁、海口等地开展玉米、高粱北种南育研究。

1959年

10月，中国农业科学院棉花研究所汪若海、李振河到海南东方县抱板乡，进行棉花繁殖亲本和杂交制种。

河南省新乡地区农科所张庆吉主持，经海南南繁选育出优良玉米双交种新双1号，随后推广成为我国种植面积最大的双交种，消除了1953年以来苏联和国内批判玉米自交系的政治和学术压力。

1960年

1月，吴绍骙先生等人联名发表《异地培育对玉米自交系的影响及其在生产上利用可能性的研究》，详细阐述异地培育玉米自交系的理论依据及其结果。

2月，吴绍骙先生在全国玉米科学研究工作会议上，作了《关于多快好省培育玉米自交系配制杂交种工作方面的一些体会和意见》的报告。

1961年

12月，吴绍骙先生在湖南省长沙市召开的全国作物育种学术讨论会上，正式提出"进行异地培育以丰富玉米自交系资源"的可行性建议。玉米异地培育的理论和实践受到农业部的重视和学术界的肯定。

1962年

冬季,四川省农业科学院首次在崖县崖城良种场冬繁玉米获得成功，引起全国农业科学工作者的兴趣和国家的重视。

1963年

河南省新乡地区农科所张庆吉主持，经海南南繁选育出我国第1个玉米单交种新单1号，与美国几乎同时育成，早于法国、意大利、苏联等国，带动全国玉米种植由使用双交种走上了高产单交种的道路，在学术和生产上均有重大意义。

1964年

高粱育种家牛天堂提出"二矮型"育种模式。经海南南繁培育出第一个杂交高粱组合晋杂5号，开创了利用矮秆中国高粱作恢复系配制杂交种的先例。

农林部召开全国"二杂"（杂交玉米、杂交高粱）推广会议，拉开了全国在海南南繁的序幕。当年南繁面积达到17万多亩。从此以后，南繁成为全国育种大会战、大攻关、大协作的基地。

河南省浚县农科所程相文开始到海南崖县搞玉米育种，先后选育出浚单系列玉米新品种，其中浚单20将玉米的亩产提高到1 064.78千克，现已覆盖河南、河北、山东、山西、内蒙古等玉米主产区。

1965年

农林部要求广东省农林局、粮食局、运输部门，海南区农林办、南繁基地3个县各级政府做好南繁工作的接待安排、粮食划拨、种子运输等工作，并要求各省（自治区、直辖市）成立南繁指挥部。

国家首次投资建设南繁基地，投资35万元在崖县南红农场建设种子仓库、宿舍、晒场及配套农田排灌系统。

1966年

9月，农业部在海南岛召开玉米亲本繁殖会议，决定在琼南崖县、陵水、乐东3个县21个公社和6个国营农场兴建良种繁育场。

1968年

冬季，袁隆平一行三人第一次来到崖县，进行水稻雄性不育性研究。

1969年

黑龙江省率先成立了南繁指挥部，加强南繁工作的领导。

1970 年

11 月，袁隆平先生的助手李必湖和南红农场技术员冯克珊，在崖县南红农场一块沼泽地的野生稻中，发现了三个不育稻穗。

冬季，吉林省农业科学院大豆研究所开始南繁，选育出吉林 13 等品种。

1971 年

2 月，中国农林科学院和广东省农业科学院联合在崖县召开全国"两杂"（杂交高粱、杂交玉米）育种座谈会。确认采用异地培育方法可以加速世代繁育，不仅使早代自交材料和雄性不育系、恢复系迅速稳定，而且增加选配新组合，鉴定杂交种子，加快优系和组合的繁育和复配进程，大大缩短育种年限。

3 月，国家科委和农林部决定组织杂交水稻的全国性协作攻关，列为全国重点科研项目。来自全国 18 个省份的水稻育种专业人员齐聚海南南红农场。从第一株"野败"分蘖扦插得来的 46 株野生雄性不育稻，通过杂交结出了第一代的"野败"种子。

1972 年

3 月，中国科学院等单位在海南岛召开农作物遗传育种学术讨论会。

10 月，国务院批转农林部《关于当前种子工作的报告》（国发〔1972〕72 号），确定农作物南繁的重点放在科学研究和新品种的加代繁殖上，进一步规范南繁管理。

1973 年

10 月，在苏州召开的全国水稻科研会议上，袁隆平发表了《利用"野败"选育"三系"的进展》一文，正式宣告中国籼型杂交水稻"三系"配套成功，标志着水稻杂交技术难关获得攻克。

秋季，中国工程院院士吴明珠开始到海南开展西甜瓜南繁育种工作，开创了"北瓜南育"。

1974 年

嘉兴市农业科学院院长姚海根开始南繁，先后培育 85 个水稻新品种，形成了粳、糯、籼配套，早、中、迟搭配，丰、优、抗兼顾的品种群体优势，被业界誉为"江南水稻育种大王"。

1975 年

12 月，国务院第一副总理华国锋、国务院副总理陈永贵、农林部部长沙风、农业部常务副部长杨立功，在中南海听取湖南省农业科学院副院长陈洪新和袁隆平先生汇报时决定：第一，中央拿出150万元和800万斤粮食指标支持杂交水稻推广，给湖南调出粮食补偿，给广东购买15部解放牌汽车，装备一个车队，运输南繁种子；第二，由农业部主持立即在广州召开南方13省份杂交水稻生产会议，部署加速推广杂交水稻。

冬季，数以万计的制种大军云集海南，发动人海战术大规模南繁制种，杂交水稻制种面积达3.3万亩。

1976年

南繁杂交水稻种子绿遍神州，在全国推广杂交水稻208万亩，比矮秆水稻产量增产幅度普遍在20%以上，中国的粮食产量实现了一次飞跃。

1976年，农林部种子局印发（76）农林（种经）字第12号文《关于搞好海南岛南繁工作的意见》，强调南繁种子原则上只限于科研项目和少量珍贵种子的加速繁殖，把各省（自治区、直辖市）的南繁任务以省为单位分别固定在5个片上：即吉林、云南、安徽、四川、广东、西藏、北京和中国农业科学院在崖城公社片；山西、河北、贵州、天津和海南行署在羊栏片；湖南、黑龙江、陕西、新疆、辽宁、广西、江苏、上海、中国农林科学院在荔枝沟片；江西、福建、青海、宁夏、内蒙古在藤桥片；浙江、湖北、山东、河南、甘肃在椰林片。为做好南繁服务工作，海南区党委（革命委员会）、自治州党委（革命委员会）、崖县县委、陵水县县委、乐东县县委明确各部门具体分工，农业部门做好土地安排，粮食部门做好南繁人员口粮供应调拨。运输部门的各汽车站、队、公司按运输计划落实，做好南繁人员及种子的运输。

1978年

农林部在崖县召开杂交水稻、杂交玉米、杂交高粱（当时被称为"三杂"）育种推广工作会议。

农林部批准成立了中国种子公司海南分公司，以海南黎族苗族自治州种子公司为基础，一套人马两个牌子，设在崖县，具体负责南繁工作的组织、管理，协调各南繁单位落实面积、种子返运、化肥等生产资料的分配。农林部专门拨款60万元建设办公室、接待站、宿舍、仓库等。崖县、陵水、乐东也相继成立了种子公司，协助中国种子公司海南分公司做好南繁计划的落实工作。

3月，农林部、卫生部联合印发《关于做好南繁育种队疾病防治工作的通知》。

秋季，到海南崖县加代育种的玉米育种专家、农民发明家李登海，培育出紧凑型玉米杂交种掖单2号，创下当时中国夏玉米单产776.9千克的最高纪录，在全国第一次突破亩产1 500斤大关。

1981年

6月，国家科委、农委在北京联合召开授奖大会，授予全国籼型杂交水稻科研协作组袁隆平等人特等发明奖，这是中华人民共和国成立以来国家颁发的第一个特等发明奖。

1983年

3月，农牧渔业部林乎加部长检查南繁基地，提出将南繁基地建设列入开发海南的项目之一。农林部在崖县召开南繁工作座谈会，讨论通过1980年开始起草的《南繁工作试行条例》。

10月，农牧渔业部在三亚市召开南繁工作汇报座谈会，提出"利用好、保护好、建设好海南南繁基地"，并列入国家"六五"计划建设项目。

1984年

7月，中央和广东省签署正式协议，以服务南繁促进当地为指导，为全国南繁创造良好的生产条件。

国家农牧渔业部、商业部、水电部、国家计委和地方联合投资，在海南岛建成种子、水利、技术体系，建立了南繁服务站12个。

成立农牧渔业部三亚植物检疫站，与海南黎族苗族自治州植物检疫站一套人马两个招牌，编制12人，负责海南9个市县及南繁基地的植物检疫工作。

中央从商品粮基地建设资金中安排1 000万元，在三亚、乐东、陵水建设南繁接待服务站、种子仓库、晒场和旱涝保收农田，改善南繁科研工作条件，促进代繁、代制、代鉴定种子业务开展。

1989年

5月，海南省人民政府和农业部联合向国家农业综合开发领导小组申请立项，设立南繁基地建设资金。

1990年

5月，国家农业综合开发领导小组批复同意拨款1 000万元，用于建设南繁基地。

1992年

中国农业科学院生物技术研究所郭三堆研究员育成拥有中国自主知识产权的转*Bt*基因抗虫棉。

1993年

中国工程院院士吴明珠经南繁培育出9818黄皮甜瓜，在美国加利福尼亚州试种成功，这是国产甜瓜第一次在国外种植成功。

1994年

1月，科技部副部长韩德乾与农业部常务副部长、中国农业科学院院长王连铮到三亚市崖城考察抗虫棉基地。

1995年

3月，海南省委书记、省长阮崇武与农业部部长刘江、副部长洪绂曾在海口座谈，研究解决南繁管理问题，提出通过现代化企业运作模式建设南繁基地。

9月，海南省副省长陈苏厚与农业部副部长刘成果在海口主持召开联合办公会议，研究建设海南国家南繁种子基地。农业部和海南省人民政府等有关单位联合组成国家南繁工作领导小组，统一规划、管理、协调南繁工作。由农业部农业司和海南省农业厅等单位组成国家南繁领导小组办公室，每年南繁季节集中在海南省三亚市办公。同时，决定由海南省农垦总公司、海南神龙股份有限公司、中国种子海南公司、海南省种子公司联合发起组建有限公司，首期注册资本为3 000万元，负责海南国家南繁种子基地项目的建设和经营。

10月，农业部转发国家南繁工作领导小组《关于南繁工作管理的暂行办法》，明确国家南繁工作领导小组及其办公室职责。农业部在三亚投资兴建了国家南繁科研中心南滨基地，为南繁工作创造良好的生产和生活环境。

12月，海南省副省长、国家南繁工作领导小组组长陈苏厚出席海南南繁种子基地有限公司创立大会。

袁隆平主持的两系法杂交水稻研究再获成功，杂交水稻平均亩产再增10%。

1996年

2月，国务院总理李鹏视察海南期间，提出把南繁育种基地建设摆上议程，强调国家投资大力支持南繁基地建设，按市场经济要求进行项目经营和管理。

2月，国家计委陈同海副主任赴三亚调研"海南（国家）南繁项目"，强调项目属国家行为，由国家支持项目建设，建议报请国务院颁布"南繁保护令"。

7月，农业部与海南省人民政府签订《关于海南国家南繁种子基地建设和管理问题备忘录》。

1997 年

3 月，农业部副部长白志健、海南省副省长韩至中到南滨基地考察，强调加强南繁项目建设。

9 月，农业部和海南省人民政府联合印发《农作物种子南繁工作管理办法（试行）》。

农业部副部长白志健，海南省副省长韩至中在三亚市主持办公会议，专题研究南繁管理办法和基地建设问题。

11 月，农业部副部长白志健在北京主持办公会议，研究南繁基地建设和管理工作。

1998 年

1 月，海南省副省长、国家南繁工作领导小组组长韩至中，到南滨农场慰问南繁工作人员。

1999 年

郭三堆在南繁基地成功培育双价抗虫棉，国产抗虫棉的市场份额每年以 10% 左右的速度递增。

2000 年

袁隆平先生主持研究的亩产 700 千克超级杂交稻攻关计划获得成功。

8 月，科技部批复三亚市农业生物技术研究发展中心建设国家"863"计划杂交水稻与转基因植物海南研究与开发基地，标志着南繁开始通过生物技术选育新品种。

2004 年

袁隆平先生主持研究的攻关亩产 800 千克超级杂交稻计划获得成功。

11 月，海南省委书记汪啸风和农业部副部长范小建会谈，研究推进南繁育种发展。范小建副部长出席全国南繁管理工作会议并强调，南繁在海南，南繁属全国。

2005 年

3 月，中央政治局委员、国务院副总理回良玉视察海南南繁基地，强调要求各方务必形成合力，推进南繁事业健康发展。

2006年

郭三堆成功实现棉花制种三系配套，大大促进我国棉花生产的发展。

4月，为了加强种子南繁工作的管理，促进南繁事业持续、健康、有序发展，保障农业生产安全，农业部和海南省政府修订印发《农作物种子南繁工作管理办法》。

6月，为加强对南繁工作的管理，协调解决南繁基地建设中的有关问题，经海南省政府同意，成立海南省南繁管理办公室筹备领导小组。

10月，江西省萍乡市100余个育种队，在三亚成立第一个南繁制种协会——萍乡市南繁制种协会。

2008年

3月，海南省南繁管理办公室作为正处级事业单位正式在三亚市挂牌成立，标志着延续了近13年的南繁管理由长期临时性管理机构向稳定规范管理机构转变。

4月，中共中央总书记、国家主席、中央军委主席胡锦涛视察水稻南繁基地。

2009年

7月，海南省政协主席钟文主持召开重点提案协商督办座谈会，专题对省政协五届二次会议《关于进一步加强海南南繁基地建设的建议》重点提案进行协商督办。

11月，国家发改委《全国新增1 000亿斤粮食生产能力规划（2009—2020年）》提出，建设海南南繁科研制种基地。

12月，《国务院关于推进海南国际旅游岛建设发展的若干意见》（国发〔2009〕44号）提出，要充分发挥海南热带农业资源优势，使海南成为全国南繁育制种基地。

2010年

1月，袁隆平、李振声、戴景瑞等院士及500多名农业专家学者，参加首届中国（博鳌）农业科技创新论坛，热议建设国家南繁育种基地。

1月，农业部副部长陈晓华出席在三亚市召开的南繁工作座谈会并讲话，充分肯定了南繁的突出贡献，强调要签署备忘录，加强省部共建基地，开创南繁工作的新局面。

12月，科技部批复三亚市人民政府建设以南繁为主题的国家级农业科技园区海南三亚国家农业科技园区，确定了南繁科技创新与产业孵化功能。

2011年

1月，国务院总理温家宝视察河南省鹤壁市农业科学院时，为南繁选育的浚单系列改名为"永优"，勉励南繁科技人员选育出永远优秀的玉米品种。

4月，《国务院关于加快推进现代农作物种业发展的意见》（国发〔2011〕8号）提出，加强海南优势种子繁育基地的规划建设与用地保护。

2012年

1月，中央1号文件《关于加快推进农业科技创新持续增强农产品供给保障能力的若干意见》提出，加强海南优势种子繁育基地建设。

2月，第二届中国博鳌农业（种业）科技创新论坛在海口市开幕。国务院副总理回良玉为论坛发来贺信，强调发挥南繁推进现代种业发展的作用。全国政协副主席、科技部部长万钢出席论坛并讲话，强调大力推进南繁种业科技自主创新。农业部副部长、中国农业科学院院长李家洋，就南繁和种业科技发展作主题发言。海南省副省长林方略代表省政府致欢迎辞，重点介绍南繁育种基地情况。

2月，海南省省长蒋定之在《海南省政府工作报告》中明确提出：建设20万亩南繁育制种基地。

3月，中共中央政治局常委、国务院副总理李克强到琼海市博鳌镇的北山洋，调研田间生产和育种，强调加快推进南繁基地建设。

4月，国家南繁种子检验检疫中心项目全面动工建设。

4月，海南省委书记罗保铭在中国共产党海南省第六次大会上的报告中提出，高水平建成国家级南繁育制种基地。

5月，农业部部长韩长赋与海南省委副书记、省长蒋定之签署《关于加强海南南繁基地建设与管理备忘录》。

5月，海南省委副书记李宪生在《关于调整和加强省南繁管理办公室职能机构的请示》上作批示，要求农业厅商省编办研究并提出具体意见。

5月，农业部部长韩长赋向中共中央政治局常委、国务院副总理李克强汇报南繁基地情况，李克强批示要求国家发改委、财政部研究并积极支持海南南繁基地建设。

6月，海南省副省长陈成主持召开省长办公专题会议，研究并原则通过《中国南繁"硅谷岛"建设规划（2012—2020年)》。

2013年

4月，中共中央总书记、国家主席、中央军委主席习近平在海南视察时强调："南繁科研育种基地是国家宝贵的农业科研平台，一定要建成集科研、生产、销售、科技交流、成果转化为一体的服务全国的重要基地。"

4月，农业部部长韩长赋与海南省委副书记李宪生在三亚会谈核心区建设事宜。其间，到国家杂交水稻研究中心南繁基地调研。

5月，袁隆平院士超级杂交稻1 000千克高产攻关计划验收组对26个试验品种进行筛选评估。

5月，海南省委书记罗保铭听取南繁外企监管工作汇报。

12月，国务院办公厅印发《关于深化种业体制改革 提高创新能力的意见》（国办发〔2013〕109号），明确在海南三亚、陵水、乐东等区域划定南繁科研育种保护区，实行用途管制，纳入基本农田范围予以永久保护。

12月，汪洋副总理出席全国扶贫开发和现代种业座谈会，强调加强海南南繁育种基地的保护和建设。

12月，国家南繁工作领导小组会议研究部署推动南繁科研育种保护区和核心区工作，农业部副部长余欣荣、海南省副省长陈志荣出席会议并讲话。

2014年

6月，汪洋副总理主持召开种业汇报会，强调加快推进南繁核心区建设，南繁的事要特事特办。海南省副省长陆俊华参加会议并作了汇报。

6月，海南省委副书记李宪生召开书记办公会议研究贯彻落实汪洋副总理有关南繁指示和修改完善规划、方案。海南省副省长陆俊华参加会议。

8月，海南省机构编制委员会发文决定：撤销海南省南繁管理办公室和海南省南繁植物检疫站，设立海南省南繁管理局，编制25人，纳入省级财政预算全额拨款管理。

9月，汪洋副总理再次听取种业体制改革汇报，强调加强国家级南繁基地建设。

11月，汪洋副总理考察国家杂交水稻研究中心三亚基地，并召开座谈会听取推进南繁基地建设的意见建议。海南省委书记罗保铭、省长蒋定之、农业部副部长余欣荣陪同。

2015年

4月，海南省委书记罗保铭在三亚深入海棠湾国家杂交水稻三亚南繁综合试验基地调研时强调：南繁基地事关国家种业安全，海南南繁基地要参与国家"一带一路"倡议，今年南繁建设管理服务要上新台阶，要加大南繁成果就地转化，增加农民收入。

7月，海南省委副书记李军带队赴京向农业部部长韩长赋汇报了南繁工作最新进展情况，并与农业部副部长余欣荣就南繁生物专区可研报告编制和新建核心区农民土地租用流转等问题进行了座谈，农业部种子管理局局长张延秋参加了座谈。

10月，经国务院批准，农业部、发改委、财政部、国土资源部和海南省政府联合印发了《国家南繁科研育种基地（海南）建设规划（2015—2025年）》，标志着国家南繁基地建设进入新的历史时期。

11月，国家南繁工作领导小组会议和全国南繁工作会议在三亚市召开，农业部副部长余欣荣、海南省副省长何西庆出席会议并讲话。会议要求各有关方面要认真学习规划，准确把握政策，明确建设思路，完善工作机制，强化分工协作，扎实推进南繁基地建设。

2016年

2月，海南省副省长何西庆主持召开专题会议，研究部署南繁规划的推进落实工作。

3月，2016年海南省南繁工作会议在海口召开，海南省副省长何西庆出席会议并对下一步南繁工作进行部署。

3月，农业部部长韩长赋在海南省三亚市参加澜沧江—湄公河合作首次领导人会议期间，专程看望了正在三亚从事南繁育种工作的袁隆平、程相文两位专家。

3月，2016中国（陵水）南繁研讨会在陵水黎族自治县清水湾举行，袁隆平、张启发、谢华安、颜龙安、朱英国等5位院士，李登海、郭三堆等育种专家出席。

9月，三亚市海棠湾水稻国家公园项目开工奠基仪式正式启动。

10月，国家南繁工作领导小组在海南省三亚市召开会议，农业部副部长余欣荣、海南省副省长何西庆出席。会议总结了南繁规划落实取得的初步成效，研究规划建设面临的主要问题，部署下一时期南繁重点工作。

2017年

3月，陵水县政府与上海市农委合作筹建上海市级南繁基地，双方计划在上海市农业科学院海南试验站的基础上，投资建设上海市市级南繁试验基地。

4月，2017中国南繁论坛在陵水举办，本次论坛围绕农业供给侧结构性改革、建立南繁种质资源共享模式等几大议题进行研讨。中国科学院院士张启发，中国工程院院士朱英国、颜龙安，育种专家李登海、郭三堆等出席论坛。

4月，首届中国（三亚）国际水稻论坛在三亚举办，论坛主题为"南繁种世界源，中国稻世界粮"。袁隆平、万建民、刘旭、朱英国、李家洋、宋宝安、张洪程、陈温福、罗锡文、谢华安等院士组成本届论坛主席团出席会议。

4月，中国种子协会南繁分会成立。

6月，国家南繁规划落实推进会在三亚召开，国家南繁规划落实协调组组长、农业部副部长余欣荣，海南省副省长、国家南繁规划落实协调组副组长何西庆出席会议并就南繁规划落实及下一步工作提出了要求。

9月，琼湘两省在长沙签署《海南省人民政府 湖南省人民政府关于农业领域合作备忘录》，将在南繁基地建设和管理方面密切合作。

11月，海南省省长沈晓明专题调研南繁，提出要不断创新体制机制，努力开拓南繁工作新局面。

12月，国家南繁工作领导小组办公会在三亚召开，会议传达学习了中共中央政治局常委、国务院副总理汪洋同志近期南繁工作批示精神，研究部署下一阶段南繁重点工作。

2018年

1月，海南省省长沈晓明主持召开省政府专题会议研究南繁工作，提出了瞄准产业化、市场化、专业化、集约化、国际化"五化"总目标，开拓南繁工作新局面。

2月，国家南繁攻坚推进会在陵水召开，会议要求各有关方面要齐心协力，真抓实干，攻坚克难，高标准建设好国家南繁基地，为加快实现种业强国梦做出新贡献。

2月，国家南繁工作领导小组办公会议在陵水召开，会议就南繁核心区供地农民（农场职工）定金补贴发放、南繁新建核心区土地流转、村级南繁联络员劳务费发放等事宜进行了研究。

2月，海南省副省长刘平治在三亚主持召开南繁土地流转和科技城谋划工作推进会，研究推进南繁土地流转和科技城建设。

3月，海南省省长沈晓明主持召开南繁专题座谈会，近20位国内知名农业育种专家与种业领军企业代表参加了会议。与会代表就南繁产业发展、南繁科技城建设出谋划策，会上，沈晓明省长明确表示建设南繁科技城是在落实国家南繁规划前提下做加法。

3月，2018年中国（陵水）南繁论坛暨南繁成果交易会隆重举行，重点探讨南繁产业如何助力乡村振兴战略实施。

4月，习近平总书记考察国家南繁科研育种基地（海南），同袁隆平院士等农业科技人员一道了解水稻育制种产业发展和推广情况，再次强调，"十几亿人口要吃饭，这是我国最大的国情。良种在促进粮食增产方面具有十分关键的作用。要下决心把我国种业搞上去，抓紧培育具有自主知识产权的优良品种，从源头上保障国家粮食安全"。"国家南繁科研育种基地是国家宝贵的农业科研平台，一定要建成集科研、生产、销售、科技交流、成果转化为一体的服务全国的'南繁硅谷'。"

4月，农业农村部部长韩长赋在调研国家南繁科研育种基地（海南）时，要求有关部门要认真贯彻落实习近平总书记南繁指示精神，切实把南繁基地打造成为服务全国的现代科研育种大平台。

4月，2018年中国（三亚）国际水稻论坛开幕，为全球水稻产业发展贡献"三亚智慧"。

5月，农业农村部办公厅、海南省人民政府办公厅联合印发《关于加快推进国家南繁科研育种基地建设规划落实的通知》，要求加快推进国家南繁规划落实，按时完成核心区新基地土地流转，加快配套服务区建设，积极推进重点项目实施，以"一城两区"为重点打造"南繁硅谷"。

11月，农业农村部副部长张桃林调研国家南繁科研育种基地建设和南繁科技城进展情况。

第五章
南繁展望

把握发展新机遇
开创南繁新时代

艰难困苦，玉汝于成。60年风雨路，60年南繁梦，60年南繁人艰苦卓绝、拼搏进取、创新创业、求真务实，开启了波澜壮阔的奋斗历程，书写了中国南繁的壮丽篇章。

"历史，总是在一些特殊年份给人们以汲取智慧、继续前行的力量。"博鳌亚洲论坛2018年年会上，国家主席习近平发表主题演讲时说。

2018年，对南繁而言，就是这样一个特殊年份。

2018年4月12日，习近平总书记在国家南繁科研育种基地考察时强调，十几亿人口要吃饭，这是我国最大的国情。良种在促进粮食增产方面具有十分关键的作用。要下决心把我国种业搞上去，抓紧培育具有自主知识产权的优良品种，从源头上保障国家粮食安全。海南热带农业资源十分丰富、十分宝贵。国家南繁科研育种基地是国家宝贵的农业科研平台，一定要建成集科研、生产、销售、科技交流、成果转化为一体的服务全国的"南繁硅谷"。

迈进新时代，开启新征程，今日之南繁，站上了新的历史起点，迎来了重大发展机遇。打造"南繁硅谷"，习近平总书记总揽全局，高屋建瓴，为我国种业发展指明方向，对国家南繁科研育种基地建设提出明确要求。

新时代的大幕已经拉开，新征程的号角已经吹响，"南繁硅谷"之路已在前行。

一、南繁新机遇 新使命 新征程

60年于历史而言是短暂的，但是对南繁来说意义非凡，南繁经历了从无到有、从小到大，到如今成为不可替代的国家战略资源和国家农业科研的战略基地。

在庆祝海南建省办经济特区30周年之际，2018年4月14日，《中共中央国务院关于支持海南全面深化改革开放的指导意见》（简称《指导意见》）正式发布，赋予了海南改革开放新的重大责任和使命，将为海南深化改革开放注入强大动力，推动海南成为新时代全面深化改革开放的新标杆，形成更高层次改革开放新格局。发挥资源禀赋优势，海南提出了发展"海陆空"，陆就是南繁。搭乘海南全岛建设自由贸易试验区并探索建设自由贸易港的高速列车，南繁迎来了重大发展机遇。

（一）定位更高——"南繁硅谷"

"国家南繁科研育种基地是国家宝贵的农业科研平台，一定要建成集科研、生产、销售、科技交流、成果转化为一体的服务全国的'南繁硅谷'。"习近平总书记在海南就国家南繁基地建设作出重要指示，要求加快落实国家南繁规划，高标准建设国家南繁基地，打造"南繁硅谷"。

《指导意见》明确指出，实施乡村振兴战略，做优做强热带特色高效农业，打造国家热带现代农业基地，支持创设海南特色农产品期货品种；实施创新驱动发展战略，加强国家南繁科研育种基地（海南）建设，打造国家热带农业科学中心，支持海南建设全球动植物种质资源引进中转基地。

（二）内涵更丰富——扩大开放和对外交流

《指导意见》提出，深化对外交往与合作。支持海南推进总部基地建设，鼓励跨国企业、国内大型企业集团在海南设立国际总部和区域总部。支持在海南设立21世纪海上丝绸之路文化、教育、农业、旅游交流平台，推动琼海农业对外开放合作试验区建设。

高标准高质量建设自由贸易试验区。实行高水平的贸易和投资自由化便利化政策，对外资全面实行准入前国民待遇加负面清单管理制度，围绕种业、医疗、教育、体育、电信、互联网、文化、维修、金融、航运等重点领域，深化现代农业、高新技术产业、现代服务业对外开放，推动服务贸易加快发展，保护外商投资合法权益。

（三）建设更全面——"一城一室八中心"

中国开放的大门不会关闭，只会越开越大。海南自由贸易区和自由贸易港的政策叠加，让海南迎来了大范围、高程度、宽领域的改革开放重大机遇。这也让海南在打造"南繁硅谷"的路上，有了进一步解放思想、勇于创新、大胆尝试的勇气和信心。

"一城"——围绕种子产业链加快推进南繁科技城建设，可以尝试与房地产转型、旅游开发、城市规划紧密结合。

"一室"——培育南繁育种国家实验室，整合南繁科研资源，将南繁科研、繁育、制种一体化，推动种业科技联合攻关取得新突破。

"八中心"——建立南繁公共技术服务中心、建立知识产权信息中心、建立国家种子进出口检验检疫中心、建立生物育种中心、建立种业贸易中心、建立国际种子交流中心、建立国际学术交流培训中心和建立种业大数据中心。

（四）支持力度更强——配套政策相继落地、出台

2015年10月28日，农业部、国家发改委、财政部、国土资源部、海南省政府联合印发《国家南繁科研育种基地（海南）建设规划（2015—2025年）》（简称《南繁规划》），明确划定了26.8万亩南繁科研育种保护区和5.3万亩核心区。这是我国南繁工作的一个里程碑，标志着南繁基地建设上升为国家战略，步入发展新阶段，得到了业界一致拥护和欢迎。

2017年2月9日，《"十三五"农业科技发展规划》提出，在热带经济作物、南繁育种、热带粮食作物、热带畜牧、热带海洋生物资源、热带冬季瓜菜等重点领域，以增产提质增效为目标，重点突破种质资源创新与育种、增产提质增效理论与技术、生产装备与贮运加工技术，为我国热区农业发展和农业"走出去"提供有力的科技支撑。

2017年4月12日，海南省《关于推进农村一二三产业融合发展的实施意见》明确提出，加快推进南繁基地建设。落实《国家南繁科研育种基地（海南）建设规划(2015—2025年)》，划定26.8万亩南繁保护区，并纳入永久基本农田范围予以重点保护，保证南繁用地需求。高标准建设南繁科研育种核心区，改造标准化农田，对南繁保护区设施用地进行逐一甄别和分类处理，规范用地管理，完善科研、生产、生活等服务配套设施。以南繁基地为平台，打造南繁种业现代服务体系，建设南繁公共研发平台，建设育繁推一体化的国家种业成果转化孵化和产业化示范基地。筹办海南南繁科研成果交易会，力争把南繁科研育种基地打造成为面向"21世纪海上丝绸之路"的国家级种子展示交易中心。

2018年5月21日，农业农村部副部长余欣荣主持召开专题会议，在支持海南全面深化改革开放方面，要做好"南繁硅谷"、热带农业、乡村旅游、海洋牧场、自贸区等重点领域工作，在海南加快探索更高质量、更加开放、更可持续的农业农村发展新机制。

2018年5月15日，农业农村部办公厅、海南省人民政府办公厅联合印发《关于加快推进国家南繁科研育种基地建设规划落实的通知》提出，深刻认识良种在促进粮食增产、保障国家粮食安全中的重要作用；深刻认识高标准建设国家南繁科研育种基地，建成服务全国的"南繁硅谷"的重大意义，切实增强责任感、使命感，加快推进《南繁规划》落实，打造"南繁硅谷"，为建设种业强国和确保国家粮食安全而努力奋斗。

二、真抓实干，加快推进国家南繁规划落实

落实《南繁规划》、打造"南繁硅谷"是新时期的国家战略。面对新任务和新使命，南繁正在铆足干劲，奋力前行。

一是对适宜南繁的耕地实行永久保护。将三亚、陵水、乐东三市县适宜南繁育制种的26.8万亩耕地划定为南繁科研育种保护区，纳入永久基本农田范围予以重点保护，实行用途管制，其中南繁核心区面积5.3万亩。

二是建成高标准南繁科研育种核心区。在科研育种保护区内提升改造现有南繁基地2.8万亩，新建相对集中连片的南繁基地2.5万亩。

三是建立健全南繁基地管理保护体系。按照依法保护的要求，建立并形成较为完备的法律法规体系；根据南繁基地发展需要，形成调动海南、南繁各省及基地农民积极性的政策支持体系；围绕规范南繁行为和确保生物安全的要求，形成一套涵盖登记备案、检疫监管、转基因监管等管理的制度体系。

四是以"一城两区"为重点打造"南繁硅谷"。按照"一城两区"（南繁科技城和乐东、陵水南繁核心区）布局，齐心协力将南繁基地打造成为服务全国的科技创新、人才集聚、产业发展和成果转化高地。

海南省委、省政府在落实国家南繁规划的基础上，坚持政府规划为指导、建立以市场化为导向的新的南繁体制机制，提出产业化、市场化、专业化、集约化、国际化的"五化"目标，努力开拓南繁工作新局面，打造"南繁硅谷"。

一是产业化，创新商业模式，引进和培育市场主体，延长产业链，发展南繁产业；二是市场化，转变政府角色，培育社会化服务主体，推动市场在南繁资源配置中起决定作用；三是专业化，引进全世界种业巨头参与南繁，培育南繁专业科研主体；四是集约化，推动土地集约使用、设备设施共享、科技服务集中化和市场化；五是国际化，吸引国际企业进驻，开展南繁科技国际合作，发展种业国际贸易。

三、让"南繁硅谷"成真

机遇稍纵即逝，美好蓝图变为现实需要奋斗。让重大机遇变为南繁发展的巨大动力。"南繁硅谷"建设在稳步前进，"南繁硅谷"之路就在脚下。

——各南繁省（自治区、直辖市）要继续落实项目资金，与海南省有关方面尽快签约，2018年9月底前全面完成核心区土地流转任务（含海南省确定的南繁科技城周边科研育种用地）。

——2018年年底前，三亚、乐东、陵水启动配套服务区建设；三亚市落根洋、乐

东县抱孔洋、陵水县安马洋等前期工作基础较好的，可先行突破。

——2019年底前基本建成配套服务区。

——到2020年，南繁植物检疫、转基因试验监管实现全覆盖。

——力争到2020年，实现南繁科研育种核心区路相通、渠相连、旱能灌、涝能排，科研、生产、信息、生活、服务设施相配套，达到科研育种的基本需求。

——预计到2020年，三亚将初步建成南繁知识产权交易中心，培育3家以上年销售额超千万元的种企，引进隆平高科等5家以上种企和科研院所落户。

——到2025年，南繁的耕地实行永久保护区农田灌溉保证率达到85%以上，田间道路通达率达到100%。

……

蓝图已绘制，路线已清晰。南繁的初心不变，前进的脚步不停。在中国特色社会主义新时代的引领下，我们将以"功成不必在我"的精神境界和"功成必定有我"的历史担当，把国家南繁科研育种基地建成集科研、生产、销售、科技交流、成果转化为一体的服务全国的"南繁硅谷"。

图书在版编目（CIP）数据

中国南繁60年 / 国家南繁工作领导小组办公室主编.
—北京：中国农业出版社，2019.6
ISBN 978-7-109-24690-4

Ⅰ．①中… Ⅱ．①国… Ⅲ．①作物育种-产业发展-
研究-中国 Ⅳ．①S33

中国版本图书馆CIP数据核字（2018）第226279号

ZHONGGUO NANFAN 60 NIAN

中国农业出版社出版
（北京市朝阳区麦子店街18号楼）
（邮政编码 100125）
责任编辑 阎莎莎 张洪光

北京通州皇家印刷厂印刷 新华书店北京发行所发行
2019年6月第1版 2019年6月北京第1次印刷

开本：787mm×1092mm 1/16 印张：20.75
字数：465千字
定价：268.00元
（凡本版图书出现印刷、装订错误，请向出版社发行部调换）